基于密度泛函理论的计算材料学基础

主编　郭纪源　舒华兵

扫码加入学习圈
轻松解决重难点

南京大学出版社

图书在版编目(CIP)数据

基于密度泛函理论的计算材料学基础 / 郭纪源, 舒
华兵主编. — 南京: 南京大学出版社, 2023.10
　　ISBN 978-7-305-27143-4

　　Ⅰ. ①基… Ⅱ. ①郭… ②舒… Ⅲ. ①密度泛函法—
应用—材料科学—计算 Ⅳ. ①TB3

　　中国国家版本馆 CIP 数据核字(2023)第 122902 号

出版发行　南京大学出版社
社　　址　南京市汉口路 22 号　　　邮　　编　210093
书　　名　**基于密度泛函理论的计算材料学基础**
　　　　　JIYU MIDU FANHANLILUN DE JISUAN CAILIAOXUE JICHU
主　　编　郭纪源　舒华兵
责任编辑　吴　华　　　　　　　　　编辑热线 025-83596997
照　　排　南京开卷文化传媒有限公司
印　　刷　南京玉河印刷厂
开　　本　787 mm×1092 mm　1/16　印张 15.25　字数 372 千
版　　次　2023 年 10 月第 1 版　2023 年 10 月第 1 次印刷
ISBN　978-7-305-27143-4
定　　价　45.00 元

网　　址: http://www.njupco.com
官方微博: http://weibo.com/njupco
官方微信号: njupress
销售咨询热线: (025)83594756

扫码教师可免费
申请本书教学资源

前　言

习近平总书记在中国共产党第二十次全国代表大会上的报告中指出,建设现代化产业体系,需构建新一代信息技术、人工智能、新能源、新材料等一批新的增长引擎,需优化基础设施布局、结构、功能和系统集成,构建现代化基础设施体系。依赖于计算机的计算方法已经与实验方法、理论方法形成了三足鼎立之势。从功能和成本两方面来看,在物理、材料、化学、生物、信息、金融、大数据等科学技术的发展中,计算方法都已经展现出不可或缺性和不可替代性作用。在这些自然科学和实际工程应用中,遇到的几乎所有问题,在本质上都是多尺度的,对多尺度问题的模拟与计算研究是这些领域的重要课题之一。

物质都是由大量的原子和电子组成,量子力学薛定谔方程本征波函数和本征值的求解,在深入研究材料物理化学性质方面起到至关重要的作用。精确求解固体系统的薛定谔方程是凝聚态物理的圣杯之一。从 1964 年密度泛函理论提出以来,在过去数十年的研究中,密度泛函理论被广泛采用并取得了巨大成功。近年来,低维材料的成功分离和实验生长使得人们对材料的研究进入了一个新的阶段。然而,现今实验试错法依然面临低效和缺少指导的重大困难,以至于新材料发现与优化过程非常耗时耗力。也正因此,材料基因工程组计划被提出。该计划的推动,首先就是基于大量的计算数据和高效的计算方法,把计算设计和预测相结合来显著加速发现新材料和应用新材料的过程。

目前,许多的高校和研究所等研究机构都采用电子尺度的密度泛函理论计算方法开展了大量的计算科研工作。因此,每年都有许多初学者或入门研究人员学习密度泛函理论方法和高性能计算平台的相关知识。实现计算方法和落实计算任务的高性能计算平台类似于实验设备。现今,这样的平台操作往往被当作一个黑匣子来直接训练初学者或入门研究人员,只需知道输入参数和下载输出结果,这只能是知其然而不知其所以然,由此培养的入门人员也只能是类似于初级操作工。造成这样问题的原因可能在于实现计算方法、落实计算任务和分析计算结果,实际已经是一个综合性很强的交叉学科领域。当前,大部分的相关教材仅仅限于某一方面内容。如材料学教材主要涉及晶体结构和材料性质;固体物理教材则涉及能带理论和半导体物理知识;密度泛函理论教材则只是深度讲解密度泛函理论;计算机类教材则专注于计算机操作系统和相关应用软件的介绍,完全不涉及自然学科中的计算方法、计算任务和结果分析。

　　基于上述现状,本书试图以高年级本科生和研究生初学者为目标对象,系统介绍材料学、固体物理、密度泛函理论、高性能计算平台和电子尺度计算软件的理论基础知识、建模方法、操作系统安装、程序功能、程序运行参数和计算应用实例。当然,本书也不可能是上述不同教材的组合,主要是包含了高年级本科生和研究生学习和掌握关于密度泛函理论计算材料学基础的大部分内容。囿于作者的水平和主题内容限制,本书对于理论和方法不追求完整和深入的介绍。如在晶体结构中没有详细介绍晶体的空间对称性。在密度泛函理论中,尽量避免了该方法产生过程中的理论化和专业化的描述。而对于倒易空间、能带结构和声子谱等的基础理论采用了更容易理解的推导和证明,并引入实例进行说明。特别地,本书针对材料建模、高性能计算平台搭建和 SIESTA 软件安装及其功能使用做了非常详细的介绍,这非常适合于高年级本科生和研究生,也弥补了当前该类教材的不足。

　　本书第 1 章为背景介绍,主要介绍了计算材料学的发展、材料基因工程组计划和高性能计算平台。第 2～5 章为材料结构基础、材料建模、能带结构理论和密度泛函理论。第 6 章为搭建高性能计算平台,主要介绍了 Ubuntu 操作系统的安装和使用,以及如何在该系统中安装源码软件。第 7 章为 SIESTA 软件的安装和功能使用,主要介绍了该软件的运行参数和各种属性功能设置。第 8～12 章为使用密度泛函理论方法研究材料应用于金属离子电池、锂硫电池的计算实例。附录中主要介绍了材料计算常用的数据处理软件、常用的网络资源以及对应本书应用实例金属离子电池的结构和工作原理。阅读本书计算实例时,建议先阅读附录 3 的内容。此外,扫码可获得本书中的彩图和课件等相关资源。

　　本书在撰写过程中得到了同事、同行专家和课题组学生的大力支持。本书第1～4,6～8 章及附录由郭纪源编写,第 5 章由郭纪源和舒华兵共同编写,第 9～12 章主要由郭纪源和课题组学生田斌伟、陈雷、孔凡和杨敏瑞共同编写。南京大学出版社的编辑为本书的出版做了大量艰辛而卓有成效的工作。本书得到了江苏科技大学研究生院"十四五"规划资金资助,特此一并感谢!

　　由于作者水平有限,书中难免有不足和存在有争议的地方,敬请广大读者批评指正。

郭纪源

2023 年 6 月 18 日于镇江

目　录

第 1 章　计算材料学概论

扫码可免费
观看本章资源

1.1　计算材料学的发展概况

随着人们对世界探索能力的持续增强,特别是 19 世纪末 20 世纪初,研究人员发现,许多实验科学家想研究的现象都很难观察到,它们不是太小就是太大,不是太快就是太慢,有的一秒钟之内就发生了十亿次,而有的十亿多年才发生一次。纯理论的研究也不能预报复杂的自然现象所产生的结果,如雷雨或飞机上空的气流。这些领域采用实验和理论的研究方法都很受限制。

20 世纪 40 年代开始的核武器研制,涉及一系列不可能用传统的解析方法求解的问题,例如流体动力学过程、核反应过程、中子输运过程、光辐射输运过程和物态变化过程等,都是十分复杂的非线性方程组。这些问题需要在短时间内进行大量复杂的数值计算,从而促使研究人员寻求更加高效的计算工具,促进了计算机的诞生和计算科学的形成。高速计算机工具的出现,借助计算科学的方法,人们可以模拟以前不可能观察到的领域,同时也能更准确地理解实验观察到的数据。这样,计算科学使人们超越了实验和理论科学的局限,建模与模拟给了人们一个深入理解各种学科数据的新手段。

计算科学研究已经与实验科学研究、理论科学研究并称为现代科学的三大研究手段。且随着计算机和计算方法的不断发展,采用计算科学进行研究是促进当今科学快速发展的重要力量。

20 世纪初量子力学学科的出现,以及由此产生的固体物理、能带理论及其衍生的相关新学科,从理论上在材料的微观结构和宏观性质之间建立了联系。物质是由原子核和游离于原子核之间的电子组成的。材料物理性能与材料的晶体结构、原子间的键合、电子能量状态方式有密切的关系。由于材料中原子、分子、离子的排列方式不同,材料的电子结构和能量状态呈现不同的运动状态,对材料的力学、热学、电学、磁学和光学等性质将产生影响。因此,材料的性质和发生在材料内的物理和化学过程是由它所包含的原子核及其电子的行为决定的。量子力学给出了微观粒子运动和相互作用的定律。20 世纪至今,很多新材料的出现和应用,都是基于量子力学的发展。借助计算机和计算科学方法,人们已经可以基本不依赖经验参数,从材料的微观结构预测材料的许多宏观性质。

传统的以经验积累和简单的循环试错的材料研发方式,主要依靠研究者的科学直觉和大量重复的"炒菜式"实验。这种开发周期长、成本高的研发方式已远不能满足人们对新材料开发的需求,借助计算机和计算科学方法,新材料的研发开始走上了材料设计的新道路。

计算材料学是近年来飞速发展的一门新兴交叉学科。它综合了凝聚态物理学、材料物理学、理论化学、材料力学、工程力学和计算科学算法等多个相关学科。其目的是利用现代高速计算机,模拟材料的各种物理化学性质,深入理解材料从微观到宏观多个尺度的各类现象与特征,并对材料的结构和物性进行理论预言,从而达到设计新材料的目的。

1.2　计算材料学方法与材料空间尺度的关系

基于材料设计的理念,计算材料学研究中,人们根据材料模型按尺度分为:纳观(10^{-9} m)、介观(10^{-6} m)、微观(10^{-3} m)和宏观(10^{0} m)等多尺度层次。多尺度蕴藏于物质世界、科学技术和工程的诸多领域:生命现象、大气环流、材料的成型与应用以及物理和化学中的量子效应等。空间和时间方面的跨尺度与跨层次现象,以及相应的多尺度耦合反映了物质世界构造的基本性质。现有的计算材料学研究方法中,不同尺度对应着不同层次的研究方法。从纳观到宏观层次,现有的计算方法为第一性原理方法、半经验方法、经验势方法(分子动力学方法、蒙特卡洛方法等)、连续介质计算方法(有限元方法等)等。对同一问题,从纳观尺度到宏观尺度各个层面都进行设计研究,仍然是一个挑战性的问题。

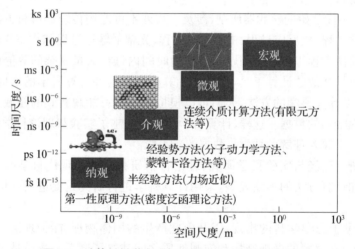

图 1.1　计算材料学方法与空间、时间尺度的对应关系

1.3　计算材料学与材料基因工程组计划

20 世纪 70 年代以来,信息、材料和能源被称为当代文明的三大支柱。得益于计算材料学的发展和人们对新材料的迫切需求,2011 年,美国启动材料基因组计划(又名 Materials Genome Initiative,MGI)。2014 年,美国公布了正式版本的《材料基因组计划战略规划》。

材料的微观组织,如原子或分子的排列、晶体结构和缺陷决定了材料的宏观性能,比如力学性能、电学性能、热力学性能等。材料基因组计划将材料的微观组织整理归纳为"材料基因",对"材料基因"的模拟计算可获得材料的宏观性能模拟数据,从而替代旧有的"炒菜式"实验摸索过程。材料基因组工程计划有机融合了材料高效计算算法、先进实验技术与大数据、人工智能等前沿技术,是研发模式的变革,对于提高研发效率、降低研发成本、推动材料产业高质量发展具有重要意义。

《材料基因组计划战略规划》拟通过新材料研制周期内各个阶段的团队相互协作,加强"官产学研用"相结合,注重实验技术、计算技术和数据库之间的协作和共享,目标是把新材料研发周期减半,成本降低到现有的几分之一,以期加速在清洁能源、国家安全、人类健康与福祉以及下一代劳动力培养等方面的进步。

1.3.1　"材料基因组工程"内涵阐释

通过高通量的第一性原理计算,结合已知的可靠实验数据,用理论模拟去尝试尽可能多的真实或未知材料,建立其化学组分、晶体结构和各种物性的数据库;利用信息学、统计学方法,通过数据挖掘探寻材料结构和性能之间的关系模式,为材料设计提供更多的信息,拓宽材料筛选范围,集中筛选目标,减少筛选尝试次数,预知材料各项性能,缩短性质优化和测试周期,从而加速材料研究的创新。

1.3.2　材料基因组技术的研究方法

数据共享与计算工具开发对 MGI 的成功至关重要。先进材料复杂的物理与化学特性可以因不同的应用需要而相应调整,并可以在合成、生产和使用过程中改变。对这些特性的跟踪是一项非常艰巨的任务,MGI 的工作还包括将术语、数据归档格式和指南报告标准化。

1. 材料计算手段

目前,从电子到宏观层面都有各自的材料计算软件,但是还不能做到高效跨尺度计算以达到材料性能预测的目的;各个软件之间彼此不兼容;由于知识产权问题,彼此不能共享计算工具的源代码。在这方面,MGI 未来的工作主要集中在以下几个方面:

(1) 建立准确的材料性能预测模型,并依据理论和经验数据修正模型预测;

(2) 建立开放的平台,以实现所有源代码共享;

(3) 开发界面友好的软件,以便进一步拓展到更多的用户团体。

图 1.2　材料基因工程组计划内涵、研究方法及关键技术

2. 实验手段

(1) 弥补理论计算模型的不足和建立不同尺度计算间的联系;

(2) 补充基础的物理、化学和材料学数据,构建材料性能相关的成分、组织和工艺间内在联系,并建立数据库;

(3) 利用实验数据修正计算模型,加速新功能材料的筛选。

3. 数字化数据库建立

(1) 以数据的标准化构建不同材料的基础数据库以及它们的共享系统;

(2) 拓展云计算技术在材料研发中的作用,包括远程数据存储与共享;

（3）通过数字化数据库建设，联系科学家与工程师共同开发新材料。

"MGI 方法"寻求独特的和无缝集成的计算、试验和数据来推动新材料的成功发现、更快速的部署和工业化。

1.3.3　材料基因组技术的关键挑战

1. 在材料研究、开发和部署中的机制转变

MGI 面临的一个重大挑战是如何建立运行机制，这个机制通过促使理论家和实验家，以及学术界、实验室和工业界的深度合作，来促进材料连续开发中的信息畅通。更深层次地整合实验、计算和理论，以及对数字材料数据的日常使用，促进常规材料科学与工程研究方法的转变。

2. 实验、计算和理论的整合

MGI 工作的核心被定义为：从实验、计算和理论中获取整合、协同的工作流程。材料研究所需的最大时间长度，是创造这种可定量、可预测的科学与工程工具的最大挑战。材料创新基础设施的重要组成部分包括：实验数据建立的先进模拟工具、有价值的模型及定量合成和表征工具的访问权。

3. 数字化数据的访问

创建一个数字化数据的基础设施，不仅可以存储各种数据，而且可以快速准确地检索，但创建这个数据库的工作对于包括材料科学与工程等在内的很多学科来说，都是一个挑战。整个材料界都面临技术准备的挑战，包括：让使用者意识到工具和数据的存在；定义和实施已被广泛认可的管理结构；平衡安全要求与数据可用性及可发现性；制定描述数据和评估数据的质量标准。

4. 精良的劳动力

即使有大量可访问的数据、新的实验计算整合工具以及不断发展的数据，仍然是需要大量从事材料研发的科学家和工程师，且这些人员必须能够熟练地使用前面所说的工具来实现 MGI 预期的结果。

1.3.4　中国的材料基因工程组计划

2012 年 12 月 21 日，《材料科学系统工程发展战略研究——中国版材料基因组计划》重大项目启动。2022 年 3 月《中国材料基因工程的研究特色和愿景》一文介绍了我国全方位布局开展材料基因工程研究的相关情况，总结了"关键技术与装备研发—创新平台建设—工程化推广应用"的一体化实施的进展，提出了未来 5～10 年我国材料基因工程发展的四项重点任务：

（1）通过研发高通量和自动流程算法，实现新材料成分—结构—性能的快速筛选；发展集成计算材料工程（ICME），解决材料多层次、跨尺度计算设计瓶颈，建立材料成分—组织结构—性能—工艺的关联关系，实现材料设计和工艺优化。以中国强大的超级计算机资源为硬件条件，融合材料高通量计算和集成计算材料工程，建立材料理性设计的技术基础和支撑条件。

（2）应用薄膜材料制备、3D 打印、定向凝固、梯度热处理等技术，发展适合不同形态（薄膜、粉体、块体)材料的高通量制备技术和装置。依托同步辐射光源和散列中子源等科学研究装置,开发适合于海量实验数据快速处理的解析算法,发展适合材料成分和结构表征的高通量实验技术。通过高通量实验技术与装备的研发与应用,实现材料理性设计方案的快速验证,以及材料成分、组织结构和工艺的高通量筛选和优化。

(3) 研发材料服役与失效的跨尺度模拟计算方法、高效评价方法及等效加速模拟实验、材料服役大数据等加速新材料工程应用中的关键技术。突破服役与失效行为研究周期长、成本高的瓶颈,加速新材料应用进程,形成中国材料基因工程面向工程应用的重要研究特色。

(4) 研发集数据自动采集、归档、挖掘、应用为一体的智能化数据库技术,支撑/服务于高效计算、高通量实验,实现海量数据自动处理和积累,构建集数据收集、数据服务、数据分析、新材料发现、新产品开发等功能为一体的材料数据库平台,促进大数据和人工智能技术在新材料研发中的应用,如图 1.3 所示。

图 1.3　中国材料基因工程网(http://www.formge.cn/);国产晶体结构预测及计算软件(http://calypso.cn/);中科院拓扑电子材料的在线数据库(http://materiae.iphy.ac.cn)

1.4　高性能计算机及其计算操作平台

计算材料学得以实现和发展依赖于高性能计算机(HPC)和集成计算科学方法的计算平台。与普通的家用计算机和办公计算机相比,超级计算机的构成组件基本相同,但在性能和规模方面却有差异。它具备极大的数据存储容量和极快速的数据处理速度,可以在多种领域开展一些人们或者普通计算机无法进行的工作。

我国的超级计算机研制起步于 20 世纪 60 年代。现今大体经历了三个阶段:第一阶段,自 60 年代末到 70 年代末,主要从事大型机的并行处理技术研究;第二阶段,自 70 年代末至 80 年代末,主要从事向量机及并行处理系统的研制;第三阶段,自 80 年代末至今,主要从事 MPP 系统及工作站集群系统的研制。国防科技大学计算机研究所研制的"银河"系列、中科院计算技术研究所研制的"曙光"系列、国家并行计算机工程技术中心研制的"神威"系列和联想集团研制的"深腾"系列等一批国产高端计算机系统的出现,使我国成为继美国、日本之后,第三个具备研制高端计算机系统能力的国家。

2016 年 6 月 20 日,德国法兰克福国际超算大会(ISC)公布了新一期全球超级计算机 TOP500 榜单,由国家并行计算机工程技术研究中心研制的"神威·太湖之光"以超第二名近三倍的运算速度夺得第一名。"神威·太湖之光"超级计算机是由国家并行计算机工程技术研究中心研制,安装在国家超级计算无锡中心的超级计算机(如图 1.4)。它安装了 40 960 个中国自主研发的神威 26010 众核处理器,该众核处理器采用 64 位自主神威指令系统,峰值性能 3 168 万亿次每秒,核心工作频率 1.5GHz。

图 1.4 我国自主研制的"神威·太湖之光"超级计算机

2020 年 7 月,中国科学技术大学针对大尺度数万原子分子固体体系的第一性原理计算模拟在"神威·太湖之光"上首次实现。超级计算机和高性能计算技术的快速发展,使得基于 Kohn-Sham 方程密度泛函理论(KS-DFT)的第一性原理计算模拟在凝聚态物理、材料科学、化学和生物等研究领域变得越来越重要。自 2010 年以来,中国拥有了 3 台世界上计算速度最快的超级计算机,其中"神威·太湖之光"曾 4 次占据世界超级计算机 TOP500 排行榜第一。但是,当前国内高性能计算软件远远落后于超算硬件的发展。因此,随着国产超级计算机的快速发展,很有必要发展相应的理论算法和超大规模并行计算软件,从而充分发挥出这些超级计算机强大的计算能力,模拟研究更大尺度的物理化学问题。

根据数据统计,在全球顶尖 TOP500 的超级计算机中,有约 60% 安装了 Linux 操作系统,30% 是 Unix 操作系统,小部分是 AIX 操作系统、FreeBSD 操作系统和微软操作系统等。Linux 操作系统是一个多用户、多任务、支持多线程和多 CPU 的操作系统。它是开放源代码的,没有授权费用,有着非常好的兼容性,高性能运算能力等为超级计算机发挥作用提供了坚实的基础。当前普遍使用的 Linux 版本有 Ubuntu、Debian、CentOS、Fedora、OpenSUSE,而 Deepin 和 UbuntuKylin 是国内发展较好的 Linux 发行版,如图 1.5 所示。

图 1.5 Linux 系统及各种发行版的图标

简答题

1. 总结说明什么是计算材料学?
2. 列出多尺度模拟方法的种类,对每一种方法简要概述。
3. 什么是材料基因工程组计划? 调查国内最新研究进展。
4. 简述国内高性能计算机的发展状况? 并列出全世界高性能计算机性能最优的前十名。

 参考文献

[1] 郦剑,张超,郑宏晔.计算材料学的现状与发展前景[J].国外金属热处理,2000(3):1-2.

[2] 张跃,谷景华,尚家香,马岳编著.计算材料学基础[M].北京:北京航空航天大学出版社,2007.

[3] June Gunn Lee. Computational materials science:an introduction[M]. Second edition. Boca Raton: CRC Press, Taylor & Francis, 2017.

[4] 高力明.计算材料学与材料结构的层次[J].陶瓷学报,2004(2):69-74.

[5] 郭俊梅,邓德国,潘健生,等.计算材料学与材料设计[J].贵金属,1999,20(4):62-68.

[6] 胡文军,李建国,刘占芳,等.介观尺度计算材料学研究进展[J].材料导报,2004,18(7):12-14,18.

[7] 万勇,冯瑞华,姜山,黄健.美国材料基因组计划实施的一系列举措[J].新材料产业,2014(6):4-7.

[8] 杨小渝,王娟,任杰,宋健龙,王宗国,曾雉,张小丽,黄孙超,张平,林海青.支撑材料基因工程的高通量材料集成计算平台[J].计算物理,2017,34(6):697-704.

[9] 吴苗苗,刘利民,韩雅芳.材料基因工程——材料设计、模拟及数据库的顶层设计[J].今日科苑,2018 (10):53-58.

[10] 宿彦京,付华栋,白洋,姜雪,谢建新.中国材料基因工程研究进展[J].金属学报,2020,56(10):1313-1323.

[11] Jianxin Xie, Yanjing Su, Dawei Zhang, Qiang Feng. A Vision of Materials Genome Engineering in China[J]. Engineering, 2022, 10(3): 10-12.

[12] 岳溪朝,冯燕,刘健,于烨泳,席慷杰,钱权.材料基因组工程专用数据库[J].上海大学学报(自然科学版),2022,28(3):399-412.

[13] http://www.top500.org/

[14] 柯文.中国超级计算机发展大事记[J].科学 24 小时,2010(2):9.

[15] 杨广文,赵文来,丁楠,等."神威·太湖之光"及其应用系统[J].科学(上海),2017,69(3):12-16.

[16] Wei Hu, Xinming Qin, Qingcai Jiang, Junshi Chen, Hong An, Weile Jia, Fang Li, Xin Liu, Dexun Chen, Fangfang Liu, Yuwen Zhao, Jinlong Yang, High performance computing of DGDFT for tens of thousands of atoms using millions of cores on Sunway TaihuLight[J]. Science Bulletin, 2021, 66(2): 111-119.

[17] 王星焱,黄传信,郑岩. 高性能计算机操作系统发展研究[J]. 高性能计算技术,2009(1):1-5.

[18] 陈林.基于 Linux 机群的大型结构并行有限元方法研究[D].南京:河海大学,2006.

[19] 杨潞霞,宁淑丽,付一政.Linux 环境下的高性能分子模拟计算集群平台的构建[J].现代制造技术与装备,2011(1):53-56.

[20] 吴聪颖.多尺度模拟计算及平台开发[D].重庆:重庆大学,2011.

第 2 章　计算材料结构基础

材料结构的分类方式有很多种,内容也非常丰富。一般来说,都会关注到材料维度、晶体结构和相互作用等问题。对于纳观尺度来说,这些内容是建立材料微观模型必须掌握的基础。

2.1　材料维度及其尺度效应

维度的科学定义指的是自由度,在数学中是指独立参数的数目,在物理中一般指独立的时空坐标的数量。对于材料结构描述来说,所谓维度是材料在几何空间中所占有的空间描述自由度的数量。

由于材料主要外观特征在于其尺度,所以从三维外观尺度上对材料进行分类是普遍的分类方法,可以将材料分为三维、二维、一维和零维四大类。通常大家所看到的材料或者物品都是具有三维的空间分布,例如路边的大树、校园的各种植物、教室的桌椅等。从材料维度上来讲,这些都是三维材料。随着科学技术的发展,人们的研究和关注范围已经远远不限于眼睛所看到的一切,借助各种先进的探测工具和制备技术,人们发现和制备了很多的低维材料。所谓低维,也就是小于三维,具有这样尺度特点的材料也称为纳米材料。更严格的定义是指在三维空间中至少有一维处于纳米尺度范围或由它们作为基本单元构成的材料(纳米范围通常指 1~100 nm)。材料维度的结构特征说明如表 2.1 所示。

表 2.1　材料维度说明列表

基本类型	尺度、形貌与结构特征	实　　例
零维材料	三个维度尺度均为纳米级,无明显的取向性,近等轴状	原子团簇、量子点、纳米微粒等
一维材料	单向延伸,两个维度尺度为纳米级,第三维尺度不限	纳米棒、纳米线、纳米管、纳米晶须、纳米纤维、纳米卷轴、纳米带等
	单向延伸,直径大于 100 nm,具有纳米结构	纳米结构纤维
二维材料	一个维度尺度为纳米级,面形分布	纳米片、纳米板、纳米薄膜、纳米涂层、单层膜、纳米多层膜
	面形分布,厚度大于 100 nm,具有纳米结构	纳米结构薄膜、纳米结构涂层
三维材料	三个维度尺寸均超过纳米尺寸	陶瓷、金属、气凝胶、结构阵列
	不同低维结构单元或与常规材料组成	复合材料

由于低维材料总有一个维度属于纳米级别,有时是由相当于分子尺寸甚至是原子尺寸的微小单元组成,低维材料具有了一些区别于相同化学元素形成的三维材料的特殊的物理或是化学特性,其中最为明显的可以归纳为"四大效应",分别是表面与界面效应、小尺寸效应、量子尺寸效应和宏观量子隧道效应。

表面与界面效应:这是指低维材料表面原子数与总原子数之比随尺度变小而急剧增大后所引起的性质上的变化。例如粒子直径为 10 nm 时,微粒包含 4 000 个原子,表面原子占 40%;粒子直径为 1 nm 时,微粒包含 30 个原子,表面原子占 99%。主要原因就在于直径减小,表面原子数量增多。再例如,粒子直径为 10 nm 和 5 nm 时,比表面积分别为 90 m^2/g 和 180 m^2/g。因为表面原子数目增多,比表面积大,原子配位不足,表面原子的配位不饱和性导致大量的悬空键和不饱和键,进而表面能高,而这些表面原子具有高的活性,极不稳定,很容易与其他原子结合。这种表面原子的活性不但易引起粒子表面原子输运和构型的变化,同时也会引起表面电子自旋构象和电子能谱的变化。低维材料由此具有了较高的化学活性,使得低维材料的扩散系数大,大量的界面为原子扩散提供了高密度的短程快扩散路径,如金属纳米粒子在空中会燃烧,无机纳米粒子会吸附气体等等。

小尺寸效应:当微粒尺寸与光波波长,传导电子的德布罗意波长及超导态的相干长度、透射深度等物理特征尺寸相当或更小时,它的周期性边界被破坏,非晶态低维粒子的颗粒表面层附近的原子密度减少,从而使其声、光、电、磁、热等性能呈现出新的物理性质的变化,称为小尺寸效应。例如,铜颗粒达到纳米尺寸时就变得不能导电,绝缘的 SiO_2 颗粒在 20 nm 时却开始导电。再例如,高分子材料的纳米材料制成的刀具比金刚石制品还要坚硬。利用这些特性,可以高效率地将太阳能转变为热能、电能,此外又有可能应用于红外敏感元件、红外隐身技术等等。对于 2 nm 的 Au 粒子,在高分辨率显微镜下可观察到其形态在单晶与多重孪晶之间进行连续的变化,这与通常的熔化相变不同,而是小尺寸粒子所具有的熔化现象。对于纳米尺度的强磁性粒子,如 Fe—Co 合金,当粒子尺寸为单畴临界尺寸时,可具有非常高的矫顽力,可用于磁性信用卡、磁性钥匙等。由于小尺寸效应,一些金属纳米粒子的熔点远低于块状金属。例如,2 nm 的 Au 粒子的熔点为 600 K,块状金为 1 337 K,纳米银粉的熔点可降低至 100℃。

量子尺寸效应:当粒子的尺寸达到纳米量级时,费米能级附近的电子能级由连续态分裂成分立能级。当能级间距大于热能、磁能、静电能、静磁能、光子能或超导态的凝聚能时,会出现低维材料的量子效应,从而使其磁、光、声、热、电、超导电性能变化。

宏观量子隧道效应:宏观量子隧道效应是基本的量子现象之一,即当微观粒子的总能量小于势垒高度时,该粒子仍能穿越这一势垒。这种微观粒子贯穿势垒的能力称为隧道效应。纳米粒子的磁化强度等也有隧道效应,它们可以穿过宏观系统的势垒而产生变化,这被称为纳米粒子的宏观量子隧道效应。比如,原子内的许多磁性电子(指 $3d$ 和 $4f$ 壳层中的电子),以隧道效应的方式穿越势垒,导致磁化强度的变化,这是磁性宏观量子隧道效应。早在 1959 年,此概念曾用来定性解释纳米镍晶粒为什么在低温下能继续保持超顺磁性的现象。

上述这些效应直接影响着材料的力学、热学、电学、磁学和光学等特性,这些特性在当前飞速发展的各个科技领域内都得到了应用。科学家和工程技术人员利用纳米材料的特殊性质解决了很多技术难题,可以说纳米材料特性促进了当今科技进步和发展。就计算材料学而言,模拟计算还受到了计算机硬件的影响,模拟尺度越大对计算机的硬件要求更高。纳米材料和技术的发展,极大地拓展了计算材料学的用武之地和计算模拟的研究内容。同时也方便了人们更加科学地认识纳米尺度材料的特性。本教材所关注的例子主要是原子尺度模型,就是纳米材料的一些代表模型。

2.2 晶体结构

2.2.1 概念和术语

1. 定义

晶体通常是指结晶过程中,构成物质的原子或离子按照一定的规则,在空间周期性地排列而形成具有确定几何外形的固体。

2. 特征

(1) 晶体有整齐规则的几何外形。

(2) 晶体有固定的熔点,在熔化过程中,温度始终保持不变。

(3) 晶体有各向异性的特点。

3. 共性

(1) 长程有序:晶体内部原子存在至少在微米级范围内的规则排列。

(2) 均匀性:晶体内部各个部分的宏观性质是相同的。

(3) 各向异性:相同的物理性质沿着晶体的不同排列方向,体现出不同的效果。

(4) 对称性:晶体的理想外形和晶体内部结构都具有特定的对称性。

(5) 自限性:晶体具有自发地形成封闭几何多面体的特性。

(6) 最小内能:成型晶体内能最小。

4. 为了描述晶体的有序结构,常用的还有下面一些术语

(1) 基元:晶体由一种或多种原子或离子组成,由原子或离子组成的晶体中最小重复结构单元称为基元,它通常是一种结构形式,不包含体积。

(2) 结点(格点):把基元抽象成阵点代替基元所示的结构在晶体中的位置。

(3) 晶格(点阵):晶体的内部结构视为是由一些相同的点在空间有规则地周期性无限分布,这些点在三个不同方向连成直线,就形成一个网格,称为晶格(点阵)。

(4) 布拉维(Bravais)格子:1866 年,经布拉维父子研究证明,晶格中的平行六面体是空间格子的最小重复单位,完整反映了晶体结构中格点的排列规律,所有空间格子中只存在 14 种不同的平行六面体。后来就习惯将这 14 种平行六面体叫作 14 种布拉维格子,也叫空间格子。它描述了晶体结构中的平移对称。整个晶体结构可视为平行六面体在三维空间平行地、毫无间隙地重复堆砌而成。

(5) 原胞(初级晶胞):反映晶体晶格点阵周期性的、包含体积的最小重复单元,也是布拉维点阵的最小重复单元。

(6) 惯用晶胞(单胞、晶胞):反映晶体对称性的最小重复单元,一般晶胞体积为原胞体

积的整数倍。

（7）维格纳-赛兹（Wigner-Seitz）晶胞：另一种反映晶体宏观对称性的晶胞，是所有对称性且体积最小的重复单元。一般是以任一格点为中心，以该格点与邻近格点连线的中垂面为界面围成的最小多面体。

（8）超胞：对原胞或单胞的扩展形成的新的重复单元。

（9）配位数：一个原子或离子周围最邻近的其他原子或离子数，描述晶体中原子或离子排列的紧密程度。

2.2.2　晶系、布拉维格子、点群和空间群

晶体的基本性质和外形规律特征的根本原因在于它内部的空间格子构造。在理想晶体中，其内部质点均按照格子构造规律排列。平行六面体是空间格子的最小单位，整个晶体结构可视为平行六面体（即晶胞）在三维空间平行地、毫无间隙地重复堆砌而成。按这些格子宏观几何形态的对称程度，可将其划分为七类晶系，即等轴晶系、六方晶系、四方晶系、三方晶系、斜方晶系、单斜晶系和三斜晶系。

以每一个平行六面体单元的边长(a_1,a_2,a_3)及相邻边之间的夹角(α,β,γ)来描述晶胞的特征，称为**晶格常数**。它是晶体结构的一个重要基本参数，是指晶格中晶胞的物理尺寸。晶格常数与原子间的结合能有直接的关系。晶格常数的变化反映了晶体内部的成分、受力状态等的变化，晶格常数亦称为点阵常数。晶体的晶系、晶格常数和布拉维格子的对应关系可以在表 2.2 中找到。

晶体的结构展示出了高度的对称性特点。对称性可以用群这个数学工具来表征。点群表示晶体外形上的对称关系，空间群表示晶体结构内部的原子及离子间的对称关系。空间群是点对称操作和平移对称操作的对称要素全部可能的组合。

1830 年德国矿物学家赫塞尔（Hessel）用几何的方法推导出晶体形态可能有的对称要素的组合形式，共 32 种对称型**点群**（Point Group）。1855 年，法国晶体学家布拉维（Bravais）运用严格的数学方法推导出晶体结构中的空间格子的平移重复规律只有 14 种，这就是著名的**14 种布拉维格子**，它描述了晶体结构中的平移对称。1889 年俄国结晶矿物学家费德洛夫（Fedorov）在 14 种布拉维格子的基础上，同时考虑平移与旋转、反映对称变换的复合，推导出晶体结构一切可能的对称形式，共 230 种**空间群**（Space Group）。

上面描述的 7 大晶系、14 种布拉维格子、32 种点群和 230 种空间群，包含了晶体形态可能有的对称要素的全部组合形式。它们全面、严谨地描述了晶体内部结构格点排布的对称规律性，这是在人类没有能力直接观测的条件下，从数学的角度对晶体结构的规律建立的数学模型，这些数学模型在后来的 X-射线实验测试晶体结构之后，都被证实全部是正确的。

晶体的群有一套约定的命名和表示方法，点群常用的是圣佛利斯（Schönflies）符号，如表 2.3 所示。该符号通常用一个大些字母以及可能的下标来表示，其中下标可以是数字或字母，或两者同时出现。圣佛利斯符号以对称操作来代表整个群，字母和数字的含义为：T 代表四面体群；O 代表八面体群；C 代表回转群；D 代表双面群；S 代表反群；i 代表对称心；s 代表对称面；v 代表通过主轴的对称面；h 代表与主轴垂直的对称面；d 代表分两个副轴的交角的对称镜面。Cn（$n=1,2,3,4,6$）表示对称轴 Ln；Cnh 表示 Ln 与垂直的对称面 P 的组合；Cnv 表示 Ln 与平行的对称面 P 的组合；Ci 表示有一个对称中心；Cni 表示除了 n 次旋转

表 2.2 晶体的晶系、晶格常数、布拉维格子的对应关系

晶系	晶格常数	布拉维格子				矿物晶体
		原始(简单)	体心	底心	面心	
三斜 Triclinic system	$a \neq b \neq c$ $\alpha \neq \beta \neq \gamma \neq 90°$					蔷薇辉石、微斜长石、钠长石、胆矾、斧石等
单斜 monoclinic system	$a \neq b \neq c$ $\alpha = \beta = 90° \neq \gamma$					石膏、蓝铜矿、雄黄、雌黄、黑钨矿、锂辉石、正长石等
正交(斜方) orthorhombic system	$a \neq b \neq c$ $\alpha = \beta = \gamma = 90°$					重晶石、黄玉、白铅矿、白铁矿、文石、橄榄石、异极矿等
四方(四角) tetragonal system	$a = b \neq c$ $\alpha = \beta = \gamma = 90°$					锡石、鱼眼石、白钨矿、符山石、钼铅矿等
三方(菱方)三角 trigonal system	$a = b = c$ $\alpha = \beta = \gamma \neq 90°$					水晶、方解石等
六方 hexagonal system	$a = b$ $\alpha = \beta = 90°$ $\gamma = 120°$					辉钼矿晶体、无腰水晶等
立方(等轴) cubic system	$a = b = c$ $\alpha = \beta = \gamma = 90°$					黄铁矿、萤石、闪锌矿、石榴石、方铅矿等

表 2.3　晶体学晶系、点群和空间群

晶系	点群 圣佛利斯符号 (Schönflies)	空间群及其序号								
三斜 triclinic system	C1	1 P1								
	Ci = S2	2 P1̄								
单斜 monoclinic system	C2	3 P2	4 P21	5 C2						
	Cs = C1h	6 Pm	7 Pc	8 Cm	9 Cc					
	C2h	10 P2/m	11 P21/m	12 C2/m	13 P2/c	14 P21/c	15 C2/c			
正交(斜方) orthorhombic system	D2 = V	16 P222	17 P2221	18 P21212	19 P212121	20 C2221	21 C222	22 F222	23 I222	24 I212121
	C2v	25 Pmm2	26 Pmc21	27 Pcc2	28 Pma2	29 Pca21	30 Pnc2	31 Pmn21	32 Pba2	33 Pna21
		34 Pnn2	35 Cmm2	36 Cmc21	37 Ccc2	38 Amm2	39 Abm2	40 Ama2	41 Aba2	42 Fmm2
		43 Fdd2	44 Imm2	45 Iba2	46 Ima2					
	D2h	47 Pmmm	48 Pnnn	49 Pccm	50 Pban	51 Pmma	52 Pnna	53 Pmna	54 Pcca	55 Pbam
		56 Pccn	57 Pbcm	58 Pnnm	59 Pmmn	60 Pbcn	61 Pbca	62 Pnma	63 Cmcm	64 Cmca
		65 Cmmm	66 Cccm	67 Cmma	68 Ccca	69 Fmmm	70 Fddd	71 Immm	72 Ibam	73 Ibca
		74 Imma								
四方(四角) tetragonal system	C4	75 P4	76 P41	77 P42	78 P43	79 I4	80 I41			
	S4	81 P4̄	82 I4̄							
	C4h	83 P4/m	84 P42/m	85 P4/n	86 P42/n	87 I4/m	88 I41/a			
	D4	89 P422	90 P4212	91 P4122	92 P41212	93 P4222	94 P42212	95 P4322	96 P43212	97 I422
		98 I4122								
	C4v	99 P4mm	100 P4bm	101 P42cm	102 P42nm	103 P4cc	104 P4nc	105 P42mc	106 P42bc	107 I4mm
		108 I4cm	109 I41md	110 I41cd						

续　表

晶系	点群 圣佛利斯符号 (Schönflies)	空间群及其序号								
四方(四角) tetragonal system	D2d	111 P$\bar{4}$2m	112 P$\bar{4}$2c	113 P$\bar{4}$2$_1$m	114 P$\bar{4}$2$_1$c	115 P$\bar{4}$m2	116 P$\bar{4}$c2	117 P$\bar{4}$b2	118 P$\bar{4}$n2	119 I$\bar{4}$m2
		120 I$\bar{4}$c2	121 I$\bar{4}$2m	122 I$\bar{4}$2d						
	D4h	123 P4/mmm	124 P4/mcc	125 P4/nbm	126 P4/nnc	127 P4/mbm	128 P4/mnc	129 P4/nmm	130 P4/ncc	131 P4$_2$/mmc
		132 P4$_2$/mcm	133 P4$_2$/nbc	134 P4$_2$/nnm	135 P4$_2$/mbc	136 P4$_2$/mnm	137 P4$_2$/nmc	138 P4$_2$/ncm	139 I4/mmm	140 I4/mcm
		141 I4$_1$/amd	142 I4$_1$/acd							
三方(菱方) 三角 trigonal system	C3	143 P3	144 P3$_1$	145 P3$_2$	146 R3					
	S6=C3i	147 P$\bar{3}$	148 R$\bar{3}$							
	D3	149 P312	150 P321	151 P3$_1$12	152 P3$_1$21	153 P3$_2$12	154 P3$_2$21	155 R32		
	C3v	156 P3m1	157 P31m	158 P3c1	159 P31c	160 R3m	161 R3c			
	D3d	162 P$\bar{3}$1m	163 P$\bar{3}$1c	164 P$\bar{3}$m1	165 P$\bar{3}$c1	166 R$\bar{3}$m	167 R$\bar{3}$c			
六方 三角 hexagonal system	C6	168 P6	169 P6$_1$	170 P6$_5$	171 P6$_2$	172 P6$_4$	173 P6$_3$			
	C3h	174 P$\bar{6}$								
	C6h	175 P6/m	176 P6$_3$/m							
	D6	177 P622	178 P6$_1$22	179 P6$_5$22	180 P6$_2$22	181 P6$_4$22	182 P6$_3$22			
	C6v	183 P6mm	184 P6cc	185 P6$_3$cm	186 P6$_3$mc					
	D3h	187 P$\bar{6}$m2	188 P$\bar{6}$c2	189 P$\bar{6}$2m	190 P$\bar{6}$2c					
	D6h	191 P6/mmm	192 P6/mcc	193 P6$_3$/mcm	194 P6$_3$/mmc					
立方(等轴) cubic system	T	195 P23	196 F23	197 I23	198 P2$_1$3	199 I2$_1$3				
	Th	200 Pm$\bar{3}$	201 Pn$\bar{3}$	202 Fm$\bar{3}$	203 Fd$\bar{3}$	204 Im$\bar{3}$	205 Pa$\bar{3}$	206 Ia$\bar{3}$		
	O	207 P432	208 P4$_2$32	209 F432	210 F4$_1$32	211 I432	212 P4$_3$32	213 P4$_1$32	214 I4$_1$32	
	Td	215 P$\bar{4}$3m	216 F$\bar{4}$3m	217 I$\bar{4}$3m	218 P$\bar{4}$3n	219 F$\bar{4}$3c	220 I$\bar{4}$3d			
	Oh	221 Pm$\bar{3}$m	222 Pn$\bar{3}$n	223 Pm$\bar{3}$n	224 Pn$\bar{3}$m	225 Fm$\bar{3}$m	226 Fm$\bar{3}$c	227 Fd$\bar{3}$m	228 Fd$\bar{3}$c	229 Im$\bar{3}$m
		230 Ia$\bar{3}$d								

轴外,还包括一个对称中心;S4 表示有一个四次旋转反演轴。Dn 表示除了 n 次主旋转轴外,还包括 n 个与之轴垂直的二次旋转轴;Dnh 表示 LnnL2(n+1)PC 的组合,即除了 Dn 的对称性外,还包括一个与主旋转轴垂直的对称面和 n 个与二次旋转轴重合(即平行)的对称面;Dnd 表示对称轴、对称面和 L2 的组合(除了 Dn 的对称性外,还包括 n 个平分两个二次旋转轴夹角的对称面);T 代表四面体中对称轴的组合(除了四个三次旋转轴外,还包括三个正交的二次旋转轴);Th 代表除了 T 的对称性外,还包括与二次旋转轴垂直的三个对称面;Td 代表除了 T 的对称性外,还包括六个平分两个二次旋转轴夹角的对称面;O 代表八面体中对称轴的组合(包括三个互相垂直的四次旋转轴,六个二次旋转轴和四个三次旋转轴);Oh 代表除了 O 的对称性外,还包括 Td 与 Th 的对称面。

二维情况下,Cn(n=1,2,3,4,6)转轴加上镜面反映只能得到 10 种点群;10 种点群与二维空间中的平移操作组合,只能得到 17 种二维空间群。

下面是看空间群要用到的术语。c 是 cyclic(循环的、转圈的)的首字母,d 是 dihedral(二面的)的首字母,p 是 primitive(初级的)的首字母,c 是 centered(带心的)的首字母,m 代表 mirror(镜面),g 代表 glide(滑移面),经这个面反映后,还移动一段距离。空间群的记号会大致指明晶体的对称性特征,比如 pmg 是初级晶格+镜面+滑移面,cmm 是面心晶格(单胞是带心的长方形)+垂直方向上的镜面。

三维空间依然只有平面型的转动,即只有 n=1,2,3,4,6 次五种转动,但多了一个维度,因此,就扩大了转动与镜面反映组合的可能性。转轴除了 C 和 D 的区别外,要加入镜面,可能是 v(vertical,竖直的,镜面过转轴),也可能是 d(diagonal,对角的,镜面过转轴),可能是 h(horizontal,水平的,镜面垂直于转轴)。此外,还有转动与镜面反映的组合 S(Spiegel,德语镜子),以及高对称的 T(tetrahedron,正四面体)和 O(octahedron,正八面体)。三维点群可列举如下:C1,C2,C3,C4,C6 共五种,加 h 得 Cnh 五种,加 v 得 Cnv 五种;D1,D2,D3,D4,D6 五种,加 h 得 Dnh 五种,加 d 得 Dnd 五种,共 30 种。然而,在三维空间中 C1v=C1h,D1=C2,D1h=C2v,D1d=C2h,而 D4d,D6d 意味着存在 8-次和 12-次转轴,是不允许的。排除这 6 种可能,实际上得到的是 24 种点群。加上更复杂的组合 S2,S4 和 S6;T,Th,Td;O,Oh,又有 8 种,故总共有 32 种点群。这 32 种点群,对称性高低不同,Oh,D6h,D4h 分别占据最高端,其他低对称性点群是高对称性点群的子群。

晶体的晶系、点群和空间群的对应关系可以在表 2.3 中找到。

2.2.3　金属晶体原子的密堆积方式

结合晶体的对称性,以单质金属晶体的结构为例,用小圆球代表金属原子来分析金属晶体中原子的堆积方式。

1. 简单立方堆积(SC, Simple Cubic)

如图 2.1 所示的原子堆积方式就称为简单立方。为便于观察和理解,给出了三种显示模式,只是显示方式不同而已,不改变晶体的堆积本质。这种堆积模式属于立方晶系,编号 221 的 Pm$\bar{3}$m 空间群,每个圆球和周围 6 个球相接触(图 2.1c),形成八面体配位,是一种对称性较高的堆积。以图 2.1(b)为模型,假设球的半径为 r,则立方体的边长为 $2r$。一个简单立方堆积,相当于一个单胞,该堆积中有 8 个原子,而实际构成晶体时,该堆积中的每个原子同时属于邻近的 8 个单胞,这样实际每个单胞获得原子数目为 1。以一个原子的体积除以这个简单立方的体积,可以得到这种堆积空间利用率为 52.39%,只有少数金属如 Po 等属于这种堆积方式。

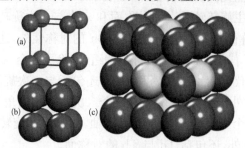

图 2.1　简单立方堆积示意图

2. 立方体心密堆积(BCC, body-centered cubic)

如图 2.2 所示,在立方体单胞中顶点和体心各有一个球,且体心原子完全属于该单胞,此种堆积为立方体心密堆积结构。每个球都与 8 个球相接触,因此,配位数都是 8。立方体心密堆积结构是一种高配位的密堆积结构,它的空间利用率为 68.02%。属于 BCC 堆积的有 Li,Na,K,Rb,Cs,Ba,Ti,Zr,V,Nb,Ta,Cr,Mo,W,Fe 等。

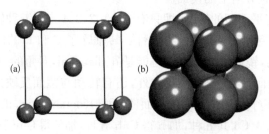

图 2.2　立方体心密堆积示意图

3. 立方面心密堆积(FCC, face-centred cubic)与六方密堆积(HCP, hexagonal close-packed)

立方面心密堆积与六方密堆积都属于最密堆积方式,下面一起介绍这两种密堆积方式。取许多直径相同的硬圆球,把它们相互接触排列成一条直线,一般会有两种相互接触的排列方式,如图 2.3 所示。而最紧密的排列方式,只能是一种,就是每个球与周围其他 6 个球相接触,从而形成了一个等径圆球密置层,如图 2.3(b)所示。它是沿二维空间伸展的等径圆球密堆积唯一的一种排列方式。这种密堆积方式空间利用率更高,而这种堆积方式也就是立方面心最密堆积和六方最密堆积的第一层,称它为 A 层。

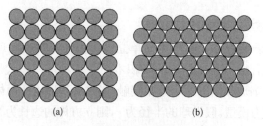

图 2.3　等径圆球密置层示意图

　　观察图 2.4(a)这种堆积方式,可以发现每三个小球之间都存在一个空隙。若进行第二层的密堆积,要做最密堆积使空隙最小也只有唯一一种堆积方式,就是将两个堆积层平行地错开一点,即第二层的球的投影位置正落在三个球所围成的空隙的中心上,并使两层紧密接触。这时,每一个球将与另一层的三个球相接触。将小球放到这些空隙中,就得到了最密堆积的第二层。

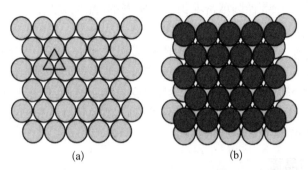

(a)　　　　　　　　　　　　　　(b)

图 2.4　等径圆球密置 A 层空隙和密置 B 层二层堆积示意图

　　得到 A、B 两个等径圆球密置层后,此时密置双层结构中的空隙有两种,如图 2.5(a)所示:一种是由三个相邻 A 球和一个 B 球(或三个 B 球和一个 A 球)所组成的空隙,称为正四面体空隙,因为将包围空隙的四个球的球心连接起来得到正四面体;另一种空隙是由三个 A 球和三个 B 球所组成,称为正八面体空隙,因为连接这六个球的球心得正八面体。显然八面体空隙比四面体空隙大。

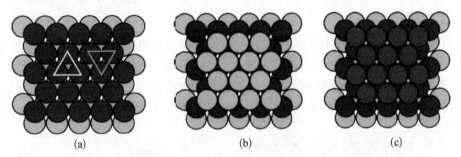

(a)　　　　　　　　　　(b)　　　　　　　　　　(c)

图 2.5　等径圆球密置 A 层空隙和密置 B 层三层堆积示意图

　　通过把小球放到相同种类的空隙,就得到了两种第三层结构。如果加在密置双层 A,B 上的第三层是正四面体空隙,之后的五、七……等密置层的投影位置正好与 A 层重合,第四、六、八……等密置层的投影位置正好与 B 层重合,各层间都紧密接触,则得到六方最密堆积,如图 2.5(b)所示,它可用符号……ABAB……来表示。从其中可抽出六方晶胞。具有这种堆积结构的金属单质有 Be,Mg,Ca,Se,Y,La,Ce,Pr,Nd,Eu,Gd,Tb,Dr,Ho,Er,Tu,Lu,Ti,Zr,Hf,Te,Re,Co,Ni, Ru,Os,Zn,Cd 等。

　　若将第三个等径圆球密置层放在正八面体空隙可以发现,第三层的位置与第一层和第二层的位置都是错开的,所以称第三层为 C 层,以后第四、五、六,第七、八、九个密置层的投影位置分别依次与 A、B、C 层重合。这样就得到了立方最密堆积,如图 2.5(c)所示,它可用符号…ABCABC…来表示,从这种密堆积结构中抽出立方面心晶胞来。具有这种类型密

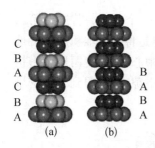

图 2.6　金属晶体的两种最密堆积方式的侧视图

堆积结构的金属单质有 Ca,Sr,Al,Cu,Ag,Au,Pt,Ir,Rh,Pd, Pb, Co,Ni,Fe,Ce,Pr,Yb,Th 等。

图 2.6 是两种密堆积的侧视图,这两种类型结构的金属单质晶体中,每个金属原子的配位数均为 12,即每个原子是与同一密置层中六个原子,上、下层中各三个原子相邻接。这两种堆积方式是在等径圆球密堆积中最紧密的,配位数最高,空隙最小,只占总体积的 25.95%。

在金属单质中,随着温度和压力等外界条件的改变,结构形式可能会有所不同,有的可出现多种同素异构体。如 Fe 既有立方面心结构,也有立方体心结构。碱金属一般就具有立方体心结构,但在低于室温时可能转变为立方面心结构或六方密堆积结构。还有些金属单质,如 Mn、La、Rr、Nd、U、Np、Pu 等,可能出现比上述几种典型结构更为复杂的结构。

2.2.4　晶向和晶面

在描述晶体中原子排列的整体规则的同时,也对原子排列在整个晶体三维空间中的位置、所在列的方向和平面引入了定量的表述方式,这就涉及晶向和晶面。不同的晶向和晶面具有不同的原子排列和不同的取向。晶体材料的许多性质和行为,如晶体生长、各种力学行为、表界面、相变、光学和电子衍射特性等都与晶向、晶面有密切的关系。为了研究和描述材料的性质,通常首先要设法表征晶体的晶向和晶面。确定和区别晶体中不同方位的原子所处的晶向和晶面,国际上通常采用密勒(Miller)指数来统一标定晶向指数与晶面指数。

1. 晶向指数的确定

晶向是指晶体空间点阵中各点阵列的方向,或者是连接点阵中任意结点列的直线方向,如图 2.7(a)所示。晶体中的某些方向,涉及晶体中原子的位置、原子列方向,表示的是一组相互平行、方向一致的直线的指向。晶向的密勒指数值由晶向上阵点的坐标值来决定。

晶向指数的三指数表示形如$[uvw]$,具体确定步骤如下,计算结果如图 2.7(b)所示。

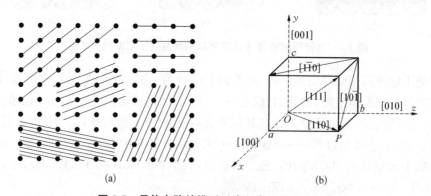

图 2.7　晶体点阵的排列形式和常见的晶向指数

(1) 以晶胞的某一阵点 O 为原点,建立过原点 O 的以晶胞边长 a,b,c 为坐标轴的 x, y,z 坐标系,各轴上的坐标长度单位分别是晶胞边长 a,b,c。

(2) 选取该晶向上原点以外的任一点 $P(xa,yb,zc)$,过原点 O 作一直线 OP,使其平行于待定的晶向。

（3）将 xa,yb,zc 化成最小的简单整数比 u,v,w，且 $u:v:w=xa:yb:zc$。

（4）将这 3 个坐标值化为最小整数 u,v,w，加上方括号，$[uvw]$ 即为待定晶向的晶向指数。若所指的方向相反，则晶向指数的数字相同，在数字上方标注负号，如 $[0\bar{1}0]$ 与 $[010]$ 的表示。

晶向指数也表示了所有相互平行、方向一致的晶向，这也称为晶向族。晶体中原子排列情况相同，但空间位向不同的一组晶向，用 $<uvw>$ 表示，数字相同，但排列顺序不同或正负号不同的晶向属于同一晶向族。例如：

$<100>$：$[100]$、$[010]$、$[001]$、$[\bar{1}00]$、$[0\bar{1}0]$、$[00\bar{1}]$。

$<111>$：$[111]$、$[\bar{1}\bar{1}\bar{1}]$、$[1\,\bar{1}\bar{1}]$、$[\bar{1}11]$、$[\bar{1}1\bar{1}]$、$[1\,\bar{1}1]$、$[\bar{1}\bar{1}1]$、$[11\,\bar{1}]$。

2. 晶面指数的确定

晶面是指晶体空间点阵中的任意一组阵点所构成的平面，晶面指数值由晶面与三个坐标轴的截距值决定。其通用的密勒指数值是用三个数字 (hkl) 来表示。其确定方法如下：

（1）以晶胞的某一阵点 O 为原点，建立过原点 O 的以晶胞边长 a,b,c 为坐标轴的 x，y，z 坐标系。

（2）给出待求晶面在 x,y,z 轴上的截距 xa,yb,zc。如该晶面与某轴平行，则截距为 ∞。

（3）取截距的倒数 $1/xa,1/yb,1/zc$。

（4）将这些倒数化成最小的简单整数比 h,k,l，使 $h:k:l=1/xa:1/yb:1/zc$。

如有某一数为负值，则将负号标注在该数字的上方，将 h,k,l 置于圆括号内，写成 (hkl)，则 (hkl) 就是待求晶面的晶面指数。常见的晶面如图 2.8 所示。

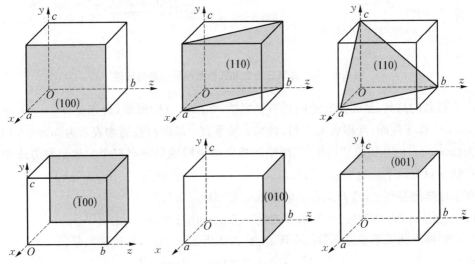

图 2.8　晶体常见的晶面指数

晶面指数所代表的不仅是某一晶面，也是代表着一组相互平行的晶面。晶体中具有相同的原子排列和完全相同的晶面间距，只是空间位向不同的各组晶面，也称为晶面族，用 $\{hkl\}$ 表示。例如在立方系中，$\{100\}$：$(100)(010)(001)$；$\{110\}$：$(110)(101)(011)(\bar{1}10)$ $(\bar{1}01)(0\bar{1}1)$；$\{111\}$：$(111)(\bar{1}11)(1\bar{1}1)(11\bar{1})$。

在立方晶系中,具有相同指数的晶向和晶面必定是相垂直的,即$[hkl]$垂直于(hkl)。例如:$[100]$垂直于(100),$[110]$垂直于(110),$[111]$垂直于(111),等等。但是,此关系不适用于其他晶系。

上述三指数的晶向和晶面的表示方法,原则上适用于任意晶系。然而,对于六方晶系,若取三轴指数标定六方晶系的晶向和晶面,则不能全面地显示六方晶系的对称性。如图 2.9(a)所示,取 a,b,c 为晶轴,而 a 轴与 b 轴的夹角为 $120°$,c 轴与 a,b 轴相垂直。可得两个相邻阴影区表面的密勒指数分别为$(1\bar{1}0)$和(100)。图中夹角为 $60°$ 的两个密排方向 a_1 和 a_2 的晶向指数分别是$[100]$和$[110]$。但是根据六方晶系的对称性分析,这两个晶面或这两个晶向实际上是等价的。晶体学上等价的晶面和晶向,其指数却不相同,看不出它们之间的等价关系,也无法由晶面族或晶向族指数写出它们所包括的各种等价晶面或晶向,或者说按照这种方法标定的晶面指数与晶向指数,不能显示六方晶系的对称性。为了显示六方晶系的对称性,并保持三指数描述的统一性,人们在六方晶系中引入了四指数表示方法。

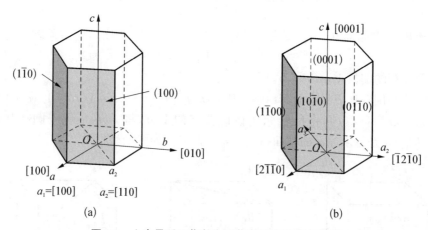

图 2.9 六方晶系三指数和四指数晶面和晶向描述

六方晶系的晶向、晶面指数的四指数坐标法,如图 2.9(b)所示,分别是 a_1,a_2,a_3,c。其中 a_1,a_2,a_3 位于底面,互相成 $120°$ 角,且与 c 轴垂直。晶向指数通常表示为$[uvtw]$,而晶面表示为$(uvtw)$。由几何原理可知,三维空间独立的坐标轴只能有三个。故这种方式中的前三个指数中只有两个是独立的,可证 $a_3 = -(a_1 + a_2)$,由此有 $t = -(u + v)$。

在上述规则基础上,六方晶系晶向指数的常用标定方法如下:

(1) 先用 a_1,a_2,c 确定三轴,按照之前的方法找出三指数表示$[UVW]$。

(2) 根据下面关系把三指数$[UVW]$转换为四指数$[uvtw]$,互换关系是:
$u = 1/3(2U - V), v = 1/3(2V - U), t = -(u + v), w = W$。

(3) 逆转换关系为 $U = u - t, V = v - t, W = w$。

另外,若所指的方向相反,则晶向指数的数字相同,数字上方标注负号。

六方晶系晶面指数的标定,与立方晶系类似,六方晶系晶面指数同样是晶面在晶轴上的截距的倒数比值。四轴$(h\ k\ i\ l)$用 a_1,a_2,a_3,c 确定。三轴$(h\ k\ l)$用 a_1,a_2,c 确定,四轴转三轴直接去掉 i 即可,三轴转四轴加上 $i = -(h + k)$。

2.3　化学键及对应晶体分类

原子之间是通过相互作用而构成宏观物质的。这种使得原子、分子或离子相结合的作用力,统称为化学键。本质上来讲,这种作用力与原子、分子及它们之间的电荷分布有关。而构成每种物质的元素中原子电荷分布不同,使得化学键也不同,其所对应的键能、键长、键角等也不同。

1. 键能是从能量因素角度衡量化学键强弱的物理量

对双原子分子,键能为 1 mol 气态分子离解成气态原子所吸收的能量。对多原子分子,键能为 1 mol 气态分子完全离解成气态原子所吸收的能量分配给结构式中各个共价键的能量。

(1) 键能越大,本身能量就越低;键能越小,本身能量就越高。因为能量低,本身结构稳定,需要吸收更多的热量,所以键能大;能量高,本身结构不稳定,需要吸收的热量少,所以键能小。

(2) 原子间形成化学键时释放能量,断开化学键时需要吸收能量。

2. 键长是指两个相互作用原子核间的平衡距离

键长是了解分子结构的基本构型参数,也是了解化学键强弱和性质的参数。它对于讨论化学键的性质,研究物质的微观结构以及阐明微观结构与宏观性能之间的关系等都具有重要作用。键能与键长都是衡量共价键稳定程度的物理量。

(1) 键长越短,键能越大,共价键越稳定。

(2) 原子成键时,原子半径越大,其对应的键长越长。

(3) 当两个原子形成双键或者三键时,由于原子轨道重叠程度增大,原子之间的核间距减小,键长变短。与同一原子相结合形成共价键的原子电负性与该原子相差越大,键长越短。

3. 键角是指一个原子与其他两个原子形成的两个化学键之间的夹角

(1) 键角反映了分子的立体构型。

(2) 多原子分子的键角是一个确定的角度,表明共价键具有方向性。

实际上键角是成键电子密度最大方向对称轴之间的夹角。其大小与成键中心原子的杂化状态有关。如 sp^3、sp^2、sp 杂化状态的碳,成键时形成的键角约是 $109°$、$120°$、$180°$。此外,键角的大小还与中心碳原子上所连的基团有关。表 2.4 给出了一些常见元素之间的键长和键能。

表 2.4　常见化学键的键长与键能

化学键	键长(Å)	键能(eV)	化学键	键长(Å)	键能(eV)
C—B	1.56	4.07	N—H	1.01	4.03
C—C	1.54	3.44	N—N	1.45	1.65
C=C	1.34	6.33	N=N	1.25	4.73
C≡C	1.20	8.67	N≡N	1.10	9.80

化学键	键长(Å)	键能(eV)	化学键	键长(Å)	键能(eV)
C—Cl	1.77	3.40	N—O	1.46	2.38
C—H	1.09	4.29	N=O	1.14	6.29
C—N	1.48	3.16	O—O	1.48	1.51
C=N	1.35	6.37	O=O	1.20	5.16
C≡N	1.16	9.23	P—H	1.42	3.34
C—O	1.43	3.38	P—O	1.63	4.25
C=O	1.20	7.55	P—F	1.38	—
C—P	1.87	3.16	P—P	—	2.21
C—S	1.82	2.82	S—H	1.35	3.51
C=S	1.56	5.56	S—O	—	3.77
C—Si	1.86	3.60	S=O	1.43	—
H—H	0.75	4.52	S—S	2.07	2.78
H—Cl	1.27	4.47	S=S	1.89	—
H—F	0.92	5.86	Se—H	1.47	3.25
H—I	1.61	3.09	Si—Cl	—	3.73
I—I	2.66	1.57	Si—F	—	5.72
Li—Cl	2.02	4.86	Si—H	—	3.91
Li—H	2.39	2.47	Si—O	—	4.77
Li—I	2.38	3.58	Si—Si	—	1.82

　　根据化学键的作用类型,还可以把晶体分为原子晶体、离子晶体、金属晶体和分子晶体等。

　　原子晶体是指相邻原子间以共价键相结合形成的具有空间立体网状结构的晶体,又称共价晶体。原子晶体一般具有熔、沸点高,硬度大,不导电,难溶于常见的溶剂等性质。如单质硅(Si)、金刚石(C)、二氧化硅(SiO_2)、碳化硅(SiC)、金刚砂、金刚石(C)和氮化硼 BN(立方)等均为原子晶体。原子晶体熔沸点的高低与共价键的强弱有关。一般来说,半径越小形成共价键的键长越短,键能就越大,晶体的熔沸点也就越高。例如:金刚石(C—C)＞二氧化硅(Si—O)＞碳化硅(Si—C)＞晶体硅(Si—Si)。原子间形成共价键,原子轨道发生重叠。原子轨道重叠程度越大,共价键的键能越大,两原子核的平均间距越短。一般情况下,成键电子数越多,键长越短,形成的共价键越牢固,键能越大。在成键电子数相同、键长相近时,键的极性越大,键能越大,形成该键时所释放的能量也就越多,反之破坏它消耗的能量也就越多。

　　离子晶体是指由正、负离子或正、负离子集团按一定比例通过离子键结合形成的晶体。离子晶体整体上具有电中性,属于离子化合物的一种特殊形式。强碱、活泼性金属氧化物和大多数的盐类均为离子晶体。离子晶体一般硬而脆,具有较高的熔沸点。离子晶体在溶于水或熔化时离子能自由移动而能导电。

金属晶体都是金属单质,构成金属晶体的微粒是金属阳离子和自由电子。在金属晶体中,金属原子以金属键相结合,其自由电子做共有化运动。金属晶体通常具有很高的导电性和导热性、良好的可塑性和机械强度,对光的反射系数大,呈现金属光泽,不透明,是热和电的良导体,有良好的延展性和机械强度。大多数金属具有较高的熔点和硬度。金属晶体中,金属离子排列越紧密,金属离子的半径越小,离子电荷越高,金属键越强,金属的熔、沸点越高。

分子晶体是指分子间通过范德华、氢键(不是化学键,是一种特殊的分子间作用力,属于分子间作用力)等分子间作用力构成的晶体。分子间作用力的大小决定了晶体的物理性质。分子的相对分子质量越大,分子间作用力越大,晶体熔沸点越高,硬度越大。分子内存在化学键,在晶体状态改变时不被破坏。相对来说,分子间的作用力较弱,分子晶体具有较低的熔点、沸点、硬度小、易挥发,许多物质在常温下呈气态或液态。例如 O_2、CO_2 是气体,乙醇、冰醋酸是液体。同类型分子的晶体,其熔、沸点随分子量的增加而升高。

2.4　相变与临界现象

相变是指物质从一种相转变为另一种相的过程。自然界中存在的各种各样的物质,绝大多数都是以固、液、气三种聚集态存在着。为了描述物质的不同聚集态,用"相"来表示物质的固相、液相、气相三种形态的"相貌"。当物质在固、液、气三种状态之间转化时,不同相之间的物态变化,称为相变。同一相中物质的物理、化学性质完全相同。

广义上来说,相变不仅仅是指固相、液相、气相的物态变化,还有其他相的变化。例如物质从金属变成超导体的超导相变;液态氦从正常液体变成超流体的 λ 相变;磁铁在居里温度从铁磁性变成顺磁性的相变;金属变成绝缘体的相变;石墨在高温高压下变成金刚石的相变等。从这个意义上讲,相变其实也是材料物质的一种状态的变化。相变发生时,往往会释放或吸收大量热量,物理和化学性质也会发生变化。

相变发生时,材料物质从一种相变化到另一种相,两相之间的边界状态,也称为临界状态;伴随相变的将要发生,往往存在一些特殊的现象,称为临界现象。相变发生的拐点也称为临界点,所以临界现象也称为与临界点有关的物理现象。临界现象普遍存在于自然界,是凝聚态物理学研究的重要前沿科学问题。

要研究某种物质的相变,一个基本任务是测定其相图。对于简单的热力学系统就是找出在给定的热力学参量温度 T、压强 P 和体积 V 下该物质处于什么相,并确定不同相之间的边界。水的相变是一个典型的例子,但也是一个非常复杂的例子,其简化的相变图如图 2.10 所示。图 2.10 显示了压强—温度平面内水的相图,明确了水在不同温度和压强条件下的固、液、气三相,以及任意两相之间的边界。图 2.10 中间的点称为三相点,是上述三相的交汇点。从三相点出发,沿

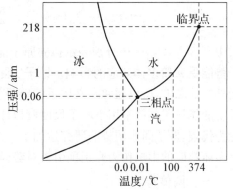

图 2.10　简化的水相图

着气液分界线上行,它并不是无限延伸的,而是停在图 2.10 中右上角的点位置,此即临界点。对于水而言,临界点处对应的热力学参量的数值是:临界压强 $P_c = 218\ atm$;临界温度 $T_c = 374℃$。对于水的临界点而言,是指超过该点之后,水的气态和液态的差别不复存在,人们也把临界点上方的区域视为超临界流体。图 2.11 是不同压强下,硅的结构发生的相变。

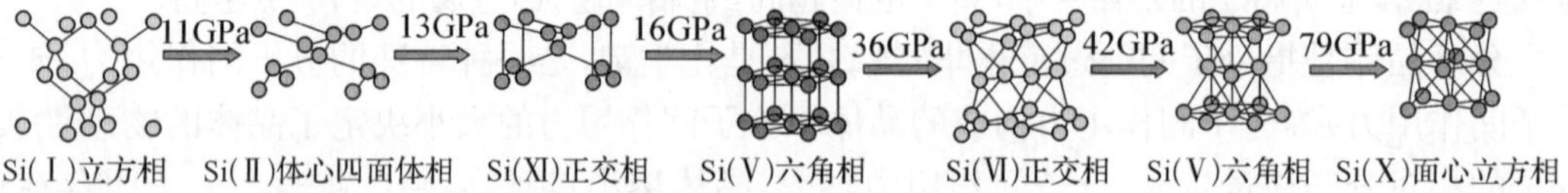

图 2.11 不同压强下硅的结构相变

2.5 原子间的相互作用势

大量的原子有序排列是晶体材料的特点,不同材料的原子的排列方式是不一样的,这也使得不同晶体之间许多性质不一样。原子之间的排列方式是与原子间的相互作用密切相关的。原子间相互作用势的研究始于 20 世纪 20 年代。20 世纪 40 年代计算机出现后,几乎同时被用于材料物性的研究。20 世纪 50 年代末到 60 年代初,出现了材料原子层次的计算机模拟,这其中关键的就是掌握材料原子的原子间相互作用势。原子间相互作用势给出了系统总能量作为原子坐标的函数规律,如函数规律能较真实地描述真实的材料体系,就可以借助计算机进一步地来分析和预测该材料的各种性能。找出原子之间的相互作用规律,就是构建出描述原子之间相互作用的势函数,势函数描述了原子所处的作用力环境。然而,精确描述原子之间的相互作用仍然是一个挑战。早期的原子间相互作用势多数是一些纯经验拟合势,后来人们更多的是通过基本电子结构的理论计算,针对不同的物质材料体系陆续发展了大量的经验和半经验的势函数。下面介绍主要的几种原子间的相互作用势。

2.5.1 多体作用模型

多体原子系统的势函数一般可以表示为:

$$U(r_1, r_2, \cdots, r_n) = \sum_i U_1(r_i) + \sum_{i,j>i} U_2(r_i, r_j) + \sum_{i,j>i,k>j} U_3(r_i, r_j, r_k) + \cdots \quad (2.1)$$

式中 $U_1, U_2, U_3, \cdots\cdots$ 分别表示孤立原子能量、两体相互作用势、三体相互作用势$\cdots\cdots$,即原子势能受 n 阶多体效应的影响。原子实际上受原子间相互作用的影响远大于单个原子本身受外场的影响,所以通常定义体系的能量实质上是相互作用体系的能量与孤立无相互作用系统的能量差。最早用于原子尺度模拟计算的是两体势,到 20 世纪 80 年代,以嵌入原子理论为代表,原子间作用势的研究达到了一个高潮。对不同的晶体材料,将其势函数中三阶以上多体效应的影响作为修正项引入对势模型中,就形成了各种不同的多体作用模型。

一、两体势

两体势由两部分构成:由于原子间电子云重叠等因素引起的排斥项和由于原子间共用

电子或电偶极矩相互作用引起的吸引项。

1. Lennard-Jones(L-J)势函数

最初由 John Edward Lennard-Jones 于 1924 年提出,用来描述两个中性原子之间的相互作用模型,是最早的二体势模型的典型代表,其相应的势函数常见的方程为:

$$\phi(r_{ij}) = 4\varepsilon\left[\left(\frac{\sigma}{r_{ij}}\right)^m - \left(\frac{\sigma}{r_{ij}}\right)^n\right] \tag{2.2}$$

上述式中,σ 是指原子与零点势的距离;ε 是指最小势能处的能量,通常为 eV 量级。m,n 是调整系数,一般 (m, n) 取值为 $(12, 6)$,$(10, 5)$,$(8, 4)$ 等。方程右端的第一项描述原子间的排斥相互作用,第二项描述原子间的吸引相互作用。$r_{ij} = | r_i - r_j |$ 是原子两两间的距离。L-J 势函数对惰性气体元素间原子的相互作用描述得比较好,也可以用来描述原子中电子在空间分布不太强的元素,例如铜、银、金等。具体应用时,相关参数如表 2.5 所示。

表 2.5　L-J 和 Morse 作用势参数

元素	Morse 作用势参数			L-J 作用势参数	
	$D_0(eV)$	$\alpha(\text{Å}^{-1})$	$r_0(\text{Å})$	$\varepsilon(eV)$	$\sigma(\text{Å})$
Ag	0.329 4	1.393 9	3.096	0.351	2.574
Ar				0.01	3.4
Au	0.482 6	1.616 6	3.004	0.449	2.637
Ca	0.162 3	0.805 35	4.569	0.215	3.6
Cr	0.441 4	1.572 1	2.754	0.502	2.336
Cu	0.344 6	1.392 1	2.864	0.409	2.338
Fe	0.421 6	1.376 5	2.849	0.527	2.321
He				0.000 88	2.56
K	0.054 24	0.497 67	6.369	0.114	4.285
Kr				0.014	3.65
Mo	0.771 4	1.434	3.012	0.838	2.551
Na	0.063 34	0.589 93	5.336	0.137 9	3.475
Ne				0.003 13	2.74
Ni	0.427 9	1.397 1	2.793	0.520	2.282
Pt	0.710 2	1.604 7	2.897	0.685	2.542
Xe				0.02	3.98

2. Morse 势函数

1929 年,Morse 根据双原子分子振动谱的量子力学求解可用指数形式的势函数解析解决,且计算结果与实验一致,于是他提出如下形式的势函数:

$$\phi(r_{ij}) = D_0 \left[e^{-2a(r_{ij}-r_0)^2} - 2e^{-a(r_{ij}-r_0)^2} \right] \tag{2.3}$$

其中 D_0 是结合能系数，a 是势能曲线梯度系数，r_0 是分子间作用力为零时的原子间距。同样，等式右边第一项描述排斥作用，第二项描述吸引作用。Morse 势在研究金属及其合金的结构和原子占位等方面取得了很好的成果。具体应用时，相关参数如表 2.5 所示。

二、多体势

两体势不能较好地描述金属晶体的结合能与融化温度之比，不能描述空位形成能与结合能之比，不能描述共价键的方向性等。随着计算机硬件技术的发展，人们希望借助计算机来做更多的模拟计算工作。20 世纪 80 年代，陆续发展了许多考虑多体相互作用的新的势函数。在模拟时考虑原子间的多体效应，即势函数方程中(2.4)的高阶项。但多体势项中 $U_{n \geqslant 3}$ 的引入将导致参数过多，一方面这些参数的求解和实验拟合比较困难，另一方面过多的参数将带来计算上的困难。从 20 世纪 80 年代开始，科学家开始研究在对势的基础上进行多体效应修正，即考虑三阶以上的多体作用，将其作为一个修正项引入到对势模型中，使势函数能更精确描述固体的原子间作用，即将势函数写为：

$$\phi(r_{ij}) = \phi_R(r_{ij}) - \varepsilon_{ij} \phi_A(r_{ij}) \tag{2.4}$$

式中 $\phi_R(r_{ij})$ 和 $\phi_A(r_{ij})$ 分别是对势模型中原子距离 $|r_{ij}|$ 的原子 i, j 之间的排斥作用项和吸引作用项。ε_{ij} 表征其他的邻近空间原子对当前原子对的多体效应。这里主要介绍嵌入原子势、Finnis-Sinclair 势、Tight-Binding 势和 Sutton-Chen 作用势。

1. 嵌入原子势(EAM)

嵌入原子势(EAM)由 Daw 和 Baskes 于 1984 年率先提出。他们基于密度函数理论和准原子近似理论，在对势模型的基础上，假设将每个原子镶嵌在由所有其他近邻原子产生的背景电子云中，由电子云密度和将原子镶嵌到该电子云中所需的能量来衡量原子所处背景电子云的特征和背景电子云对势能的影响。由于在电子云密度的计算中采用球面平均，镶嵌原子法特别适用于电子云基本呈球对称分布的金属原子。依据上述原理，在嵌入原子势法中，原子体系的能量可写为：

$$U_{\text{total}} = \frac{1}{2} \sum_{i,j} V_{ij}(R_{ij}) - \sum_i F(\rho_i) \tag{2.5}$$

式中右边第一项即为传统的对势项，可以根据需要取不同的形式；第二项是嵌入能，ρ_i 是除第 i 个原子以外的其他原子核外电子在这个原子处产生的电子云密度，可以表示为原子电子密度的线性叠加：

$$\rho_i = \sum_{i \neq j} \phi_j(r_{ij}) \tag{2.6}$$

对于 EMA 模型势，关键如何确定两体相互作用函数以及原子电子密度分布函数的具体形式，这通常需要通过拟合金属的结合能、单空位形成能、晶格常数、弹性常数、结构能量差等宏观参数来确定。之后，基于嵌入原子的思想，先后发展出了描述原子间相互作用势的有效介质理论、紧束缚势、二级矩近似和胶体模型等，它们的区别主要在于嵌入能的非线性表述不同或嵌入密度不同。

2. Finnis-Sinclair(F-S)势

F-S 势是建立在紧束缚(TB)近似的基础上的。其势函数可以写成如下形式：

$$\psi = \sum_{i=1}^{N} \left[\frac{1}{2} \sum_{j \neq i} V_{ij}(r_{ij}) - F(\rho_i) \right] \tag{2.7}$$

$$\rho_i = \sum_{j=1}^{N} \phi_{ij}(r_{ij}) \tag{2.8}$$

V 和 ϕ 均为经验拟合的对势函数，式中第一项表示核与核之间的相互作用，第二项表示多体相互作用的关联能，ϕ 可以理解为二分量紧束缚近似下的积分平方求和。Finnis-Sinclair 模型最初用来描述具有体心立方结构的纯金属的原子间的相互作用，后来被推广到二元合金体系。与 EAM 势模型相比，F-S 多体势形式较为简单，势参数易于拟合，计算量比较少，程序容易收敛，所以应用广泛。

3. Tight-Binding 作用势

Tight-Binding 作用势是把量子力学原理并入作用势的方法，采用了原子轨道的线性组合作为基函数。与 EMA 作用势相比，此方法中同时还考虑了键的方向性、成键态和反键态以及原子位移引起的能量变化，可以比较正确地描述面心立方、体心立方和六方密堆积的金属晶体，且由于其函数形式简单，参数较少，故在原子尺度模拟计算中使用较广。模型的作用势函数如下：

$$\phi(r_{ij}) = \sum_{i \neq j} A e^{-p\left(\frac{r_{ij}}{r_0}-1\right)} - \sqrt{\sum_{i \neq j} \xi^2 e^{-2q\left(\frac{r_{ij}}{r_0}-1\right)}} \tag{2.9}$$

上式中 r_{ij} 是原子两两之间的距离，r_0 是晶体中原子第一阶近邻距离，其他参数通过拟合金属及其合金晶体的结合能、晶格常数和弹性常数等量来确定。相关参数如表 2.6 所示。

表 2.6　Tight-Binding 作用势参数

元素	Tight-Binding 作用势参数				
	$A(eV)$	$\xi(eV)$	p	q	$r_0(\text{Å})$
Ni	0.037 6	1.070	16.999	1.189	2.49
Cu	0.085 5	1.224	10.960	2.278	2.55
Rh	0.062 9	1.66	18.450	1.867	2.69
Pd	0.174 6	1.718	10.867	3.742	2.749
Ag	0.102 8	1.178	10.928	3.139	2.88
Ir	0.115 6	2.289	16.980	2.691	2.715
Pt	0.297 5	2.695	10.612	4.004	2.774 7
Au	0.206 1	1.790	10.229	4.036	2.884 3
Mg	0.029 0	0.499 2	12.820	2.257	3.197
Zn	0.147 7	0.890 0	9.689	4.602	2.913

4. Sutton-Chen 作用势

Sutton-Chen 作用势能较好地描述 Au、Pt、Ag、Cu 和 Ni 等金属的相互作用,能较精确地描述这些金属及其合金的晶格常数、关联能、体模量、弹性常数、空位形成能等。系统的总能量具有如下的表达式:

$$U_{tot} = \varepsilon\left[\sum_i \sum_{j \neq i} \frac{1}{2}\left(\frac{a}{r_{ij}}\right)^n - c\sum_i \sqrt{\rho_i}\right] \tag{2.10}$$

$$\rho_i = \sum_{j \neq i}\left(\frac{a}{r_{ij}}\right)^m \tag{2.11}$$

上式中 r_{ij} 是原子两两之间的距离,c 是无量纲常数,ε 是具有能量量纲的常数,a 是格点常数,m 和 n 是正整数,且 $n > m$,ρ_i 为局域原子密度,这些参数可通过实验的关联能和格点常数值等拟合得到的。对于两元合金的计算,通常采用组合规则来处理该作用势的参数。例如采用几何平均计算,$\varepsilon = \sqrt{\varepsilon_i \varepsilon_j}$,$a$,$m$ 和 n 采用算术平均计算,而 c 只与局域处的 i 原子有关。这种组合规则处理参数的方式,已经被证明能较好地计算合金的晶格常数、弹性常数和热学信息等,目前已经成功应用于 Cu—Ni,Au—Pt,Ag—Pd 和 Ag—Cu 等合金。相关参数如表 2.7 所示。

表 2.7 Sutton-Chen 作用势参数

元素	Sutton-Chen 作用势参数				
	n	m	$\varepsilon(eV)$	c	$\alpha(\text{Å})$
Ni	10	5	0.007 376 7	84.745	3.515 7
Cu	10	5	0.005 792 1	84.843	3.603 0
Rh	13	5	0.002 461 2	305.499	3.798 4
Pd	12	6	0.003 286	148.205	3.881 3
Ag	11	6	0.003 945	96.521	4.069 1
Ir	13	6	0.003 767	224.815	3.834 4
Pt	11	7	0.009 789	71.336	3.916 3
Au	11	8	0.007 852	53.581	4.065 1

原子尺度的材料计算模拟方法主要有分子动力学方法和蒙特卡罗方法。这两种方法在计算时,针对具体的材料类型,首先都要选择好合适的原子间作用势类型。原子间相互作用势模型还在发展中。应该说原子间相互作用势越复杂,拟合参数时考虑的性质越多,就越接近实际的相互作用。但复杂的相互作用势将给计算和模拟带来巨大的计算量,所以在构建或使用原子间相互作用势时,应根据所要研究的问题实际情况和能使用的计算机硬件资源情况,构建或选择既能反映相互作用的本质又切实可行的相互作用势。

 简答题

1. 简述零维、一维、二维和三维材料的结构特性。

2. 纳米尺度的"四大效应"是什么？

3. 常见的晶体结构类型有哪些？

4. 晶面和晶向分别是什么意思？请列出它们各自的描述符号。

5. 什么是相变？

6. 常见的多体相互作用势模型有哪些？

 参考文献

[1]　秦善.晶体学基础[M].北京：北京大学出版社,2004.

[2]　黄昆原著.韩汝琦改编.固体物理学[M].北京：高等教育出版社,1988.

[3]　陈立佳.材料科学基础[M].北京：冶金工业出版社,2007.

[4]　周公度,段连运.结构化学基础(第五版)[M].北京：北京大学出版社,2017.

[5]　李新义,徐奇智,吴茂乾,储松苗著.结构化学[M].合肥：中国科学技术大学出版社,2018.

[6]　于渌.相变和临界现象[M].北京：科学出版社,1984.

[7]　Eisenberg D, Kauzmann W, The structure and properties of water[M]. London：Oxford, 1969.

[8]　Murat Durandurdu and D. A. Drabold. *Ab initio* simulation of first-order amorphous-to-amorphous phase transition of silicon[J]. Phys. Rev. B 64, 2001, 014101.

[9]　Kazuki Mizushima, Sidney Yip, and Efthimios Kaxiras. Ideal crystal stability and pressure-induced phase transition in silicon[J]. Phys. Rev. B 50,1994,14952.

[10]　Steven J. Duclos, Yogesh K. Vohra, and Arthur L. Ruoff. hcp to fcc transition in silicon at 78 GPa and studies to 100 GPa[J]. Phys. Rev. Lett. 58, 1987, 775.

[11]　辛伟,刘鑫,王晓明,张立新,朱秀云,张启周,郝爱民.高压下 Si 的结构转变与弹性性质的第一性原理计算[J].河北科技师范学院学报,2009,23(4):36 - 40.

[12]　罗旋,费维栋,王煜明.固体中的原子间相互作用势[J].物理,1997,26(1):14.

[13]　欧阳义芳,钟夏平.凝聚态物质计算和模拟中使用的相互作用势[J].力学进展,2006(3):321 - 343.

[14]　王月华,刘艳侠,王逊.金属及合金中的原子间相互作用势[J].辽宁大学学报(自然科学版),2006(1):24 - 28.

[15]　王刚.金属原子间相互作用势的研究及其在 *nm* 颗粒中的应用[D].北京科技大学,2021.

[16]　孙素蓉,王海兴.惰性气体原子间相互作用势比较研究[J].物理学报,2015,64(14):126 - 135.

[17]　文玉华,朱梓忠,邵桂芳.金属的原子间多体势模型及其拟合方法[J].原子与分子物理学报,2005,22(4):656 - 660.

[18]　吴凤超.金属材料动态损伤与破坏的原子尺度模拟[D].合肥：中国科学技术大学,2021.

[19]　张妍宁.金属熔体原子间相互作用势及其微观不均匀性[D].济南：山东大学,2008.

[20]　Cleri, F. and V. Rosato. Tight-binding potentials for transition metals and alloys[J]. Physical Review B, 1993, 48(1): 22 - 32.

第3章 计算材料建模基础

☞ 扫码可免费
观看本章资源

3.1 获取材料模型信息

材料模拟计算首先需要进行材料模型构建。现今已有很多的原子和分子晶体建模软件,例如:Materials Studio、VESTA 、Diamond、Crystal Maker、Crystal Studio、Avogadro、VMD、Hyperchem 等,这些软件一般都集成了建立模型、美化模型、输出模型信息以及处理各种结构数据的功能。本部分主要介绍常见的建模方式和如何建立不同类别的材料原子模型、分子吸附模型等。建模过程中涉及的软件功能操作不详细展开,具体使用时可以参考相关教程。

建立结构模型,需要获得相关材料实际的结构数据信息。即使是全新的材料结构模型,一般也要以原有的类似结构模型作为基础而重新搭建。就晶体模型而言,只要知道了代表材料的原胞数据信息,就可以构建该材料模型;而孤立的分子模型,则需要知道构成分子的原子种类、原子间的键长和键角等信息。下面总结了一些获取材料结构数据信息的方法,有些方法涉及网站及其更新,这里列出的信息仅供参考。

第一种方法:从建模软件的库文件里面导出材料结构。一般的建模软件里面都有一些常用的材料模型结构。例如 Materials Studio 软件,在安装好之后,打开软件主界面,可以通过 File→Import→Structures 导入 *.msi 文件以构建材料结构模型。图 3.1 是 Materials Studio 软件安装好之后默认的库文件所在的路径。该软件里面已经存储了七百余种材料结构,每一个材料结构的信息以 *.msi 格式保存。前面介绍过的晶体结构,各种金属原子的原子结构构型都可以从这里获得。

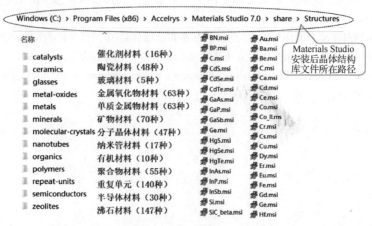

图 3.1　Materials Studio 软件库文件路径及其库文件种类

第二种方法:从晶体结构数据库查找或下载材料晶体结构数据信息。迄今为止世界上已有十几个著名的晶体结构数据库,有的是收费的,有的是免费的。这里搜集了典型的一些数据库,有的是无机材料,有的是有机材料,有的是针对孤立分子,有的是二维材料等等,大多数是在网站注册之后,都可以免费使用。① 晶体学开放数据库(Crystallography Open Database, COD, http://www.crystallography.net /cod/),该数据库储存晶体学数据、原子坐标参数以及详细的化学内容和参考文献的数据信息。它对所收集的大量分子结构数据进行了全面的、广泛的整理、核对和质量评价,所提供的数据较为准确。该数据库直接可以在其主页网站上查找和获取材料结构的晶体学信息,可以免费使用,可以下载晶体结构文件。② 剑桥结构数据库(The Cambridge Structural Database,CSD, https://www.ccdc.cam.ac.uk/),该数据库从 1935 年开始收集、整理有机小分子及有机金属分子晶体结构数据库。提供具有 C—H 键的所有晶体结构,包括有机化合物、金属有机化合物、配位化合物的晶体结构数据。无机晶体结构数据库(The Inorganic Crystal Structure Database, ICSD, http://www2.fiz-karlsruhe.de/icsd_home.html),该数据库从 1913 年开始收集并提供到目前为止所有试验测定的,除了金属和合金以外,不含 C—H 键的无机物晶体结构的信息,包括化学名和化学式、矿物名和相名称、晶胞参数、空间群、原子坐标及有关文献等各种信息。它和剑桥结构数据库(CSD)是国际上重要的两大晶体学数据库。剑桥结构数据库是收费的,需要购买权限进行使用。无机晶体结构数据库(ICSD)推出商业化的软件检索工具,名为 FindIt,需要购买使用。③ 美国矿物学家晶体结构数据库(American Mineralogist Crystal Structure Database, https://rruff.geo.arizona.edu/AMS/amcsd.php),该数据库提供了发表于 *Am. Mineral.*、*Can. Mineral.*、*Eur. J. Mineral.* 和 *Phys. Chem. Miner.* 以及其他期刊的晶体结构文件,该数据库直接可以在其主页网站上查找和获取材料结构的晶体学信息,相当于可以免费使用。④ 美国国家标准局化合物数据库网站(https://webbook.nist.gov/chemistry/),该网站是美国国家标准技术研究院 NIST 的基于 Web 的物性数据库。分子模型信息非常丰富,输入分子查找条件,可获得分子量/CAS 登记号/各种热力学数据库/图谱等信息,分子包含 2D 或 3D 结构,可以直接下载分子结构文件。该数据库直接可以在其主页网站上查找和获取材料结构的晶体学信息,供免费使用。⑤ Materials Project 数据库(https://materialsproject.org/),该数据库是美国劳伦斯伯克利国家实验室和麻省理工学院在 2011 年创立的各类无机材料的开源数据库,旨在通过计算所有已知材料的属性,挖掘材料特性,设计开发新材料,加速材料研究的创新。已存储了 75 万多种材料,涉及无机化合物、分子、纳米孔隙材料、嵌入型电极材料和转化型电极材料以及包括 9 万多条能带结构、弹性张量、压电张量等性能的第一性原理计算数据。其特点是数据与第一性原理计算文献对应起来,可以下载材料结构文件。⑥ 材料基因工程数据库(https://www.mgedata.cn/),该数据库由北京科技大学牵头于 2016 年建立,包含超过 76 万条催化材料、特种合金及其材料热力学和动力学等数据,数据主要来源于实验测量和计算模拟,晶体结构信息可以在网页上查找和获取。⑦ Atomly 材料科学数据库(https://atomly.net/#/matdata),该数据库由中国科学院物理研究所等单位于 2020 年建立,包含从 ICSD 数据库和 DFT 计算得到的 18 万个无机晶体结构,并给出了计算所得的电子结构信息以及热力学相图。⑧ 电化学储能材料高通量计算平台(https://matgen.nscc-gz.cn/solidElectrolyte/),该数据库是上海大学施思齐课题组于 2020 年发布的,集成了晶体结构几何分析(CAVD)、键价和计算(BVSE)、多精度融合算法和相稳定性计算等,并基于 CAVD 和 BVSE 构建了包含 2.9 万条数据的离子输运特性数据库,能够为机器学习任务提供相应的学习样本,晶体结构可以在网站下载。⑨ 开放量子材料数据库(the Open Quantum Materials Database,OQMD,http://oqmd.org/),该数据是美国西北大学材料与机械教授 CHRIS WOLVERTON 的研究组免费公开的一个基于密度泛函理论计算的材料的热力学和结构的数据库。OQMD 中除了给出材料的晶体结构、能量、空间群、形成能、数据来源、能带等性质之外,还清楚地给出了材料的相图,这也是该数据库的一大特色。⑩ 此外,2004 年石墨烯二维材料出现以后,二维晶体材料发展迅速,实验制备和理论预测的二维材料达到上千种,很多课题组都发布了二维晶体材料数据库。典型的开源数据网站有:材料云数据库(Materials Cloud,https://www.materialscloud.org/discover/2dstructures/dashboard/ptable);二维材料百科数据库(2D Materials Encyclopedia,http://www.2dmatpedia.org);计算二维材料数据(Computational 2D Materials Database,C2DB,https://cmr.fysik.dtu.dk/c2db/c2db.html # c2db)等。

上述材料结构数据库网站,一般都能获得材料的晶体学信息,或者晶体结构信息的文件,或者分子的结构信息及文件,其他的属性信息也可供参考比较。获得了晶体学信息,例如空间群、晶格常数、原胞原子坐标信息等,则可以由建模软件输入参数后,建立晶体的模型;获得晶体结构文件,则可以直接导入建模软件,打开文件而建立晶体结构;获得分子结构信息或相应文件,也通过建模软件,建立分子模型,其建模与建立晶体结构模型类似。较为通用的晶体结构文件格式为 *.cif,这种格式一般的建模软件都是支持的;而分子结构文件,一般为 *.mol 格式,可以由 Avogadro、Jmol 等软件打开,再转换为其他建模软件识别的格式形式。

第三种方法:阅读文献获得材料结构数据信息。数据库里面的材料结构信息,很多就是研究者们已经公开发表的材料数据信息的收集。数据库的建立有利于后续研究者们查找和分析。而要获得最新的材料结构数据信息,或者跟踪前沿研究进展,就是直接阅读最新的文献。大多数研究者在报道获得的最新材料种类时,往往都会给出材料的结构信息数据,包含详细的空间群、晶格常数、原胞原子坐标信息等。根据这些信息可以直接在建模软件中建立材料模型。

3.2 建立材料结构模型

下面以 Materials Studior 和 VESTA 软件操作为例,说明如何以空间群、晶格常数、原胞原子坐标信息构建材料结构模型。表 3.1 是已经获得二维 B_4N 和 Mo_2C 的结构信息。

表 3.1 B_4N 和 Mo_2C 的结构信息

材料名称	空间群	晶格常数	原子	原子坐标		
				x	y	z
B_4N	65 Cmmm	$a = 2.9693$ Å	B_1	0.000 0	0.221 2	0.500 0
		$b = 10.7035$ Å	B_2	0.500 0	0.124 6	0.500 0

续　表

材料名称	空间群	晶格常数	原子	原子坐标		
				x	y	z
			N	0.500 0	0.000 0	0.500 0
Mo_2C	164 P $\bar{3}$m1	$a=b=2.997\,5$ Å	Mo	0.333 3	0.666 7	0.515 4
		$c=30.320\,9$ Å	C	0.000 0	1.000 0	0.500 0
		$\alpha=\beta=90.0°$				
		$\gamma=120.0°$				

1. 打开 Materials Studio,构建 B_4N 结构模型

第一步　新建空白原子文档 File→New→3D Atomistic Document。

第二步　打开输入材料结构信息的对话框 Build→Cyrstals→Build Cyrstal,在对话框中分别选择空间群窗口和晶格常数窗口,输入相应的数据,输入完成之后,点击"Apply"即可。如图 3.2 所示,空间群信息,编号和名称有一个就可以。对于二维材料来说,通常晶格常数的 c 方向是设置为真空层的,其厚度的设置是需要清除周期性边界条件的影响,为使得模型符合二维材料特点,要确保 c 方向不会有相互作用发生,一般都会设置在 15 Å 以上。对于三维材料来说,直接输入 c 方向晶格常数值即可。有的空间群确定之后,在输入晶格常数信息时,对晶胞角度数据会有默认的输入,此时不需要修改,若没有默认的值,则需要输入满足条件的角度数据。

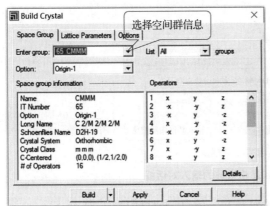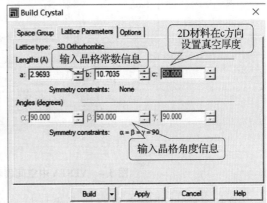

图 3.2　Materials Studio 输入空间群和晶格常数信息

第三步　输入原子坐标信息。上述操作之后,获得一个空白的晶胞结构。打开输入原子坐标的对话框。Build→Add Atoms,每次输入一个完整的原子坐标之后,点击"Add",全部输入完成之后,打开原子的显示方式,调整原子的显示风格,View→Display Style。对话框如图 3.3 所示。最后得到的 B_4N 晶体结构俯视图和侧视图如图 3.3 中间所示。

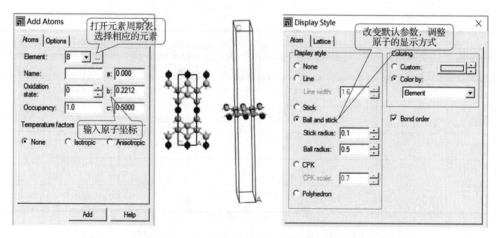

图 3.3　Materials Studio 输入原子坐标窗口、调整原子的显示风格，
中间的是 B_4N 单胞俯视图和侧视图效果

2. 打开 VESTA 建模软件，构建 Mo_2C 结构模型

第一步　打开 File→New Structure 对话框，如图 3.4 所示。选择"Unit cell"单胞面板，选择空间群信息，输入晶格常数和角度数据，阴影数据框表示已经采用了默认规定的数据。

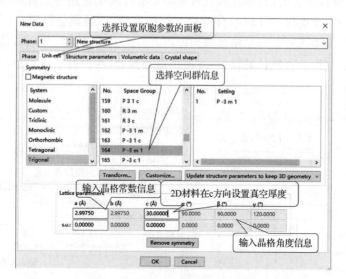

图 3.4　VESTA 中空间群和晶格常数的输入对话框

第二步　打开输入材料原子坐标信息的对话框。在上述对话框中，选择 Structure parameters 对话框，先新建一个输入原子的选项，接着打开元素周期表，选择对应的元素，之后输入原子坐标等其信息，接着再新建一个输入原子选项，直到所有原子坐标输入结束，如图 3.5 所示，点击"OK"完成。

第三步　调整原子的显示风格和设置成键信息。Edit→Bonds，打开成键信息设置对话框，先新建原子选项，然后选择需要成键的原子类型，再设置成键距离，还可以选择整个原胞之间原子的成键方式。原子的显示风格也可以调整，图 3.6 右边显示了 Mo_2C 的俯视图和侧视图效果。

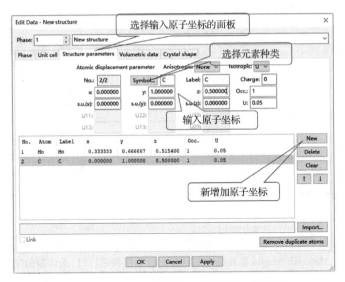

图 3.5　VESTA 中的原子坐标输入对话框

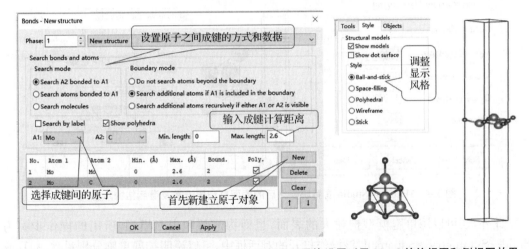

图 3.6　VESTA 中原子对话框的成键方式设置、原子显示风格设置以及 Mo_2C 的俯视图和侧视图效果

　　上述建模过程,适合于获得材料空间群、晶格常数和原子坐标之后,建立完整的 2D 和 3D 模型。下面来看如何构建表面模型,或者说晶面模型。以 Materials Studio 软件中建立 Ag 晶胞,然后切割出(111)表面为例。

　　第一步　打开 Materials Studio 软件,从软件结构库中找到 Ag 原胞,建立晶体模型。 File→Import 导入 Structures 文件夹中的 pure-metals 中的 Ag.msi,调整原子显示模式。

　　第二步　打开表面切割对话框,Build→Surfaces→Cleave surface,输入要切出来的表面,并调整参数,设置所得表面的衬底的厚度,如图 3.7 所示。图右上边为 Ag 的初始单胞结构图,右下边为沿着(111)面切割之后的初始样式图。

　　第三步　打开表面真空层设置对话框,Build→Crystal→Build Vacuum Slab,设置真空层沿着"C"方向和真空层厚度;在该面板上选择"options",选择 C 沿 Z 方向,并勾选更新重选之后的结构取向,如图 3.8 所示。最后得到的结构如图 3.8 中间所示,坐标取向更新过来了,对于后续数据处理是非常有用的。

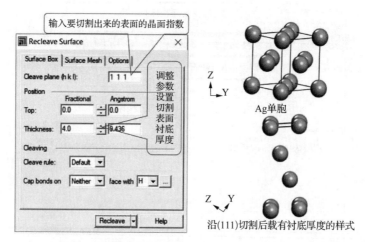

图 3.7　Materials Studio 晶面切割对话框、Ag 单胞和沿(111)面切割的初始样式

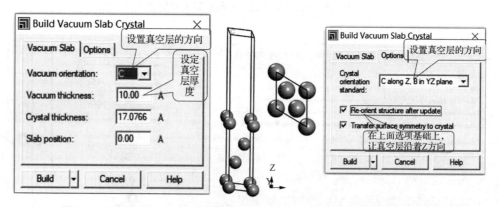

图 3.8　Materials Studio 晶面切割之后的表面真空层设置及最后结构示意图

　　此外,还可以用单胞模型构建大的表面,也即构建超胞表面模型,所用的操作步骤为 Build→Symmetry→Supercell,该操作打开的对话框中,可以说明扩展单胞分别沿着 A、B 或 C 方向,可以根据需要设定扩展的参数,如图 3.9 所示。

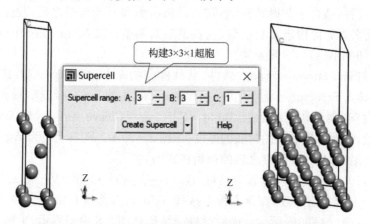

图 3.9　Materials Studio 晶面切割之后扩展为超胞的示意图

3. 建立吸附模型

吸附模型是各种材料计算中最常见的一种模型,往往是其他原子或分子被放置到某种材料的衬底或晶面上。下面以 B_4N 衬底上吸附 SO_2 分子为例,用 Materials Studio 构建其吸附模型进行说明。

第一步　分别建立 B_4N 衬底模型和 SO_2 分子模型。建立这两个模型的步骤可以参考前面提到的建立晶体模型方式,把 B_4N 单胞扩展为超胞,这里建立 $4×4×1$ 超胞。理论上超胞越大越好,但是过大的超胞,原子数目增加,会造成大的计算量,浪费计算资源和计算时间。一般都是经过测算之后,确定超胞的大小。而确定合适超胞的依据是系统的吸附能不再随着超胞的扩大而发生明显变化。

第二步　把 SO_2 分子粗略放到 B_4N 超胞衬底上,然后精细调整到吸附位置。结果如图 3.10 所示。操作时是先用鼠标选择 SO_2 分子,然后复制粘贴到 B_4N 所在的超胞里面,通过调整俯视图和侧视图,再用"Movement"对话框里面的平移和旋转功能逐渐整体移动 SO_2 分子到 B_4N 超胞衬底的预期吸附位置。

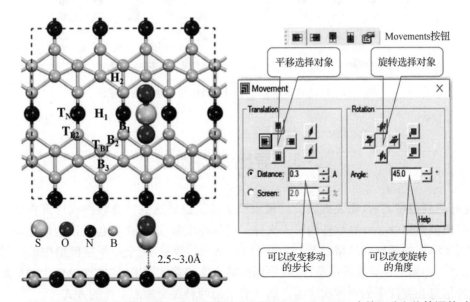

图 3.10　B_4N 上吸附 SO_2 分子构型图、吸附位的说明以及 Materials Studio 中的平移和旋转调整对话框

第三步　衬底吸附位的多样性和被吸附分子取向的复杂性,使得构建的初始吸附构型数量较多。现有的模拟计算中,很难做到分子在衬底吸附过程的全局优化,往往是局部优化,所以在做吸附构型优化时,不得不尽可能考虑两者之间的多种吸附构型。构建这些吸附构型时,先仔细分析衬底上不同的吸附位置,如图 3.10 所示,H 表示空位(Hollow 位),T 表示顶位(Top 位),B 表示桥位(Bridge 位),这些位置主要来源于衬底上原子的分布,不同的分子形成了不同的吸附位。另外,SO_2 分子是三原子分子,并涉及两种不同的元素。当分子中不同的元素对齐衬底上不同的吸附位时,就是一种新的构型;SO_2 分子旋转不同的角度,或者以垂直,或者以水平方式对齐衬底,也会得到新的吸附构型。图 3.10 中也标识出了被吸附分子与衬底的初始吸附距离,通常这个值是 2.5~3.0 Å 左右。图 3.11 给出了 SO_2 分子在 B_4N 衬底上的部分构型图,展示了 SO_2 分子相对于衬底的不同吸附位以及 SO_2 分本身旋转之后的摆放样式。根据上述的说法，SO_2 分子在 B_4N 衬底上的每个吸附位，都应该有 SO_2 分子旋转之后不同样式所对应的构型。

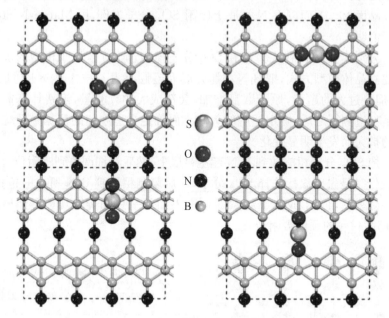

图 3.11　B_4N 与 SO_2 分子不同吸附位的初始构型示意图

3.3　导出材料模型

建好材料模型之后，需要把整个材料模型中的信息输送到计算软件或计算程序中。此时，材料模型数据就是计算软件的输入文件。材料模型数据，通常都包括模型的空间尺度大小（相当于单胞或超胞的晶格常数）、元素种类、原子的数量、每个原子在模型中的序号和原子坐标等。不同的计算软件或程序，有不同的输入文件格式要求，主要涉及包含哪些数据信息，每种信息在文件中的安排次序等。通常有下面两种提交输入文件的方式。

第一种，建模软件与计算软件自成一体，在建模软件中建好的模型直接可以提交给计算程序进行计算，在设置好计算参数之后，可以直接启动计算任务。例如 Materials Studio 软件是个很全面的材料科学建模与仿真计算平台，建模只是用了其中的 Materials Visualizer 模块，它还集成了十余种计算软件，如 CASTEP、DMol3、Gaussian 等。在 Materials Visualizer 模块中建立好模型之后，直接可以给计算软件提交计算任务。MedeA 也是一款集成了强大建模功能和材料仿真计算的计算平台，在其平台建模之后，可以直接把模型作为输入文件对接计算软件进行任务运行，它主要涵盖 Gaussian、VASP、LAMMPS 等计算引擎。这些具有直接提交模型计算功能的软件平台，非常智能化，使用也很方便，但是基本都是收费的。

第二种，计算软件没有配备建模平台，需要在其他的建模软件中建好模型，然后导出为符合计算软件输入格式要求的输入文件，计算软件成功读取模型数据之后，才能开启计算。

在生成这类模型输入文件时,首先需要掌握计算平台所规定的数据格式的具体要求,甚至输入文件的命名的规则,否则程序是无法读取的。下面以构建 VASP 和 SIESTA 两款计算软件的模型输入文件为例进行说明,其他计算软件的输入文件构建,可以采用类似的方法予以建立。

　　计算软件的输入文件通常都是文本文件,但是针对不同的计算平台,文本文件的格式不同,要是针对每种格式文件都对应安装一款阅读和编辑软件是十分麻烦的。而有些软件能识别很多种类的文本格式文件,比如 Notepad＋＋软件,它可以免费使用,自带中文,功能比 Windows 中的记事本软件强大很多,可以制作和编辑各种文本,而且可以打开大容量文件。利用这款软件,可以很方便查阅各种材料计算软件输入和输出文件的内容。

　　VASP 软件的模型输入文件,固定命名为"POSCAR",里面包含了超胞或原胞的晶格信息、元素种类和原子数目、原子坐标等。熟悉 Materials Studio 中的 Visualizer 模块建模的使用人员,可以采用 Materials Studio 和 VESTA 共同为 VASP 构建模型输入文件。在 Materials Studio 中,建好模型之后,点击 File→export,从打开的对话框中选择输出的文件格式为" ∗.cif",然后用 VESTA 软件,打开这个 ∗.cif 文件。从 VESTA 界面点击 File→Export data,从打开的对话框中选择" ∗.vasp;POSCAR"输出文件,得到 ∗.vasp 格式文件,要确认信息,可以用 Notepad＋＋打开,进行检查。把这个" ∗.vasp"命名为"POSCAR"文件就可以直接作为 VASP 软件计算所需要的模型输入文件。操作过程如图 3.12 所示。

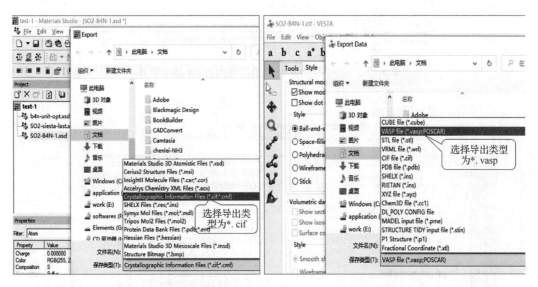

图 3.12　Materials Studio 建模后输出为 cif 格式,导入 VESTA,再输出为 ∗.vasp 格式

　　SIESTA 计算软件所需要的模型输入文件,系统默认的模型输入文件格式为" ∗.input",里面主要包含原子坐标和每种元素在 SIESTA 运行时被指定的序号。原子坐标一般很容易智能化获取,而元素序号由于受运行输入文件指定的影响,往往需要人工进行操作。熟悉 Materials Studio 中的 Visualizer 模块建模的使用人员,可以采用 Materials Studio 和 Notepad＋＋为 SIESTA 构建模型输入文件。在 Materials Studio 中,建好模型之后，点击 File→export，从打开的对话框中选择输出的文件格式为 ∗.car。然后用 Notepad＋＋软件，打开这个 ∗.car 文件，用 Notepad＋＋软件界面功能，特别要用到这个软件里面的列块操作功能，对 ∗.car 文件中多余的信息进行删除和部分修改，就可以得到 SIESTA 所需要的模型输入文件，然后把文件另存为 ∗.input 格式文件。具体过程如图 3.13、图 3.14、图 3.15 所示。

图 3.13　Materials Studio 建模后输出为 car 格式文件

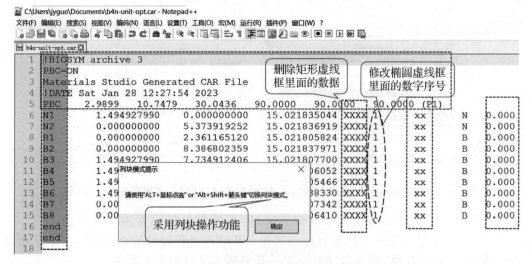

图 3.14　Notepad＋＋处理模型数据为 SIESTA 所需的格式

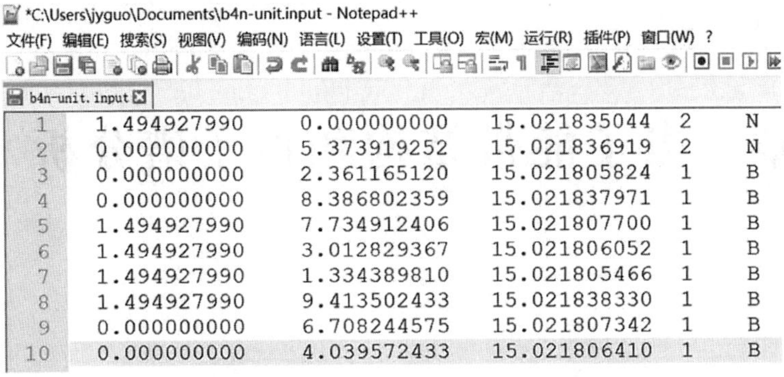

1	1.494927990	0.000000000	15.021835044	2	N
2	0.000000000	5.373919252	15.021836919	2	N
3	0.000000000	2.361165120	15.021805824	1	B
4	0.000000000	8.386802359	15.021837971	1	B
5	1.494927990	7.734912406	15.021807700	1	B
6	1.494927990	3.012829367	15.021806052	1	B
7	1.494927990	1.334389810	15.021805466	1	B
8	1.494927990	9.413502433	15.021838330	1	B
9	0.000000000	6.708244575	15.021807342	1	B
10	0.000000000	4.039572433	15.021806410	1	B

图 3.15　SIESTA 模型的输入文件内容格式

 简答题

1. 练习每种获取结构模型的方法之后，简述每种数据库的优点和缺点。
2. 寻找文献上获得的结构数据，尝试绘制出该数据对应的结构图。
3. 简述把模型导出为 VASP 或 SIESTA 所满足的输入文件格式的步骤。

 参考文献

［1］ Humphrey, W., Dalke, A. and Schulten, K., VMD—Visual Molecular Dynamics[J]. J. Molec. Graphics. 1996, vol. 14, pp. 33 – 38.

［2］ K. Momma and F. Izumi. VESTA 3 for three-dimensional visualization of crystal, volumetric and morphology data[J]. *J. Appl. Crystallogr.*, 2011, 44: 1272 – 1276.

［3］ Bing Wang, Qisheng Wu, Yehui Zhang, Liang Ma, and Jinlan Wang. Auxetic B_4N Monolayer: A Promising 2D Material with in-Plane Negative Poisson's Ratio and Large Anisotropic Mechanics[J]. ACS Appl. Mater. Interfaces, 2019, 11: 33231 – 33237.

［4］ G. J. Ackland and A. P. Jones. Applications of local crystal structure measures in experiment and simulation[J]. Phys. Rev. B, 2006, 73: 054104.

第 4 章 电子能带结构和声子谱分析

☞扫码可免费
观看本章资源

4.1 固体能带的产生

随着 19 世纪末光谱学的发展,人们总结出了氢原子光谱的谱线规律公式,谱线规律同时指出了原子内部存在着固有的规律。物理学家玻尔(Bohr)1913 年提出了早期的量子理论,推导出了氢原子能级公式,较为圆满地解释了氢原子光谱的谱线和氢原子能级公式之间的关系,并指出了氢原子能级是与电子所处的轨道相对应的,把最低能级称为基态,其他能级称为激发态,氢原子的光谱系与电子在氢原子能级之间的跃迁相对应,如图 4.1 所示。玻尔提出的原子能级概念,1914 年被费兰克-赫兹(Franck-Hertz)用电子与基态和激发态的汞原子碰撞实验所证实。

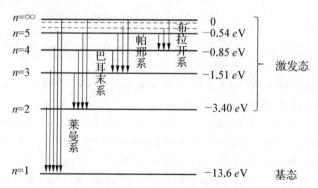

图 4.1 氢原子能级跃迁与光谱图

1 个氢原子只有 1 个电子,只是单个氢原子时,或类似于孤立的单原子电子情形,原子的能级图对应着一条条分立的平行谱线。当有两个或多个原子,且原子相距比较远时,原子之间的相互作用可以忽略,此时原子中电子的状态与孤立原子中电子状态相同,能级图与孤立的单原子能级图类似,如图 4.2 所示。但当两个原子或多个原子之间间距减小,并相互逐渐靠近时,原子间存在相互作用,会导致能级移动出现分裂,此时原子之间外层轨道的电子也逐渐发生共有化运动。原本一条的能级扩展成了一组差别很小的能级结构,电子数目越多,同组能级分裂越多。晶体中原子数目是相当多的,此时,同组能级分裂形成了能带。此过程的定性理解,可见图 4.2。

由于能带是从能级扩展而来的概念,不同能级的能带间存在没有能级的间隔,这个间隔就是禁带,电子无法取到禁带中的能量。基态原子电子填充是从最低能级开始依次往高能级向上填充的过程。对于半导体,电子刚好填充到某一个能带满了,而下一个能带全空,这

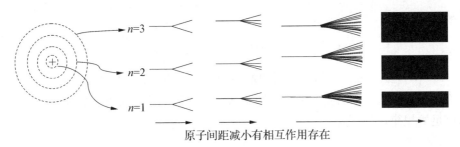

图 4.2　孤立原子能级和多个原子有相互作用后能级分裂，以及形成能带的示意图

些被填满的能带称为满带，满带中能量最高的一条称为价带。此时价带中的电子是不导电的，价带到能量更高的下一个能带之间有一个禁带，但是这个禁带的宽度不是很大，所以电子有机会跃迁到下一个能带。由于这个能带几乎是空的，所以电子跃迁到这个能级之后就可以自由奔跑，这个能带就是导带。而绝缘体的禁带宽度较大，电子很难有机会跃迁到下一个能带，因而不导电。

4.2　晶体的倒易空间和布洛赫定理

晶体是可由单胞往三维方向周期性地平移堆积而形成具有空间分布的三维结构。根据周期性特点，晶体中描述属性的很多物理量都可表示为坐标空间的周期函数，如晶体中势能函数、晶体电荷密度分布函数等，形如 $f(\vec{r}+\vec{R}_l)=f(\vec{r})$，其中 $\vec{R}_l=l_1\vec{a}_1+l_2\vec{a}_2+l_3\vec{a}_3$ 是晶体周期函数的平移矢量，$\vec{a}_1,\vec{a}_2,\vec{a}_3$ 是晶体元胞的三个基矢，l_1,l_2,l_3 是可以构成晶胞平移的任意整数。根据高等数学知识，任意的周期函数可以用傅里叶（Fourier）级数展开，这个变换对应地把 $f(\vec{r})$ 所代表的物理量函数从坐标空间变换到傅里叶空间，该空间也称为倒易空间或动量空间。晶体材料很多性质的计算分析，如果把描述的数学规律从实空间变到倒易空间进行运算会更容易和更方便。下面就简单推导这个倒易空间的产生过程。

大家比较熟悉的泰勒（Taylor）级数是将一个函数分解为无限个 n 次多项式加权之和。而傅里叶级数则是把一个周期性函数展开为正弦函数的无限加权之和。根据欧拉公式：$e^{i\varphi}=\cos\varphi+i\sin\varphi$，还可以把傅里叶变换之后的函数或者直接把周期性函数表示为傅里叶变换的指数形式：

$$f(\vec{r})=\sum f(\vec{k}_h)e^{i\vec{k}_h\cdot\vec{r}} \tag{4.1}$$

把这种指数表示代入有平移矢量的表达式中，可得：

$$f(\vec{r}+\vec{R}_l)=\sum f(\vec{k}_h)e^{i\vec{k}_h\cdot(\vec{r}+\vec{R}_l)}=\sum f(\vec{k}_h)e^{i\vec{k}_h\cdot\vec{r}}e^{i\vec{k}_h\cdot\vec{R}_l} \tag{4.2}$$

从上述两个式子来看，还应该有 $e^{i\vec{k}_h\cdot\vec{R}_l}=1$，这也体现了傅里叶级数对周期性函数展开指数表示的便捷和简易特点。那么在这个表达式中的 $\vec{k}_h$ 又是一个什么量呢？接下来继续分析。

晶体中原子排列的周期性特点，使得晶体中所有属性函数的描述都处于一个周期性势场中。而晶体材料的所有性质都与电子分布密切相关，了解电子分布需要求解薛定谔方程。1928 年，布洛赫（Bloch）在研究晶体的导电性时首次提出把薛定谔（Schrödinger）方程描写的波动方程的解表示为：

$$\psi(\vec{r}) = \psi(\vec{r} + \vec{R}_l) = u(\vec{r}) e^{i\vec{k}_h \cdot \vec{r}} e^{i\vec{k}_h \cdot \vec{R}_l} \tag{4.3}$$

$u(\vec{r}) = u(\vec{r} + \vec{R}_l)$ 是与晶体晶格同样的周期性函数。上述的表述称为布洛赫定理，所得的函数为布洛赫函数。其基本的变换推导来源于傅里叶级数的指数展开。根据 $e^{i\vec{k}_h \cdot \vec{R}_l} = 1$ 和指数运算满足的规律，应该有：

$$\vec{k}_h \cdot \vec{R}_l = 2\pi n \tag{4.4}$$

n 为任意整数，$\vec{R}_l$ 具有长度量纲，根据量纲运算，$\vec{k}_h$ 应该具有长度倒数的量纲。而长度倒数的量纲与波数（单位长度上具有的波长的数目）的相同，所以 $\vec{k}_h$ 矢量与波数矢量具有相同的量纲。解决了单位问题，接着再看其大小的计算问题。根据 $\vec{R}_l = l_1 \vec{a}_1 + l_2 \vec{a}_2 + l_3 \vec{a}_3$，类似地构建 $\vec{k}_h$ 的三个分矢量为 $\vec{b}_1, \vec{b}_2, \vec{b}_3$，量纲与 $\vec{k}_h$ 一样。已知 $\vec{a}_1, \vec{a}_2, \vec{a}_3$ 是晶体元胞的三个基矢，且这三个基矢可以构成布拉维格子，类似地也可由 $\vec{b}_1, \vec{b}_2, \vec{b}_3$ 三个基矢构成一个格子。根据 $\vec{k}_h \cdot \vec{R}_l = 2\pi n$ 的关系，通常把 $\vec{a}_1, \vec{a}_2, \vec{a}_3$ 构成的格子称为正格子，而把 $\vec{b}_1, \vec{b}_2, \vec{b}_3$ 构成的格子称为倒格子。$\vec{a}_1, \vec{a}_2, \vec{a}_3$ 也称为正格子矢量，而 $\vec{b}_1, \vec{b}_2, \vec{b}_3$ 称为倒格子矢量。两组矢量之间，也应该满足：

$$\vec{a}_i \cdot \vec{b}_j = 2\pi \delta_{ij} \quad (i, j = 1, 2, 3) \tag{4.5}$$

δ_{ij} 称为克罗内克(Kronecker)函数，满足下面关系：

$$\delta_{ij} = \begin{cases} 1 & i = j \\ 0 & i \neq j \end{cases} \tag{4.6}$$

令 $\Omega = \vec{a}_1 \cdot (\vec{a}_2 \times \vec{a}_3)$，根据 $\vec{a}_i \cdot \vec{b}_j = 2\pi \delta_{ij}$，可得两个格子矢量之间的转换关系为：

$$\vec{b}_1 = 2\pi \frac{\vec{a}_2 \times \vec{a}_3}{\vec{a}_1 \cdot (\vec{a}_2 \times \vec{a}_3)}$$

$$\vec{b}_2 = 2\pi \frac{\vec{a}_3 \times \vec{a}_1}{\vec{a}_1 \cdot (\vec{a}_2 \times \vec{a}_3)} \tag{4.7}$$

$$\vec{b}_3 = 2\pi \frac{\vec{a}_1 \times \vec{a}_2}{\vec{a}_1 \cdot (\vec{a}_2 \times \vec{a}_3)}$$

从上可得 $\vec{k}_h = h_1 \vec{b}_1 + h_2 \vec{b}_2 + h_3 \vec{b}_3$，$h_1, h_2, h_3$ 是可以构成倒格子空间的平移矢量分量的整数。$\vec{k}_h$ 也称为描述了倒格子空间具体格点位置的倒格矢，其所在空间也称为倒易空间或 k 空间。若以简单立方晶体为例，简单立方晶格的实空间晶格矢量为 $|\vec{a}_i| = a$，根据上述计算关系，那么倒易空间中的倒格矢 $|\vec{b}_i| = 2\pi/a$，此情况中，正格矢和倒格矢都定义了立方体，正格矢立方体边长为 a，倒格矢立方体边长为 $2\pi/a$。一般地，倒格矢所围成的三维形状，并不总是与实空间中的晶胞形状完全相同。例如，面心立方晶胞，其实空间晶胞格矢，可表示为：

$$\vec{a}_1 = a\left(\frac{1}{2}, \frac{1}{2}, 0\right) \quad \vec{a}_2 = a\left(0, \frac{1}{2}, \frac{1}{2}\right) \quad \vec{a}_3 = a\left(\frac{1}{2}, 0, \frac{1}{2}\right) \tag{4.8}$$

按照上述关系，可得到的面心立方晶胞倒易空间的格矢为：

$$\vec{b}_1 = \frac{2\pi}{a}(1,1,-1) \quad \vec{b}_2 = \frac{2\pi}{a}(-1,1,1) \quad \vec{b}_3 = \frac{2\pi}{a}(1,-1,1) \tag{4.9}$$

以此倒格矢得到的格点晶胞形状与实空间晶胞形状是不一样的。此外，$\Omega = \vec{a}_1 \cdot (\vec{a}_2 \times \vec{a}_3)$ 其实是正格子实空间元胞的体积。容易证明，三维情况下倒格子元胞体积与实空间元胞的体积满足如下关系：

$$\Omega^* = \vec{b}_1 \cdot (\vec{b}_2 \times \vec{b}_3) = \frac{(2\pi)^3}{\Omega} \tag{4.10}$$

因此，晶体元胞实空间体积越大，则倒易空间元胞体积越小。若设二维的实空间格矢为 $\vec{a}_1, \vec{a}_2$，直接代入 $\vec{a}_i \cdot \vec{b}_j = 2\pi\delta_{ij}$ 关系，可得其二维的倒易空间格矢。定义如下转动 90° 的二维方阵：

$$\boldsymbol{T} = \begin{bmatrix} 0 & -1 \\ 1 & 0 \end{bmatrix} \tag{4.11}$$

二维倒格矢的转换计算公式可表示为：

$$\vec{b}_1 = \frac{2\pi}{\vec{a}_1 \cdot T\vec{a}_2} T\vec{a}_2, \quad \vec{b}_2 = \frac{2\pi}{\vec{a}_2 \cdot T\vec{a}_1} T\vec{a}_1 \tag{4.12}$$

倒易空间与 $\vec{k}_h$ 矢量相关，这个知识点，在讲到第一性原理计算时对理解 k 空间 k 点的设置很有帮助。k 点数目的设置与倒易空间元胞大小成正比。也就是第一性原理计算中，建立的实空间模型越大，倒易空间越小，那计算时所需要的 k 空间 k 点的设置数目越小。

　　另外，量子力学中薛定谔方程求解各种材料体系得到的解为反映电子分布的波函数。若以自由电子为例，得到的以确定动量 p 运动的波函数的解为：

$$\psi_p(r,t) = A e^{-\frac{i}{h}(Et - \vec{p} \cdot \vec{r})} \tag{4.13}$$

上述函数中，A 为待归一化系数，h 为普朗克常数，p 为动量。按照迭加原理，在晶体表面反射后，电子的状态函数 $\psi(r,t)$ 可以表示为各种不同动量 $\vec{p}$ 的平面波的线性迭加：

$$\psi(r,t) = \frac{1}{(2\pi\hbar)^{3/2}} \int_{-\infty}^{\infty} c(p,t) e^{\frac{i}{\hbar}\vec{p} \cdot \vec{r}} dp_x dp_y dp_z \tag{4.14}$$

而 $c(p,t)$ 函数由下式给出：

$$c(p,t) = \frac{1}{(2\pi\hbar)^{3/2}} \int_{-\infty}^{\infty} \psi(r,t) e^{-\frac{i}{\hbar}\vec{p} \cdot \vec{r}} dx dy dz \tag{4.15}$$

上述两式子恰好互为傅里叶变换关系。而这两种函数描述实际是电子分布函数同一状态的两种不同的描述方式，$\psi(r,t)$ 是以坐标为自变量的波函数，就是描述电子分布的实空间函数，而 $c(p,t)$ 则是以动量为自变量的波函数，这实际就是描述电子分布的动量空间波函数。回顾前面提到的晶体属性周期性函数的实空间与倒易空间的傅里叶变换关系，以及前面提到的 $e^{i\vec{k}_h \cdot \vec{r}}$ 和这里提到的 $e^{\frac{i}{\hbar}\vec{p} \cdot \vec{r}}$ 两因子，若晶体周期函数描述的就是反映电子的分布函数，那这个倒易空间，或者说这个 k 空间，在这也就可以称为动量空间。这应该也是倒易空间被称为动量空间的由来。就大小和量纲上来说,此时 $\vec{k}_h = \dfrac{\vec{p}}{\hbar}$。当满足这样的波函数对等关系时,$\vec{k}_h$ 矢量也称为简约波矢,是对应平移操作本征值的量子数,在这波函数中,它的物理意义代表了不同原胞间电子波函数的相位变化。

以实空间中的最小元胞,充分反映晶体宏观对称性的维格纳-赛兹晶胞的参数为源,构建倒易空间中的倒格矢 $(\vec{b}_1,\vec{b}_2,\vec{b}_3)$,并给出倒易空间中的格点分布。之后,取倒格点中的某一点为原点,做所有倒格矢 $\vec{k}_h$ 的垂直平分面,这些平面把倒格子空间分割成许多包围原点的多面体。此时,与维格纳-赛兹晶胞对应的倒易空间,也即离倒格点原点最近的多面体区域称为第一布里渊区,或者说由倒格矢 $(\vec{b}_1,\vec{b}_2,\vec{b}_3)$ 所围成的平行六面体构成的倒易空间的维格纳-赛茨元胞就称为第一布里渊区。次近邻的多面体且与第一布里渊区表面间的区域为第二里渊区,其他以此类推。

以二维石墨烯的空间转换为例,设石墨烯碳-碳键长的值为 a,其实空间二维基矢为:

$$\vec{a}_1 = \frac{\sqrt{3}\,a}{2}\vec{i} - \frac{3}{2}a\vec{j}, \qquad \vec{a}_2 = \frac{\sqrt{3}\,a}{2}\vec{i} + \frac{3}{2}a\vec{j} \tag{4.16}$$

代入二维倒格矢的转换公式可得二维倒易空间的基矢:

$$\vec{b}_1 = \frac{2\pi}{\sqrt{3}\,a}\vec{i} - \frac{2\pi}{3}a\vec{j}, \qquad \vec{b}_2 = \frac{2\pi}{\sqrt{3}\,a}\vec{i} + \frac{2\pi}{3}a\vec{j} \tag{4.17}$$

得到石墨烯倒易空间的平移矢量 $\vec{k}_h = h_1\vec{b}_1 + h_2\vec{b}_2$。图 4.3 是石墨烯晶体、实空间晶胞和倒易空间点阵及第一布里渊区示意图。布里渊区的高对称点常用大写字母表示,而中心点都设为 Γ 点。对于石墨烯的布里渊区来说,倒易空间的六条边的中心点为 M,顶点为 K 点。现在很多软件也可以直接绘制出任意晶体的布里渊区,例如 Materials Studio 和 XCrySDen 等。

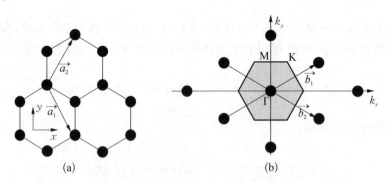

图 4.3 石墨烯晶体实空间晶胞和倒易空间点阵及第一布里渊区

4.3 能带结构分析

前面分析了晶体材料的结构特点,给出了能带产生的定性解释,在理解了布洛赫定理和倒易空间之后,接下来具体计算能带结构的定量产生。前面提到过,材料各种性质都与材料体系的电子分布密切相关,电子的各种信息就成为解决问题的关键。接下来,就来分析材料体系的能带结构,又称电子能带结构,它能反映出材料的电子学和光学性质。能带结构函数直观地反映了能带随着倒易空间中指定的高对称 K 点路径的变化情况。从能带结构图中,可以直观得到费米能级位置、导带底与价带顶的位置、禁带宽度等结果,进而判定材料的金属、半导体(直接或间接间隙)、绝缘体、自旋极化、载流子有效质量、电子态密度等情况。能带结构分析广泛应用于金属、半导体、绝缘体、化合物、合金、表面及界面、掺杂和缺陷工程等的研究。实验中,人们可以通过回旋共振、磁阻、磁光、光谱等方法来直接测定晶体的电子能带结构。由于计算机计算功能越来越强大以及计算方法的发展,现今理论上已可以对能带结构进行计算。在计算材料学中,能带计算是非常重要的内容。

任何一个实际的材料体系中,电子的数量极其众多,不同原子之间的相互作用也十分复杂。当前,完全精确地定量计算所有材料体系的电子能带结构,仍然是一个挑战性的问题。对于具有周期场中的电子能带结构的计算问题,通常采用各种近似方法求解。首先,选取某个具有布洛赫函数形式的完全集,把晶体电子态的波函数用此函数集展开,然后代入薛定谔方程,确定展开式的系数所必须满足的久期方程,据此可求得能量本征值,再依照本征值确定波函数展开的系数。选择不同的函数集合,有不同的计算方法,原子轨道线性组合法、正交化平面波方法和赝势方法、原子球近似方法等。这些近似方法和薛定谔方程的求解,将在密度泛函理论章节中进行讲述。

前面(4.13)~(4.15)表达式中,得到自由电子模型中满

足 $\vec{k}_h = \dfrac{\vec{p}}{\hbar}$,另有 $p = mv$,则 $E = \dfrac{1}{2}mv^2 = \dfrac{p^2}{2m}$,若以一维自

由电子模型为例,则可以得到:

$$E = \frac{1}{2}mv^2 = \frac{1}{2m}\hbar^2 k_x^2 \qquad (4.18)$$

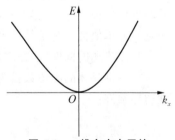

图 4.4　一维自由电子的 $E(k_x)$ 曲线图

也就是说,对于自由电子体系,能量 $E(k_x)$ 的函数是个抛物线,如图 4.4 所示。且在图中能看出,能量 E 可以取大于零的任意值,这种情况下,不存在能带概念。

接下来,以能带理论发展初期的克龙尼格-潘纳模型(Kronig-Penney model)为例,分析能带结构的计算过程和能带特点,该模型是一维周期性势场中电子的运动模型。克龙尼格-潘纳模型是由势阱势垒无穷周期排列的晶体势场模型,每个势阱都模拟了对晶格中原子的吸引。因此,势阱的大小必须大致对应于晶格间距。克龙尼格-潘纳模型是在布洛赫定理基础上对薛定谔方程求出解析解,并定性地说明周期势场中电子运动情况。以一维模型为例,晶体中原子规则排列,形成点阵结构,相当于电子受到周期性势场的作用,如图 4.5 所示的模型图。

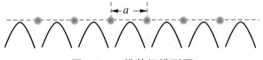

图 4.5　一维势场模型图

量子力学研究表明,一维势场中电子能量函数 $E(k)$ 和电子分布函数 $\psi(x)$ 满足如下薛定谔方程。

$$\left[-\frac{\hbar^2}{2m}\frac{\mathrm{d}^2}{\mathrm{d}x^2}+V(x)\right]\psi(x)=E(k)\psi(x) \tag{4.19}$$

上式中 $V(x)$ 是周期性的势能函数,是电子受到周期性势场作用的描述,它满足

$$V(x)=V(x+na) \tag{4.20}$$

a 为一维模型的晶格常数,体现了周期因子,n 是任意整数。根据布洛赫定理,满足上式的定态波函数的解必定具有这样的形式:

$$\psi_k(x)=\mathrm{e}^{ikx}u_k(x) \tag{4.21}$$

式中 $u_k(x)$ 也是以 a 为周期的周期函数,也即满足

$$u_k(x)=u_k(x+na) \tag{4.22}$$

上述描述中,说明了在一个周期势场中,运动的电子波函数 $\psi_k(x)$ 为一个自由电子波函数 e^{ikx} 与一个具有周期性的函数 $u_k(x)$ 的乘积。且 $\psi_k(x)$ 是按照周期 a 调幅的行波,这在物理上反映了晶体中电子的共有化分布,也体现了受到周期性排列原子核(或离子)束缚的影响。若 $u_k(x)$ 为常数,没有周期性势场的束缚,则电子变成了完全自由的电子,所以布洛赫函数是非常接近描述电子实际情况的波函数。此外,波函数还应该满足三个标准条件:有限性、连续性和单值性。对于晶体来说,实际的模型也总是体积有限的。这对应着存在边界条件。结合晶体势场的周期性,在求解薛定谔方程时,需设置周期性边界条件。

设一维晶体的原子数目为 N,总长度为 $L=Na$,则布洛赫函数 $\psi_k(x)$ 应满足如下周期性边界条件:

$$\psi_k(x)=\psi_k(x+Na) \tag{4.23}$$

周期性边界条件使得 k 值只能取一些特定的分立值。推导过程如下:

把 $\psi_k(x)=\mathrm{e}^{ikx}u_k(x)$ 代入 $\psi_k(x)$ 周期性边界条件函数中,得:

$$\psi_k(x)=\psi_k(x+Na)=\mathrm{e}^{ik(x+Na)}u_k(x+Na)=\mathrm{e}^{ikNa}\mathrm{e}^{ikx}u_k(x)=\mathrm{e}^{ikNa}\psi_k(x) \tag{4.24}$$

这样得 $\mathrm{e}^{ikNa}=1$,也即 $kNa=2n\pi$ $(n=0,\pm1,\pm2,\cdots)$

最后得 k 取的分立为: $k=n\dfrac{2\pi}{Na}=n\dfrac{2\pi}{L}(n=0,\pm1,\pm2,\cdots)$ \tag{4.25}

波函数中 k 代表电子状态的波数,n 代表电子状态的量子数。显然,若是三维模型,则此时的电子状态数为 (n_x,n_y,n_z),波数为 $\vec{k}(k_x,k_y,k_z)$,一组 $\vec{k}$ 分量代表了对应电子的一种状态。这个 k 空间就是前面讲过的倒易空间,也称为动量空间,k 空间电子状态的坐标为

$$k_x=\frac{2\pi}{L}n_x,\quad k_y=\frac{2\pi}{L}n_y,\quad k_z=\frac{2\pi}{L}n_z \quad(n=0,\pm1,\pm2,\cdots) \tag{4.26}$$

回到克龙尼格-潘纳模型,把周期性势场进一步简化为方势阱,如图 4.6 所示。

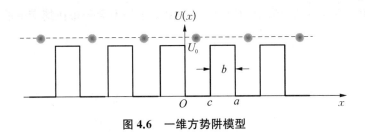

图 4.6　一维方势阱模型

给出电子所受势场为：

$$U(x) = \begin{cases} 0 & (0 < x < c) \\ U_0 & (c < x < a) \end{cases} \tag{4.27}$$

以波函数的布洛赫定理表示形式和上述外场代入定态薛定谔方程,得：

$$\frac{\mathrm{d}^2 \psi_k}{\mathrm{d}x^2} + \frac{2m}{\hbar^2}[E - U(x)]\psi_k(x) = 0 \tag{4.28}$$

以 $u_k(x)$ 代入得：

$$\frac{\mathrm{d}^2 u_k}{\mathrm{d}x^2} + 2\mathrm{i}k\frac{\mathrm{d}u_k}{\mathrm{d}x} + \left[\frac{2m}{\hbar^2}(E - U(x) - k^2)\right]u_k = 0 \tag{4.29}$$

此为二阶微分方程,结合波函数需要满足的三个标准条件,可以解出得到下面的式子：

$$\left(\frac{maUb}{\hbar^2}\right)\frac{\sin(\beta a)}{\beta a} + \cos(\beta a) = \cos(ka) \tag{4.30}$$

式中 b 是势垒宽度,$\beta = \dfrac{\sqrt{2mE}}{\hbar}$,$k$ 为波数。上式两边均含有未知量,左边为含 E 的函数,记为 $f(E)$,该函数是包含能量 E 的函数,右边为 k。分开讨论:右边项中,有 $|\cos(ka)| \leqslant 1$,所以使得 $f(E) > 1$ 的取值是不允许的。以 E 为变量,绘制出(4.30)式左边的函数曲线图,如图 4.7 所示,阴影区域对应的横坐标为 E 能取值的范围。

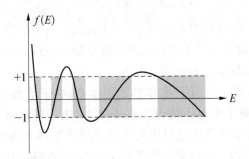

图 4.7　$f(E)$ 函数曲线变化趋势图,阴影区域是 E 允许取值的区域

继续作出(4.30)式中 $E(k)$ 函数曲线,如图 4.8 所示。图中右边阴影区域是 E 值允许取值的范围,对应着允许取值的密集的能级分布,称为能带,也就是电子允许分布的区域,所以也称为允带。而两两能带之间是不允许取值的能量区域,称为禁带。晶体中电子具有的能量只能取能带中的值,而取不到禁带中的值,也就是说电子是不会分布在禁带中的。

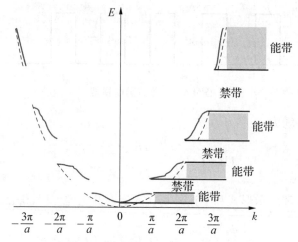

图4.8　一维周期势场电子的 $E(k)$ 函数曲线

(4.30)式中,$U_0 b$ 反映了势垒的强弱,计算表明,$U_0 b$ 的数值越大所得的能带越窄。原子的内层电子受到的原子核的束缚较大,与外层电子相比,它们的势垒强度较大,可得内层电子的能带较窄,外层电子能带较宽。根据实空间晶格常数与 k 的关系,晶体点阵常数 a 越小,能带宽度越大。如图4.8所示,第一能带 k 的取值范围为 $-\dfrac{\pi}{a} \Rightarrow \dfrac{\pi}{a}$;第二能带 k 的取值范围为

$-\dfrac{2\pi}{a} \Rightarrow -\dfrac{\pi}{a}, \dfrac{\pi}{a} \Rightarrow \dfrac{2\pi}{a}$;……。第一能带对应的范围就是第一布里渊区,其他以此类推。每个

能带对应的 k 的取值范围都是 $\dfrac{2\pi}{a}$,在这个一维模型中,$\vec{k}$ 空间每个状态点所占有的长度为

$\dfrac{2\pi}{L}$,这样得到每一个能带中所包含的能级数(状态数)为:

$$\frac{2\pi}{a} \div \frac{2\pi}{L} = \frac{2\pi}{a} \div \frac{2\pi}{Na} = N \tag{4.31}$$

每个能带中有 N 个能级,能级相当于是电子分布的轨道,电子是分布在能级上的,电子是费米子,其在能级中的排布遵循泡里不相容原理和能量最小原理,详细的电子填充能级的内容可以参见《原子物理》或《结构化学》。

　　从上面的分析来看,对于单原子或者小分子体系,电子取离散的能量值,就是对应着处于分立的能级中。而对于多电子的自由电子体系,电子的能量则可以取大于零的任意值,无所谓能带。但固体或者晶体材料中的电子则既有连续可取的能量区间(允带),又有不能取值的能量区间(禁带)。这种允带和禁带交替的结构使得固体中的电子有了专属于固体的性质,即能带是固体中电子特有的性质。材料的电子能带结构图,横轴代表电子的动量,是倒易空间或者是动量空间的高对称点位置表示的,纵坐标代表电子在这动量位置的能量,图中的曲线代表了电子能量和动量之间的关系。材料晶体结构不同,就有不同的能带图,也就有不同的电子的能量和动量之间的关系。能带也就成了材料的一种特性象征,研究

能带也就能研究材料的特征属性。

二维材料和三维材料的电子能带结构的计算过程与上述一维的类似,但是薛定谔方程求解过程复杂得多,详细的解答过程,可以参照《固体能带理论》中的论述。为了进一步帮助说明能带结构的属性,下面将结合二维和三维材料的能带结构讲述一些相关的术语并做一些分析。前面提到过,从能带结构中可以区分金属、半导体和绝缘体。需先了解价带、导带、带隙和费米能级等名词。

电子在能带上的填充(占据)行为中,若电子恰好能填满相应的能带,则这些能带也称为满带,而把最高的满带称为价带。价带中电子已经占据了所有的能级,相邻位置上的态都被占据,电子无法移动,此时电子无法导电。满带之上没有电子填充的能带,称为空带,而把最低的空带称为导带。价带的最高能级与导带的最低能级之间的能量范围称为带隙,存在带隙情况的材料称为半导体或绝缘体。半导体的带隙通常在 $6\,eV$ 以下,而大于 $6\,eV$ 以上的一般都是绝缘体了。当带隙较小时,有一些电子有机会跃迁到导带,由于导带是空的,所以电子跃迁到这个能带之后就可以自由移动了,这也是半导体材料的导电机理。对于绝缘体,电子很难从满带跃迁到导带,因此,形成不了电流。

带隙越大,电子由价带被激发到导带越难,形成的载流子浓度就越低,电导率也就越低。带隙的大小也决定了材料吸收光子的能量范围。根据普朗克关系式和波长、波速之间的关系,可以得到半导体材料的激发波长与带隙的关系:

$$\lambda = \frac{hc}{E_g} \tag{4.32}$$

h 为普朗克常量,c 为光的真空速度,E_g 为半导体带隙,单位为 eV。

若在满带之上,存在部分能级被电子填充的能带,这种被部分电子填充的能带也称为导带,此时最高占据的能级称为费米能级。在这种电子能带结构中,费米能级穿过一个或几个能带的能量范围,存在这种情况的材料称为金属。导带中的电子的相邻位置没有被占据,电子可以移动,从而帮助导电。

费米能级除了在上述金属的能带分析中用到,在半导体的电子能带结构分析中也会出现。一般来说,费米能级的物理意义是该能级上的一个状态被电子占据的几率为 50%,对整个系统来说,也是指电子能量低于费米能级的几率大于 50%,而高于费米能级的几率小于 50%,也即大多数电子优先排布于费米能级以下的位置。本质上来讲,费米能级不是一个真正存在的能级。对于一个系统来说,费米能级处处相同。对于两个系统合并成为一个系统,则费米能级也会趋于处处相同,这点对于理解异质结的工作原理非常重要。就半导体而言,在一定温度下,知道费米能级的数值,电子在各量子态上的统计分布就完全确定了。费米能级与温度、半导体材料的导电类型、掺杂浓度和能量零点的选取有关。具体来说:对于 N 型半导体费米能级靠近导带,N 型掺杂浓度越大,费米能级越靠近导带底部甚至进入导带。对于 P 型半导体费米能级靠近价带,P 型掺杂浓度越大,费米能级越靠近价带顶部甚至进入价带。

图 4.9(a)和(b)是二维材料 BNP_2 的俯视图和侧视图,虚线区域是它的单胞,整体可以看成是单胞周期性排列构成的两层原子的晶体材料。图 4.9(c)是实空间单胞对应的倒易空间的第一布里渊区。在这里同时给出了 $E(k)$ 计算时布里渊区中沿着高对称点的积分路径,路径折线构成了二维的积分平面,前面提到的一维模型的 $E(k)$ 计算只是沿着一个方向

进行积分计算。由此也可以理解,三维材料单胞对应的倒易空间布里渊区的 $E(k)$ 计算时的积分路径应该是三维的,如图 4.11(b)所示。图 4.9(d)是计算得到的 BNP_2 单胞的电子能带结构。与一维材料的电子能带结构相比,二维的要复杂得多。曲线是沿着第一布里渊区的高对称点计算所得的,高对称点其实就是 $k(kx, ky)$,无法在横坐标上标示计算路径上所有点的坐标值,就用高对称点的名称对路径的拐弯点进行了说明($\Gamma \to X \to S \to Y \to \Gamma \to S$)。如图 4.9(d)中所示,$BNP_2$ 的能带结构中存在能带和禁带,中间虚横线是费米能级。为了便于讨论,一般都是把费米能级置于 $0\,eV$ 位置。这在实际作图中,相当于是纵坐标的整体平移,不会影响从能带结构中得到的各种材料属性,所有属性要么直接与能带曲线形状相关,要么与能带中的相对值相关。BNP_2 的费米能级正好在禁带中,靠近价带顶,从能带结构中可知 BNP_2 是带隙为 $0.63\,eV$ 的直接带隙半导体材料。

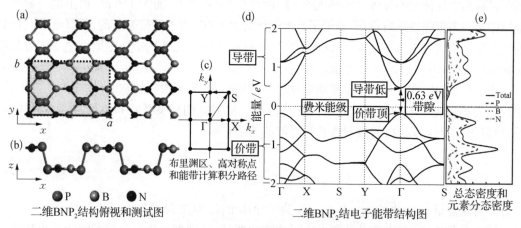

图 4.9 二维材料 BNP₂ 结构、能带、布里渊区积分路径和态密度图

所谓直接带隙是指带隙的值是来源于同一个高对称点上的价带顶和导带底之间的能量差值。若价带顶和导带底在不同的高对称点上,这样得到的带隙称为间接带隙,对应的半导体材料为间接带隙半导体材料,如图 4.10(a)所示。这两种带隙的材料,对应的性质区别体现为电子跃迁机制的不同。直接带隙半导体材料,电子从价带往导带跃迁时,在能带上体现为沿着高对称点所对应的线竖直跃迁,这相当于波矢不变,也即电子跃迁过程中的动量保持不变;而电子若从导带下落至价带时,电子要与空穴复合,也是保持动量不变,直接复合,即电子与空穴只要一相遇就会发生复合,所以直接带隙半导体中载流子的寿命很短,这种直接复合可以把能量几乎全部以光的形式放出,材料的发光效率高。间接带隙半导体材料,电子从价带往导带跃迁时,在能带上可以看出,电子跃迁时不在同一个高对称点所对应的竖线上,电子跃迁时的动量发生变化,跃迁前后的动量空间位置不同,电子被激发到导带后会有一个弛豫过程才能到达导带底,这过程中电子大概率会把部分能量释放给晶格,转化为声子,从而变成热能释放了。若电子从导带下落至价带与空穴复合,同样发送动量的变化,也会有能量的损失,电子难以到达价带,因此难以产生基于再结合的发光。

一般来说,二维和三维的本征材料都只有一个带隙,已有的研究表明超晶格材料和有深能级掺杂的材料会出现多带隙情况。图 4.10(b)所示是费米能级穿过了能带,符合前面提到的金属费米能级情况,此时材料显示为金属特性。

图 4.11 是常见的间接半导体材料硅的电子能带结构图和第一布里渊区的高对称点及积分路径图。由于材料是三维晶体,对应的倒易空间中的布里渊区也是三维空间。硅材料是最主要的半导体材料,包括多晶硅、单晶硅、硅片、硅外延片、非晶硅薄膜等,可直接或间接用于制备逻辑器件和存储器等半导体器件,以制备集成电路,用在电脑、手机、电视、数码和传感器件等领域。当前,90%以上的半导体产品以硅元素制作。在硅片产业链中,上游为原材料硅矿,中游为硅片制造商,下游是芯片制造商,硅片是制作芯片的核心材料。

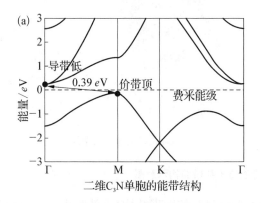
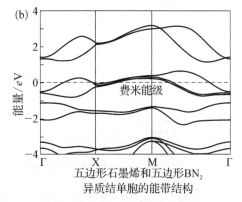

图 4.10 二维材料 C_3N 和五边形石墨烯与五边形 BN_2 异质结的电子能带结构

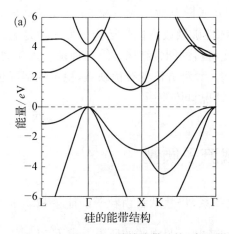
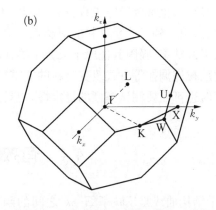

图 4.11 硅的能带结构、布里渊区、高对称点和能带计算积分路径

图 4.12(a)和(b)是二维材料石墨烯晶体结构示意图的俯视图和侧视图,这是单胞周期性规则排列且是单原子层构成的晶体材料。图 4.12(c)是计算得到的石墨烯单胞的电子能带结构。图 4.12(d)是石墨烯实空间单胞对应的倒易空间的第一布里渊区,这与图 4.3(b)是一致的,在这里同时给出了 $E(k)$ 计算时布里渊区中沿着高对称点的积分路径,路径折线构成了二维的积分平面。如果说图 4.12(d)是 $E(k)$ 沿着第一布里渊区积分路径给出的计算结果的话,那么图 4.12(e)则是 $E(k)$ 在第一布里渊区计算得到的结果,显示出石墨烯三维的电子能带结构图,能带结构中存在"狄拉克锥"。纯石墨烯能带中的导带和价带,还有费米能级,线性相交于一个点,这个点被称为"狄拉克点"。这个相交点在二维能带结构图中很清楚,如图 4.12(c)中的虚线圆圈中所示。导带和价带则表现为上下对称的锥形,称之为"狄拉克锥"。

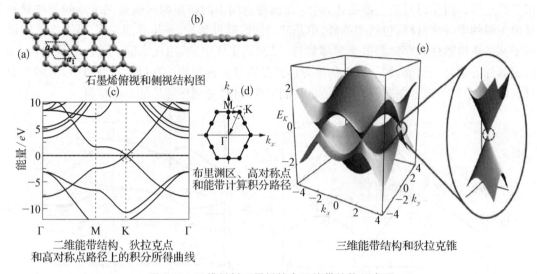

石墨烯俯视和侧视结构图

二维能带结构、狄拉克点
和高对称点路径上的积分所得曲线

三维能带结构和狄拉克锥

图 4.12 二维材料石墨烯的电子能带结构示意图

材料的能带结构对应着该材料的电子属性,调整材料的能带结构,也就改变了该材料的电子属性。已有的研究表明可以通过下面四种方法改变材料的能带结构,由于常伴随着能带带隙的改变,也称为带隙工程:第一种是利用量子限制效用或边缘效应,改变材料的电子能带结构。第二种是改变材料的对称性,用对称性破缺改变能带结构。第三种是通过给材料掺杂、引入缺陷、吸附其他原子或分子等,改变材料的能带结构。第四种是引入应力调控、外场调控、衬底调控等方式改变材料的能带结构。每种方法各有优缺点,稳定性情况也不一样,计算时也都需要测试模型的稳定性,视具体情况具体使用。

4.4 有效载流子质量

能带结构曲线是反映了 $E—k$ 之间的函数关系,仍然从自由粒子的能量和动量关系来继续讨论这个函数曲线关系: $E = \dfrac{p^2}{2m} = \dfrac{\hbar^2 k^2}{2m}$,其中 m 是电子的质量。求 E 对 k 的一阶导数得($p = mv = \hbar k$):

$$\frac{dE}{dk} = \frac{\hbar^2 k}{m} = \frac{\hbar p}{m} = \hbar v \Rightarrow \frac{1}{\hbar} \frac{dE}{dk} = v \qquad (4.33)$$

v 为自由粒子的运动速度,可见 E 对 k 的一阶导数与粒子的速度有关。这里进一步求出 E 对 k 的二阶导数:

$$\frac{d^2 E}{dk^2} = \frac{\hbar^2}{m} \Rightarrow \frac{1}{\hbar^2} \frac{d^2 E}{dk^2} = \frac{1}{m} \qquad (4.34)$$

可以看出 E 对 k 的二阶导数与粒子的质量成反比,非相对论情况下,自由粒子质量是常数,

因此可以看出 E 对 k 的二阶导数是一个常数值。那这个数值是否还有其他的物理意义呢？

　　在半导体材料工作过程中，通常只是接近于导带底部或价带顶部的电子起作用。能带结构曲线在导带底和价带顶处的形状，一般说来是接近抛物线的，如图 4.9 至图 4.12 所示。抛物线形状是因为电子具有非 0 的静止质量，对真空中的自由电子来说，能量 E 正比于动量的平方 k^2，如图 4.4 所示。应用到晶格中的电子时，也即电子处于周期势场中时，大多数情形仍然符合这个平方规律。分析能带极值点附近 $E(k)$ 与 k 的关系，对 $k=0$ 处的 $E(k)$ 作泰勒级数展开：

$$E(k) = E(0) + \left(\frac{\mathrm{d}E}{\mathrm{d}k}\right)_{k=0} k + \frac{1}{2}\left(\frac{\mathrm{d}^2 E}{\mathrm{d}k^2}\right)_{k=0} k^2 + \cdots \tag{4.35}$$

考虑 $\left.\dfrac{\mathrm{d}E}{\mathrm{d}k}\right|_{k=0} = 0$，取近似运算有：

$$E(k) - E(0) \approx \frac{1}{2}\left(\frac{\mathrm{d}^2 E}{\mathrm{d}k^2}\right)_{k=0} k^2 \tag{4.36}$$

做恒等变换，且定义

$$\frac{1}{m^*} = \frac{1}{\hbar^2}\frac{\mathrm{d}^2 E}{\mathrm{d}k^2} \tag{4.37}$$

则得：

$$E(k) - E(0) \approx \frac{1}{\hbar^2}\left(\frac{\mathrm{d}^2 E}{\mathrm{d}k^2}\right)_{k=0} \frac{\hbar^2 k^2}{2} = \frac{\hbar^2 k^2}{2m^*} \tag{4.38}$$

对比 (4.34) 和 (4.37) 式，两式子中 m 和 m^*，把 m^* 定义为有效质量。两者有不同的来源，(4.34) 式对应的 m 是自由电子的惯性质量，而 (4.37) 式对应的 m^* 是处于周期性势场中作用之后得到的粒子的一个新的定义量。有效质量的引入可以用来方便地描述电子在周期性势场的运动规律。例如，考虑电子加速运动情况，外力做功等于电子能量的变化，有微分表达式为：

$$\mathrm{d}E = f\mathrm{d}s = fv\mathrm{d}t \tag{4.39}$$

把 (4.33) 代入 (4.39) 式，则有：

$$\mathrm{d}E = f\frac{1}{\hbar}\frac{\mathrm{d}E}{\mathrm{d}k}\mathrm{d}t \tag{4.40}$$

电子的加速度为：

$$a = \frac{\mathrm{d}v}{\mathrm{d}t} = \frac{\mathrm{d}}{\mathrm{d}t}\left(\frac{1}{\hbar}\frac{\mathrm{d}E}{\mathrm{d}k}\right) \tag{4.41}$$

把 (4.40) 代入 (4.41) 式有：

$$a = \frac{\mathrm{d}}{\mathrm{d}t}\left(\frac{1}{\hbar}\frac{\mathrm{d}E}{\mathrm{d}k}\right) = \frac{\mathrm{d}}{\mathrm{d}t}\left[\frac{1}{\hbar}\frac{\mathrm{d}}{\mathrm{d}k}\left(\frac{f}{\hbar}\frac{\mathrm{d}E}{\mathrm{d}k}\right)\mathrm{d}t\right] = \frac{f}{\hbar^2}\frac{\mathrm{d}^2 E}{\mathrm{d}k^2} = \frac{f}{m^*} \tag{4.42}$$

与经典的牛顿第二定律对比，m^* 同样具有了有效质量的概念。有效质量与能带曲线的曲率成反比。此外，从(4.42)式来看，由于 m^* 的引入，f 只是此时粒子所受的合外力。可知有效质量 m^* 概括了粒子的质量以及粒子所在环境中内力的作用效果，也即概括了半导体内部的周期性势场，使得在解决半导体中电子在外力作用下的运动规律时，不用独立涉及半导体内部势场的作用。实验上可以通过回旋共振实验直接测定有效质量 m^*，因而可以很方便地解决电子在周期势场中的运动规律问题。例如，在引入有效质量之后，就可把晶体中做复杂运动的电子看作做简单自由运动的电子。

根据导数取极值的分析，对于导带底，取极小值，二阶导数大于 0，可得导带底附近电子有效质量为正值。同样，在价带顶进行泰勒级数展开，可得类似的结果，只不过此时二阶导数小于 0，所以价带顶附近的电子有效质量为负值。有效质量的大小仍可视为电子惯性大小的量度。而有效质量的正、负体现了电子在晶格和外场之间的动量传递关系，主要是通过布拉格反射的形式在电子和晶格之间交换动量。在导带底部附近，电子有效质量大于零，此时电子从外场中获得的动量大于传递给晶格的动量。在价带顶部附近，电子有效质量小于零，此时电子从外场中获得的动量小于传递给晶格的动量。而若有效质量趋于无穷时，电子从外场中获得的能量全部交给晶格，这时，电子的平均加速度为零，相当于被束缚了。

在石墨烯能带的狄拉克点附近，能量动量间的平方规律没有了，导带和价带线性相交于一点，如图 4.12(e)所示，这说明能量 E 和动量 k 表现为线性依赖关系，无静止质量的光子的能量动量便是遵循这种线性关系。事实上，对石墨烯的研究证实，石墨烯中的电子在 $k=K$（高对称点）附近的行为，的确表现为**一种有效质量为 0** 的狄拉克费米子行为。这时候，电子的运动不能用非相对论的薛定谔方程描述，而需要用量子电动力学中考虑了相对论效应的狄拉克方程来描述。这种无质量载流子的存在，使得石墨烯中的电子可以畅通地输运。因此，石墨烯具有比一般金属大得多的导电性。此外，电子极大的输运性也导致在室温下便能观察到石墨烯的量子霍尔效应。

现在已经知道完整描述电子的运动规律是需要用到量子力学中的薛定谔方程。薛定谔方程的解是与经典力学矛盾的，有效质量是一个将量子力学和经典力学联系起来的参数，也因如此，导致了有效质量出现了奇特的存在负值的结果。半导体材料中通常都是讨论载流子运动对材料电学性能的影响，载流子包含电子和空穴。对应的，通常就有电子的有效质量 m_n^* 和空穴的有效质量 m_p^* 说法，两者定义式上相同，但是电子和空穴的运动方向通常是相反的，表达式的符号上有差异。半导体中载流子在低温下主要受到缺陷和杂质的散射作用，而高温下主要受到原子晶格振动产生的声子散射的作用。

载流子的有效质量与材料本身有关，不同半导体材料电子的有效质量不同，如常见的硅的电子的有效质量为 $0.5m_0$（m_0 为是自由电子质量）。描述材料载流子属性的还有一个量称为迁移率，它是指单位电场强度下所产生的载流子平均漂移速度，它代表了载流子导电能力的大小。迁移率也是表征半导体材料的一个重要参数，迁移率越大，所制作器件的运行速度越快，截止频率就越高。周期性势场中的电子迁移率为：

$$\mu_e = \frac{e\tau}{m_n^*} \tag{4.43}$$

上式中，e 为电子电荷，τ 为平均自由运动时间，要使得迁移率高，则有效质量需尽可能小。半导体能带结构中的 $E—k$ 关系决定了载流子的有效质量,而载流子的有效质量是决定其输运性质的关键因素。有效质量越小,越有利于载流子的扩散,所以价带和导带的离域性越好,光生载流子的迁移能力越强,越有利于氧化反应的进行。也可以说能带曲线分布越窄,曲线越平缓,有效质量越大;能带曲线分布越宽,曲线跨度越大,有效质量越小。能带结构与晶向有关,沿不同的晶向,能带结构曲线不一样,所以有效质量与晶向有关。在计算载流子有效质量的时候,需要注意有效质量存在各向异性的特点。

4.5 能带工程——杂质、缺陷、吸附、应力、电场

本征半导体晶体中,晶格原子严格地周期性排列,具有完美的晶格结构,无任何杂质和缺陷。电子在周期场中做共有化运动,形成允带和禁带,且电子能量只能处在允带中的能级上,禁带中无能级,由本征激发提供载流子。但实际材料中总是难免有杂质、缺陷,使得周期场被破坏,在杂质或缺陷周围引起局部性的量子态,由此引起的对应能级常常处在禁带中,也称为杂质能级。杂质如果电离能提供载流子,其引起的能级对半导体的性质有决定性的影响。缺陷类型通常包含三种缺陷:点缺陷,如空位、间隙原子;线缺陷,如错位;面缺陷,如层错、晶粒间界。部分典型结构如图 4.13 和图 4.14 所示。

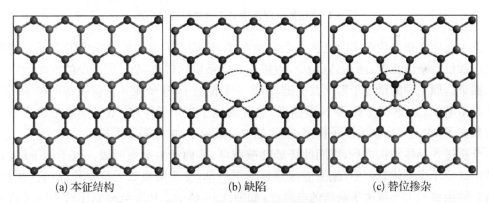

(a) 本征结构　　　　　(b) 缺陷　　　　　(c) 替位掺杂

图 4.13　缺陷和替位掺杂示意图

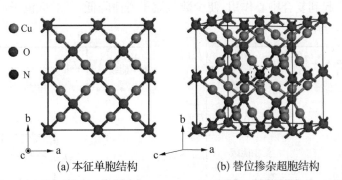

(a) 本征单胞结构　　　　(b) 替位掺杂超胞结构

图 4.14　Cu_2O 本征结构图和 N 原子替位掺杂结构图

由于缺陷或者杂质的出现，会影响材料的电子能带结构。对于半导体材料来说，常常在带隙中会出现缺陷能级或杂质能级。根据杂质电离提供载流子的不同类型，一般也把杂质分为施主杂质和受主杂质。

受主杂质指杂质电离时提供一个自由空穴，形成不能移动的带负电的离子。在本征半导体中掺入三价杂质元素，如硼、镓、铟等形成了 P 型掺杂，也称为空穴型半导体。图 4.15(a)中，因三价杂质原子硼在与硅原子形成共价键时，缺少一个价电子而在共价键中留下一空穴。P 型掺杂之后空穴是多数载流子，主要由掺杂形成；电子是少数载流子，由热激发形成。空穴很容易俘获电子，使杂质原子成为负离子。三价杂质因而也称为受主杂质。

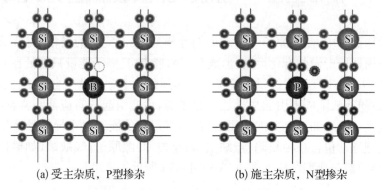

(a) 受主杂质，P 型掺杂   (b) 施主杂质，N 型掺杂

图 4.15　硅替位掺杂中受主杂质和施主杂质

施主杂质是指杂质电离时提供一个自由电子，形成不能移动的带正电的离子。例如本征硅中替位掺杂磷元素，图 4.15(b)中，因掺入五价杂质元素磷，杂质原子中的四个价电子与周围四个硅原子中的价电子形成共价键，而多一个价电子，这个无共价键束缚的电子很容易形成自由电子。此种类型称为 N 型掺杂，也称为电子型半导体，N 型半导体中自由电子是多数载流子，它主要由杂质原子提供；空穴是少数载流子，由热激发形成。

杂质进入晶体结构之后，周期性势场会被破坏，从而产生杂质能级。电子能带结构中，杂质能级位于半导体禁带中，施主能级靠近导带底部，受主能级靠近价带顶部，它们距导带和价带的距离的大小取决于杂质的电离能，如图 4.16 所示。如果电离能比较小的话就叫作浅能级杂质，如果电离能比较大的话就叫作深能级杂质。杂质能级越靠近禁带中央，载流子俘获几率越大，能起到复合中心作用，使少数载流子寿命降低，且对载流子起散射作用，使载流子迁移率减少，导电性能下降。

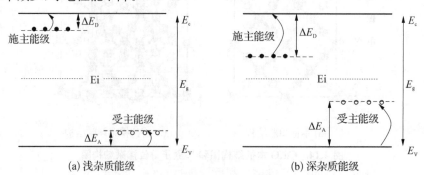

(a) 浅杂质能级   (b) 深杂质能级

图 4.16　杂质能级在能带中的分布示意图

如图 4.16 所示,被施主杂质束缚的电子的能量状态称为施主能级,当电子在施主能级得到能量后,就从施主的束缚态跃迁到导带成为导电电子。被受主杂质束缚的空穴的能量状态称为受主能级,当空穴得到能量后,就从受主的束缚态跃迁到价带成为导电空穴。

图 4.17 所示,是已经报道的 Cu_2O 中 O 原子被 N 原子替位掺杂之后的能带结构。可以看到在超胞中出现杂质能级,电子跃迁时,就可以从价带直接到导带,也可以从价带先跃迁到中间的杂质能级,再跃迁到导带。

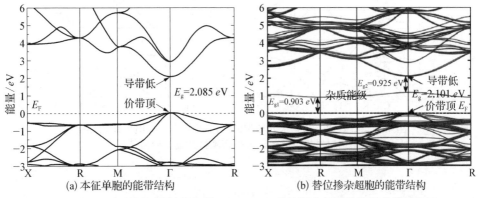

(a) 本征单胞的能带结构　　　　　　(b) 替位掺杂超胞的能带结构

图 4.17　Cu_2O 本征结构单胞能带图和 N 原子替位掺杂超胞结构的能带结构图

晶体材料被实施能带结构工程中,就半导体材料而言,替位掺杂较容易在禁带中出现杂质能级。已有的报道中,发光材料的稀土元素替位掺杂,也是比较常见出现杂质能级的一种类型。其他类型的能带结构调整中,例如空位、吸附、应变和外场,常常是使得材料能带结构的费米能级与能带的相对位置发生变化,导致半导体变为金属(图 4.18),或者出现磁性(图 4.18),或者金属变为半导体(图 4.19)等。已经报道的结果中,以对锑烯实施能带工程报道结果为例,锑烯是间接带隙半导体。如图 4.18 所示,在锑烯表面吸附 Mn、Fe、Co、Ni 之后,其能带结构图中,吸附 Mn、Fe 和 Co 体系由半导体变成了金属,且吸附 Fe 之后出现了磁性。如图 4.19 中,引入纳米网结构,在 4.19(c)图中,石墨烯带隙被打开。

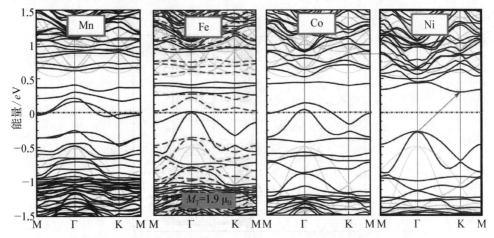

图 4.18　锑烯吸附掺杂 Mn、Fe、Co 和 Ni 之后的能带结构图。吸附 Fe 能带图中给出了自旋向上和自旋向下的能带曲线

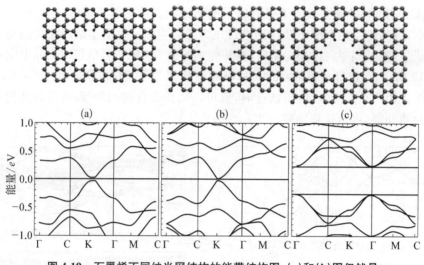

图4.19 石墨烯不同纳米网结构的能带结构图,(a)和(b)图仍然是半金属属性,(c)图已经是带隙打开成半导体了

4.6 态密度

　　描述材料电子结构信息且与电子能带结构密切相关的另一种分析方法称为电子态密度分析方法,一般也简称为态密度(Density of States),包含总态密度和分态密度。如图4.9(e)和图4.20所示,可以看到能带曲线图和态密度曲线图共享费米能级位置。之前的能带结构分析中,已经知道能带曲线其实是电子分布轨道的集合,曲线上的每个(E,k)位置,实际上都代表了电子可以分布的状态。从上述两图中也可以看出,能带图和态密度图共用能量轴。态密度图是把每个能量位置范围内所有的电子可以取的态进行求和,再除以能量区间的宽度,从而得到态的密度分布,它是电子在能带轨道上状态密度和能量的函数,是单位能量范围内所具有的电子状态数。

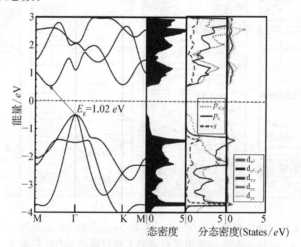

图4.20 锑烯单胞能带结构、总态密度和分态密度图

在 N 个电子能级离散系统中,态密度的定义为:

$$N(E) = 2 \sum_{i=1}^{N} \delta[E - E(k_i)] \tag{4.44}$$

上式中 2 是每个能级可以容纳两个不同自旋的电子。考虑能带中能级的连续性以及空间的分布,态密度的积分形式为:

$$N(E) = 2 \frac{V}{(2\pi)^3} \int_{1,BZ} \delta[E - E(k_i)] \mathrm{d}^3 k \tag{4.45}$$

其中 $\dfrac{V}{(2\pi)^3}$ 是电子在 k 空间的波矢密度,V 是晶体的宏观体积,积分是针对能带中的第一布里渊区展开。表达式中用到了 δ 函数的如下性质:

$$\int_{R^d} \delta[g(x)] \mathrm{d}^d x = \int_{g^{-1}(0)} \frac{1}{|\nabla g(x)|} \mathrm{d}\sigma(x) \tag{4.46}$$

上式中 $\mathrm{d}\sigma(x)$ 是沿着 $g^{-1}(0)$ 的 d 维曲面积分,三维晶体材料中的电子的态密度的曲面积分形式为:

$$N(E) = 2 \frac{V}{(2\pi)^3} \int_{1,BZ} \frac{\mathrm{d}S}{|\nabla E(k)|} \tag{4.47}$$

上式中 $\mathrm{d}S$ 是沿着第一布里渊区等能面 $S(E)$ 上的面积微元,$\nabla E(k)$ 是等能面的梯度。二维晶体材料中的电子的态密度的积分形式为:

$$N(E) = 2 \frac{S}{(2\pi)^3} \int_{1,BZ} \frac{\mathrm{d}l}{|\nabla E(k)|} \tag{4.48}$$

其中 S 是二维晶体材料的面积,$\mathrm{d}l$ 是第一布里渊区等能曲线上的微元。在具体的展开计算中,根据(4.47)或(4.48)式,需要知道每种晶体材料能带结构中的 $E(k)$ 函数关系,或者确定体系中不同的量子数对应的电子态的 $E(k)$ 函数关系,前者用于总态密度计算,而后者常用于分态密度计算。

根据态密度的定义和计算方程,可以得出:① 能量分布范围内,没有能带分布的区域,态密度为 0;② 能量分布范围内,能带曲线越平坦,能带曲线分布越密集,态密度峰值越尖锐;③ 能量分布范围内,能带曲线越陡峭,能带曲线分布越稀疏,态密度峰值越小。也可以说,能带曲线图中,陡的曲线代表的能级是定域性小的电子分布,而平滑曲线代表的能级是定域性强的电子分布。

态密度一般可分为总态密度和分态密度。总态密度(TDOS)是材料中所有元素对应的电子状态数在对应能量范围内的总和,如图 4.9(e)中总态密度所示。总态密度适合用来确定带隙、价带和导带信息,并判定材料属于金属性质还是半导体性质。分态密度又分为局域态密度(LDOS)和分波态密度(PDOS)。局域态密度是指材料中各种元素原子的电子态在对应的能量范围内的态密度图。根据各种原子在态密度图上的分布和占比,可以分析各种原子在形成材料属性时的贡献;若相邻原子的局域态密度在同一能量上出现尖峰或者说在同样能量范围内都有态密度的贡献,则说明这两个原子之间存在杂化,对应的峰称为杂化峰,也称为共振峰。空间上接近的两个原子态密度曲线在能量区间有交叠的峰,这也对应着彼此两个相邻原子是成键的。交叠的峰相对值越大,相互作用越强,一般的相互作用吸附能绝对值也越大。图 4.9(e)中的分态密度图就是分态密度,可以看出 BNP_2 中,P 原子对价带和导带的贡献都是最大的,同时也可看出三种元素的原子态密度的峰存在杂化,说明原子相互之间作用比较强。图 4.21 是 N 掺杂 ZnO 的分态密度图,在图 4.21(b)中,自旋向上和自旋向下的分态密度曲线,在价带的费米能级附近,N 原子的 2p 轨道态密度和近邻原子 O 的 2p 轨道态密度存在重叠的共振峰,说明这两个相邻原子存在较强的相互作用。

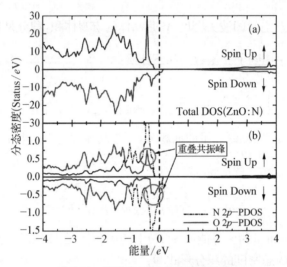

图 4.21　N 掺杂 ZnO 的分态密度图

分波态密度是指绘制出各种原子的 s、p、d、f 等轨道在对应能量范围内的态密度图,通常主要绘制外层电子轨道所对应的能量范围内的态密度图。分波态密度图可以进一步分辨这些来自电子不同轨道对态密度的贡献。图 4.20 最右边的两个分态密度图,就是分波态密度图,对比观察,可以看到锑烯中锑原子的 p 轨道电子对态密度的贡献最大。

一般人们主要关注态密度曲线图的主要峰和费米能级附近峰的构成情况。计算和实验都可以得到同样的态密度图谱,实验中主要是通过 XPS 测试得到。

图 4.22 是锐钛矿 TiO_2 的能带结构和分态密度。图 4.22(a)是本征的能带结构和态密度,由态密度的峰值,可以看出导带的能级主要来源于 Ti 原子的 3d 轨道,而价带的能级主要来源于 O 原子的 2p 轨道。图 4.22(b)是 N 和 S 原子替位 O 原子后的能带结构和分态密度。图 4.22(c)是 N 和 S 原子替位 Ti 原子后的能带结构和分态密度。图 4.22(d)是 N 原子替位 O 原子和 S 原子替位 Ti 原子后的能带结构和分态密度。图 4.22(e)是 N 原子替位 O 原子和 S 原子在间隙位的能带结构和分态密度。图 4.22(f)是 N 原子在间隙位和 S 原子替位 O 原子的能带结构和分态密度。在这些共掺杂的能带结构和态密度图中,可以根据分态密度图判定是哪些原子对应的轨道做了贡献。尤其对于新出现的能级,能很清楚地看到 N 原子和 S 原子各自的贡献,同样也就能清楚地分析出 N 原子和 O 原子掺杂不同位置给 TiO_2 带来的性质影响。

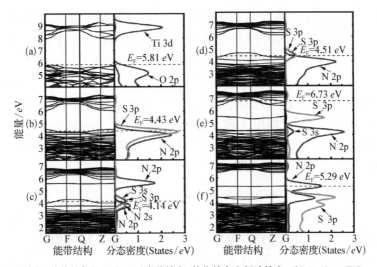

（a）未掺杂；其他的都是 N 和 S 元素共掺杂，替位掺杂和间隙掺杂：（b）N_OS_O—TiO_2；
（c）$N_{Ti}S_{Ti}$—TiO_2；（d）N_OS_{Ti}—TiO_2；（e）N_OS_i—TiO_2；（f）N_iS_O—TiO_2。

图 4.22　锐钛矿 TiO_2 的能带结构和分态密度

4.7　电荷密度

电荷密度分析是通过微观的计算方法统计出材料体系中电子的分布情况。一般地，材料微观性质计算中，根据量子力学原理，求解材料体系的薛定谔方程，得到体系中电子基态的波函数，波函数的平方 $|\psi(r)|^2$，也就是材料体系中电子分布的概率密度。而空间中电荷密度与电子的概率密度成正比，体系中的电荷密度等于 $-e|\psi(r)|^2$，e 为电子电量的绝对值。当把体系的单位电荷设定为 e 时，体系的电荷密度记为 $\rho(r)=-|\psi(r)|^2$。但是实际求解多原子体系的薛定谔方程时，一般都会把内层电子当作芯电子，主要求解外层价电子的薛定谔方程，好在内层电子对分析电子转移的影响微乎其微。如图 4.23 所示，绘制出了五边形二维 PtN_2 的电荷分布情况，这样的静态电荷分布，可以定性地分析组成材料的原子之间的相互作用情况，以及判断出该材料可能与其他材料的最优吸附位置。若是电负性较大的分子或者原子被吸附到该衬底，一般就会被优化到衬底上缺电子的区域。而对于三维材料体系，可以通过绘制晶面的电荷密度图来进行分析。

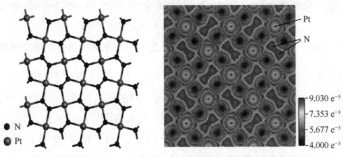

图 4.23　五边形二维 PtN_2 的晶体结构和对应的电荷密度分布图

更仔细地理解材料原子之间的相互作用,以及判断电荷转移的情况则需要用到差分电荷密度分析方法,而要判断原子之间的成键情况则需用到电子局域密度分析方法。这两种电荷密度分布结果与实际电荷密度分布结果的差异,至少来源于两方面,一方面薛定谔方程只是对价电子波函数的求解;另一方面在确定波函数分属方式时也产生误差,尤其作用性强的区域,例如共价键区域,波函数的不同切割方式,对计算电荷的转移数量影响较大。尽管如此,电荷转移趋势的判断是能保证的。

所谓差分电荷密度是指体系相互作用之后的电荷密度对应地减去各分体系在作用发生之前的电荷密度。其计算公式一般表示为:

$$\Delta \rho = \rho_{AB} - \rho_A - \rho_B \tag{4.49}$$

其中,ρ_{AB},ρ_{AB} 与 ρ_{AB} 分别为相互作用体系 AB、独立体系 A 与独立体系 B 的电荷密度。若研究对象为多原子分子、团簇或模型催化剂,其差分电荷密度为系统的总电荷密度减去组成其结构的独立原子电荷密度之和,计算公式为:

$$\Delta \rho = \rho_{total} - \sum \rho_i \tag{4.50}$$

其中 ρ_{total} 与 ρ_i 分别为总电荷密度与 i 原子的电荷密度。差分电荷密度可以研究分子、团簇、晶体材料、分子与晶体材料间相互作用导致的电荷重新分布,可以定性和定量地给出电荷的分布和转移情况。图 4.24 是钠多硫团簇吸附在二维 BP 材料上的差分电荷密度图。图中云状区域分别表示电荷聚集区域和耗散区域,此图中靠近衬底的区域多为电荷聚集,而团簇区域多为电荷耗散区域。也正如此,容易分析得出两者相互作用时,电荷是从团簇往衬底转移。转移电荷的具体数值由原子电荷的计算方法确定,常用的方法有 Mulliken、Lodwin、Hirshfeld 和 Bader 电荷分析方法,有关这些方法的计算细节及其优缺点,可以参考相关文献。通常的结论是两体系之间电荷转移比较多,对应的作用会比较强。

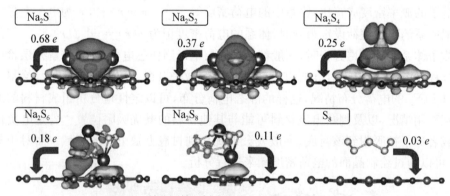

钠硫团簇与衬底二维BP之间的相互作用

图 4.24　钠多硫团簇与二维 BP 衬底之间相互作用的差分电荷密度图

所谓电子局域密度是以某个位置处的电子为参考,找出在其附近与它同自旋的电子的概率密度。该密度可以表征这个作为参考的电子的局域化程度,也是一种描述在多电子体系中的电子概率密度分布方法。根据 Pauli 原理,具有相同自旋电子之间的运动比其与不同自旋电子的运动具有更强的相关性,这就是电子相关。为了描述这种相关性,研究者们引入了动能密度 D_r。D_r 是非负的,它越小则参考电子在 r 处定域越显著,也即发现定域电子的几率越高。但是 D_r 值接近 0 到什么程度时才能认为电子是定域的呢？研究者利用均匀电子作为一个参考体系，其动能密度记为 D_r^0，为了计算方便，采用了归一化，使其数值在 0～1 之间。这样就定义电子局域密度函数（ELF）为：

$$ELF = \frac{1}{1 + \left(\dfrac{D_r}{D_r^0}\right)^2}$$ (4.51)

ELF 值介于 0 和 1 之间，当 $ELF=1.0$ 时，表示该区域电子完全局域化，原子之间形成了共价键；当 $ELF=0.5$ 时，表示该处电子具有自由电子属性，形成均匀电子气，原子之间形成金属键；一般来说，金属键是离域的，而共价键是局域的。离子键区域 ELF 值介于 0.5～1.0 之间。当 $ELF=0$ 时，表示该区域电荷完全离域或没有电子，原子之间没有成键。此外，也可以通过计算电子密度来计算 ELF。实验上有从 X 衍射数据获得电子密度来近似计算 ELF 的报道。

图 4.25 是 GaS、Ga_2SSe、Ga_2STe 和 Ga_2SeTe 的四种晶体材料的单胞沿（110）面的电子局域密度图，$ELF \approx 1$ 的区域主要在 S、Se 和 Te 原子周围，而 $ELF \approx 0.5$ 的区域主要在 Ga 原子周围，这意味着 Ga 原子和其他原子之间存在离子键特征。

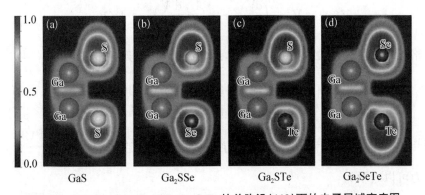

图 4.25　GaS、Ga_2SSe、Ga_2STe、Ga_2SeTe 的单胞沿（110）面的电子局域密度图

4.8　声子谱

我们已经知道晶体材料中，原子的规则排列形成晶格点阵，并产生周期性势场。周期性势场中电子的行为和性质由电子能带结构和态密度进行描述。构成材料的原子并不是绝对静止不动的，晶格点阵也不是静止的。晶体材料里面的相互作用，包含原子核之间的相互作用、电子间的相互作用及原子核与电子间的相互作用。量子力学和密度泛函理论，都是为了解决了电子的作用规律问题，那原子核的作用运动规律如何描述？其与电子的相互作用如何描述？其实晶格的主要构成就是原子核，所以周期性势场中原子核的作用规律本质上是晶格的作用规律。那晶格的作用给材料的性质带来的影响如何分析？这就要涉及声子谱这个重要的内容。声子是晶格振动的量子化形式，是晶格振动的简正模能量量子。直接地说，声子谱就是研究晶格振动的行为和性质的，它给出了声子能量与动量的关系，即晶格点阵振动的色散关系。在材料计算中新型材料体系的稳定性是首先需要解决的问题之一。通常，也就是

计算体系的声子谱来确定体系的动力学稳定性。晶格振动的问题分析,宏观上涉及晶体的热学、电学和光学等问题,微观上体现为声子与电子、声子与光子的相互作用。声子计算过程中,还可以获得声子态密度、自由能、热容、熵、焓、声子速度、均方位移等。基于内容的篇幅安排,这里主要讨论声子谱的产生过程和声子谱的分析。其他内容,可以参考相关文献。

晶体中的格点表示了原子的平衡位置,通常原子在格点所代表的位置有微小的偏离,如

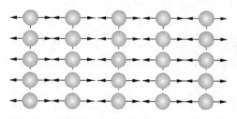

图 4.26 原子阵列所代表的晶格振动示意图

图 4.26 所示,这种微小的偏离,就像一个振源。由于格点的周期性分布和周期性的势场,格点的振动往往也是有周期性的,这就像有了一行行或者一列列同步的振源,这样的运动特征,研究者们自然想到了用简谐运动来描述格点的振动。此时,晶体中所有原子共同参与振动,以波的形式在整个晶体中传播,把这种波称为格波。

设原子在平衡位置 O 点附近做微小的运动,偏移量为 x,以单原子置于周期势场中情况来讨论,对原子所受的势能作泰勒级数展开:

$$V(x) = V_0 + \left(\frac{\mathrm{d}V}{\mathrm{d}x}\right)_0 x + \frac{1}{2}\left(\frac{\mathrm{d}^2V}{\mathrm{d}x^2}\right)_0 x^2 + O(x^3) \tag{4.52}$$

原子处于格点平衡位置,一次导数近似于 0,忽略高阶项,得到:

$$V(x) - V_0 = \frac{1}{2}\left(\frac{\mathrm{d}^2V}{\mathrm{d}x^2}\right)_0 x^2 \tag{4.53}$$

根据势能与力的关系式: $F = -\dfrac{\mathrm{d}V}{\mathrm{d}x}$ 和一阶导数差分格式的定义,且令 $\beta = \left(\dfrac{\mathrm{d}^2V}{\mathrm{d}x^2}\right)_0$,则该格点原子所受力可以表示为:

$$F = -\frac{\mathrm{d}V(x)}{\mathrm{d}x} \approx -\left(\frac{\mathrm{d}^2V}{\mathrm{d}x^2}\right)_0 x = -\beta x \tag{4.54}$$

得到格点位置原子所受的力与位移成正比,这满足简谐运动动力学方程特征。

把上述单原子扩展为一维单原子链模型,如图 4.27 所示。平衡时相邻原子之间的距离为 a,这实际就是一个一维简单晶格,原胞体积为 a,每个原胞含有一个原子。设质量为 m,某个时刻原子沿着链的方向振动,偏离格点位移为 x。考虑近邻相互作用,以图中第 n 个原子进行分析,它受到左右两近邻原子的作用。根据(4.54)式左边第 $n-1$ 个原子对它的力可以表示为 $-\beta(x_n - x_{n-1})$,右边第 $n+1$ 个原子对它的力可以表示为 $-\beta(x_{n+1} - x_n)$,两个力的作用方向相反,得到位置 n 原子所代表的格点的动力学方程,结合二阶导数的差分格式可以写为:

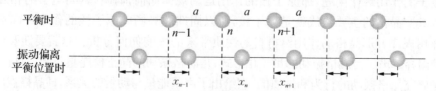

图 4.27 一维单原子链模型

$$m\frac{\mathrm{d}^2 x_n}{\mathrm{d}t^2} = \beta(x_{n+1} - x_n) - \beta(x_n - x_{n-1}) = \beta(x_{n+1} + x_{n-1} - 2x_n) \approx \beta\frac{\mathrm{d}^2 x}{\mathrm{d}n^2} \quad (4.55)$$

这里 n 代表的是原子在晶格里中的位置,上式二阶常微分方程的解为:

$$x_n(t) = A\mathrm{e}^{\mathrm{i}(\omega t - qan)} \quad (4.56)$$

上式是波动解的复数形式表示,式中 ω,A 为常数,a 是晶格常数,这个解也称为格波解。结合一维原子链模型,qa 相当于是周期因子,(4.56)式形式上已经符合布洛赫定理了,把上式代入动力学方程,得到 ω 与 q 的色散关系:

$$\omega(q) = 2\sqrt{\frac{\beta}{m}}\left|\sin\frac{qa}{2}\right| \quad (4.57)$$

上述过程的推导有些类似于电子在一维周期性势场运动的求解。另外,一般的连续介质波的表达式为

$$A\mathrm{e}^{\mathrm{i}\left(\omega t - \frac{2\pi}{\lambda}x\right)} = A\mathrm{e}^{\mathrm{i}(\omega t - qx)} \quad (4.58)$$

ω 为波的圆频率,λ 是波长,$q = \dfrac{2\pi}{\lambda}$ 就是波数。(4.56)与(4.58)式有完全相似的形式。区别主要是连续介质波中 x 表示空间任意一点,而在 (4.56)式中只是取了 na 格点位置,但这也是一系列呈周期性排列的点。类比分析,也可以说(4.56)式的格波解说明了该一维链原子同时做频率为 ω 的振动,且相邻原子之间的位相差为 aq。格波与连续介质波的区别在于波数 q 的含义。实际上把 (4.58)式中 aq 改变 2π 的整数倍,仍然是保持了所有原子的振动形式。可得一维单原子振动 ω 和 q 色散关系如图 4.28 所示,这同样类似于一维周期势场中的 E—k 关系图。

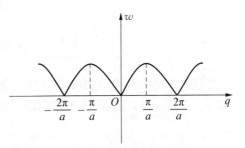

图 4.28　一维单原子振动色散关系图

下面构建双原子链模拟最简单的复式晶格模型,如图 4.29 所示。

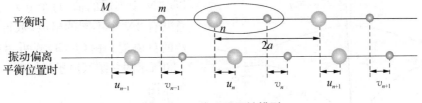

图 4.29　一维双原子链模型

质量分别为 m 和 M 的原子,间距为 a 相邻交替分布,沿着原子链方向运动,偏离格点的位移分别为 u_n,v_n,只考虑近邻原子间的相互作用,类比单原子链的动力学方程推导过程,分别考虑 m 和 M 的原子受到的左边和右边的力,可以得到下面的微分方程:

$$M \frac{\mathrm{d}^2 u_n}{\mathrm{d}t^2} = \beta(v_n - u_n) + \beta(v_{n-1} - u_n)$$

$$\hfill (4.59)$$

$$m \frac{\mathrm{d}^2 v_n}{\mathrm{d}t^2} = \beta(u_{n+1} - v_n) + \beta(u_n - v_n)$$

上述方程有如下形式的格波解：

$$u_n = A \mathrm{e}^{\mathrm{i}(\omega t - naq)}$$
$$v_n = B \mathrm{e}^{\mathrm{i}(\omega t - naq)}$$

$$\hfill (4.60)$$

再代入(4.59)式，以 A, B 为系数，整理之后得：

$$2\beta\cos(aq)A + (M\omega^2 - 2\beta)B = 0$$
$$(m\omega^2 - 2\beta)A + 2\beta\cos(aq)B = 0$$

$$\hfill (4.61)$$

上述以 A, B 为未知数的线性齐次方程有解的条件是：

$$\begin{vmatrix} 2\beta\cos(aq) & M\omega^2 - 2\beta \\ m\omega^2 - 2\beta & 2\beta\cos(aq) \end{vmatrix} = 0$$

$$\hfill (4.62)$$

解出的一维双原子链振动 ω 和 q 的色散关系为

$$\left. \begin{array}{c} \omega_+^2(q) \\ w_-^2(q) \end{array} \right\} = \begin{cases} \dfrac{\beta}{Mm}\left[m + M + (m^2 + M^2 + 2Mm\cos(2aq))^{1/2}\right] \\[3mm] \dfrac{\beta}{Mm}\left[m + M - (m^2 + M^2 + 2Mm\cos(2aq))^{1/2}\right] \end{cases}$$

$$\hfill (4.63)$$

一维双原子链模型，原胞为 $2a$，从格波解可以理解把 $2aq$ 改变 2π 的整数倍，所有原子振动实际上仍然一样，这表明 q 的取值限制在：

$$\begin{cases} -\pi < 2aq < \pi \\[2mm] -\dfrac{\pi}{2a} < q \leqslant \dfrac{\pi}{2a} \end{cases}$$

$$\hfill (4.64)$$

这个范围就是一维双原子链的布里渊区。根据上述的解，在这个范围内任意 q 有两个格波解。N 个原胞组成的一维双原子链，q 可以取 N 个不同的值，每个 q 对应两个解，总共有 $2N$ 个不同的格波，数目正好等于链的自由度。由(4.63)式可以得到如图 4.30 所示的一维双原子链振动 ω 和 q 色散关系图。

图 4.30 两条曲线中，把 ω_+ 对应的曲线称作光学支，或称光学波；把 ω_- 对应的曲线称作声学支，或称声学波。两种命名来源于当波数 $q \approx 0$ 时，也即对应长波时，ω_+ 和 ω_- 分别体现出来的性质。ω 和 q 色

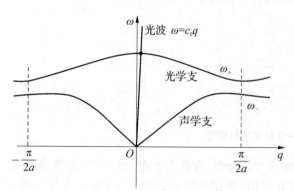

图 4.30 一维双原子链振动 ω 和 q 色散关系，光波与光学支共振关系图

散关系中,当 $q \approx 0$ 时的长波在许多实际问题中有很重要的应用。

先讨论光学支 ω_+ 在长波极限的情形。把 ω_+^2 代入(4.61)式中,可得两相邻原子的振动振幅之比 $\frac{A}{B} < 0$,也即两相邻原子振动有完全相反的相位。当 $q = 0$ 时,$\omega(q) \neq 0$,这种特征的格波也称为光学模。在这种长波极限时 $\frac{A}{B} \approx \frac{m}{M}$,表明两种原子相对振动时质心不变。离子晶体中,因为有不同的离子间的相对振动,会产生迅速变化的电偶极矩,电偶极矩可以与电磁波发生作用。但电磁波只和波数相同的格波相互作用,当它们具有相同的频率时可以发生共振。光波中 ω 和 q 色散关系可以表示为:

$$\omega = c_0 q \quad (c_0 \text{ 为光速}) \tag{4.65}$$

图 4.30 中代表光波的直线与光学支曲线的交点,就是电磁波与格波共振的情况。光波直线的斜率应该是十分陡峭的,图中为了辨别,做了区分处理,对应实际情况来说,也就是光波与光学支的交点十分靠近纵轴,即十分接近于 $q = 0$ 时光学支的取值。离子晶体在长波极限时,光学支 $\omega_+(0)$ 在 $10^{13} \sim 10^{14} /\mathrm{s}$ 的范围,这个波段对应远红外的光波,离子晶体中长光学支与远红外光共振,引起强烈吸收,这是红外光谱学中的一个重要效应,也正是长光学波的这个特点,才把 ω_+ 对应的曲线称作光学支,或称光学波。晶体中长光学波理论进一步分析了离子晶体中正负离子在外场作用下的电偶极矩产生的长光学支与电磁波的作用和电磁波在晶体中的传播,详细内容可以参考相关资料。

再讨论声学支 ω_- 在长波极限的情形。把 ω_-^2 代入(4.61)式中,可以得到两相邻原子的振动振幅之比 $\frac{A}{B} > 0$,当 $q = 0$ 时,$\omega(q) = 0$,$\frac{A}{B} \approx 1$,可看出长声学波时,两相邻原子振动完全一致,振幅和相位都一样。这表明振动时质心也是同步运动的。在上述情况下 $aq \ll 1$,对(4.63)式以 q^2 进行展开,可得

$$\omega_- \approx a \sqrt{\frac{2\beta}{m+M}} q \tag{4.66}$$

这表明长声学波频率与波数成正比,类似于连续介质中的声学波,这也就是把 ω_- 所对应的曲线称为声学支或声学波的原因。

双原子链模型实际上已经较全面地展示了晶格振动的基本特征,下面以类似思路简单说明三维的晶格振动。考虑原胞含有 n 个原子的复式晶格,n 个原子的质量分别为 m_1,m_2,$\cdots$,m_n。原胞以 $l(l_1, l_2, l_3)$ 标明位于格点:

$$R(l) = l_1 \boldsymbol{a}_1 + l_2 \boldsymbol{a}_2 + l_3 \boldsymbol{a}_3 \tag{4.67}$$

原子偏离平衡位置后,可以得到 $3n$ 个线性齐次联立方程,类似双原子矩阵系数的求解过程,三维晶格模型可以解出 $3n$ 个解。分析证明,当 $q \to 0$ 时,有三个解 $\omega \propto q$,也即长波极限时,此时原胞是整体一起振动的,这三个解与弹性波对应,说明三维晶格有 3 个声学支或声学波。另外的 $(3n-3)$ 个解,在长波极限时,描述了 n 个格子之间的相对振动,并且具有有限的振动频率,说明三维晶格有 $(3n-3)$ 个光学支或光学波。$\omega_i(q)$ 作为 q 的函数称为晶格振动谱,或称为格波的色散关系,q 的取值范围通常在第一布里渊区,选由原点出发的环绕原

点的系列高对称点作为函数计算路径,一般总是选择典型的对称轴方向,也都会给出 q 沿着不同方向时 $\omega_i(q)$ 的变化。

实验上测量声子谱是通过辐射波和晶格振动的相互作用来完成。常用的方法有中子的非弹性散射实验,另外,远红外和红外光谱、喇曼光谱、布里渊散射谱、X 射线漫散射等实验测量技术也可获得声子谱的信息。理论上可以根据原子间相互作用力的模型计算得出。

从波的传播方向与质点振动的方向来说,波可分为横波和纵波。纵波是指原子振动方向与波传播方向一样;横波是指原子振动方向与波传播方向垂直。三维晶格的振动,是需要考虑原子振动发生的位移方向与格波整体方向之间关系的,所以格波也分为横波和纵波。一维单原子链就是一支声学纵波;一维双原子链是一支声学纵波和一支光学纵波;三维简单晶格是两支声学横波,一支声学纵波;而三维复式格子,是两支声学横波,一支声学纵波,$3(n-1)$ 支光学波(包括横波和纵波)。通常用 TA 表示横声学波,TO 表示横光学波,LA 表示纵声学波,LO 表示纵光学波。光学支和声学支对应原子的振动模型表示如图 4.31 所示,其中声学横波还有一支振动方向垂直于图形纸面。

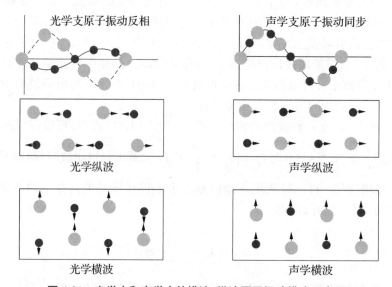

图 4.31　光学支和声学支的横波、纵波原子振动模式示意图

图 4.32 是石墨烯单胞的声子谱,其原胞中包含有两个地位不等的碳原子。根据自由度确定声子谱中应该有六条色散曲线,分别为三条光学波和三条声学波,图中分别标识光学波为:面内光学纵波 iLO、面内光学横波 iTO 和面外光学横波 oTO;声学波标识为:面内声学纵波 iLA、面内声学横波 iTA 和面外声学横波 oTA。面内符号(i)和面外符号(o)分别为原子的振动方向平行或者垂直于石墨烯平面,纵向(L)和横向(T)即为原子的振动方向平行或者垂直于单胞碳碳键的方向。

图 4.33 是闪锌矿 CaC 单胞的声子谱和声子谱对应的分态密度,声子谱中光学波的频率变化不大。而在声学波的频率极大值和光学波的频率极小值之间,存在一个频率空隙,说明没有这个频率段的振动。从分态密度中可以看出,声学波主要来源于 C 原子的振动,而光学波主要来源于 Ca 原子的振动。这样的分析思路与能带结构和能带态密度的分析非常类似。

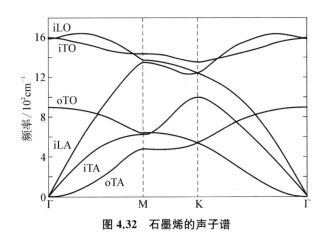

图 4.32　石墨烯的声子谱

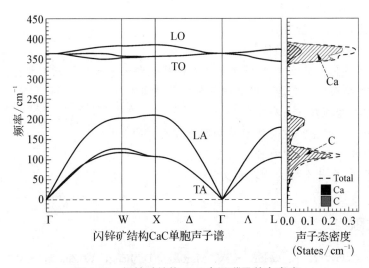

闪锌矿结构CaC单胞声子谱　　声子态密度
(States/cm^{-1})

图 4.33　闪锌矿结构 CaC 声子谱及其态密度

　　前面分析中已经提到声子谱中声学支格波反映的是原胞质心的振动,而光学波格波则代表原胞中原子的相对振动。声子谱还可以用来分析结构中的原子或者化学键的振动,间接反映结构中各原子的成键情况。低频的一般是金属的光学或者声学模式,中等频率一般为化学键的扭曲振动,高频率为键的伸缩振动模式。频率越高,能量也越大,原子间的作用越强。前面已经提过声子谱是研究材料热力学性质的一个很好的切入点,一般材料为三维块体材料,声子谱分光学波和声学波频率,如果声子谱全部在 0 点以上,没有出现虚频,那么就表示材料可以稳定存在的。若计算出的声子谱有虚频($\omega < 0$),则往往表示该材料不能稳定存在。

$$\omega \propto \sqrt{\frac{\beta}{m}} = \sqrt{\frac{1}{m}\frac{\mathrm{d}^2 E}{\mathrm{d}x^2}} \tag{4.68}$$

上式中 ω 为振动频率,β 视同弹性常量,$E(x)$ 表示原子间相互作用能,x 表示原子偏离平衡位置的位移,m 为原子质量。由上式可以看出,当 ω 为虚频时,

$$\frac{d^2 E}{dx^2} < 0 \tag{4.69}$$

也就是表示此时原子平衡位置位于能量的峰值顶点，也类似呆在抛物线顶点，而处于该平衡位置的原子是不稳定的。

 ## 简答题

1. 简述从孤立原子能级、电子共有化运动到能带的形成过程。
2. 简述倒易空间、动量空间和 K 空间的关系，并说明具体原因。
3. 什么是布里渊区？
4. 如何区分金属、导体、绝缘体？
5. 什么是导带、价带、禁带和满带？
6. 什么是导带底，什么是价带顶？
7. 从能带结构图中能获取哪些信息？
8. 什么是 P 型半导体？什么是 N 型半导体？怎样从费米能级位置来判断？
9. 怎样从能带结构曲线图定性判断载流子的有效质量？
10. 能带工程常用的调整方法有哪些？
11. 什么是电子态密度图？它与能带结构图是什么样的关系？
12. 什么是差分电荷密度？它有什么用？
13. 什么是声子谱，有什么样的物理意义？

 ## 参考文献

［1］ K. S. Novos elov, A. K. Geim, S. V. Morozov, D. Jiang, Y. Zhang, S. V. Dubonos, I. V. Grigorieva. A. A. Firsov[J]. Science, 2004, 306：666.

［2］ A. H. Castro Neto, F. Guinea, N. M. R. Peres, K. S. Novoselov, and A. K. Geim. The electronic properties of graphene[J]. Rev. Mod. Phys., 2009, 81：109.

［3］ Fan Kong, Lei Chen, Minrui Yang, Jiyuan Guo*, Ying Wang, Huabing Shu, Jun Dai. Theoretical probing the anchoring properties of BNP_2 monolayer for lithium-sulfur batteries[J]. Applied Surface Science, 2022, 594：153393.

［4］ 谢希德,陆栋.固体能带理论[M].上海：复旦大学出版社,1998.

［5］ Binwei Tian, Taohua Huang, Jiyuan Guo*, Huabing Shu, Ying Wang, Jun Dai. Performance effects of doping engineering on graphene-like $C_3 N$ as an anode material for alkali metal ion batteries[J]. Materials Science in Semiconductor Processing, 2020, 109：104946.

［6］ Lei Chen, Minrui Yang, Fan Kong, Jiyuan Guo, Huabing Shu, Jun Dai. Metallic penta-Graphene/penta-BN_2 heterostructure with high specific capacity：A novel application platform for Li/Na-ion batteries[J]. Journal of Alloys and Compounds, 2022, 901：163538.

［7］ Xu Tian-hua, Song Chen-lu, Liu Yong, Han Gao-rong. Band structures of TiO_2 doped with N, C and B[J]. Journal of Zhejiang University SCIENCE B, 2006, volume 7：299 - 303.

［8］ H. J. Xiang, Bing Huang, Erjun Kan, Su-Huai Wei, and X. G. Gong. Towards Direct-Gap Silicon

Phases by the Inverse Band Structure Design Approach[J]. PRL，2013，110：118702.

[9]　田强.晶体中电子的有效质量与能带曲率的关系[J].大学物理,1996,15(7):1.

[10]　刘恩科,朱秉升,罗晋生.半导体物理学(第 7 版)[M].北京:电子工业出版社,2008.

[11]　Natalia Berseneva, Andris Gulans, Arkady V. Krasheninnikov, and Risto M. Nieminen. Electronic structure of boron nitride sheets doped with carbon from first-principles calculations[J]. Phys. Rev. B., 2013, 87: 035404.

[12]　Zongyan Zhao, Xijia He, Juan Yi, Chenshuo Ma, Yuechan Cao and Jianbei Qiu. First-principles study on the doping effects of nitrogen on the electronic structure and optical properties of Cu_2O[J]. RSC Adv., 2013, 3: 84 – 90.

[13]　Shambhu Bhandari Sharma, Issam A. Qattan, Santosh KC, and Ahmad M. Alsaad. Large Negative Poisson's Ratio and Anisotropic Mechanics in New Penta-PBN Monolayer[J]. ACS Omega, 2022, 7: 36235 – 36243.

[14]　Asadollah Bafekry, Mitra Ghergherehchiand, Saber Farjami Shayesteh. Tuning the electronic and magnetic properties of antimonene nanosheets via point defects and external fields: first-principles calculations[J]. Phys. Chem. Phys., 2019, 21: 10552 – 10566.

[15]　William Oswald and Zhigang Wu, Energy gaps in graphene nanomeshes, Phys. Rev. B, 2012, 85: 115431.

[16]　Peng Zhou, Jiaguo Yu, Yuanxu Wang. The new understanding on photocatalytic mechanism of visible-light response N S codoped anatase TiO_2 by first-principles [J]. Applied Catalysis B: Environmental, 2013, 45 – 53: 142 – 143.

[17]　M. Khuili, G. El Hallani, N. Fazouan, H. Abou El Makarim, E. H. Atmani. First-principles calculation of (Al, Ga) co-doped ZnO[J]. Computational Condensed Matter, 2019, 21: 00426.

[18]　L. Shen, R. Q. Wu, H. Pan, G. W. Peng, M. Yang, Z. D. Sha, and Y. P. Feng. Mechanism of ferromagnetism in nitrogen-doped ZnO: First-principle calculations [J]. Phys. Rev. B., 2008, 78: 073306.

[19]　章佳菲,白鸽,徐余幸,吴文清,刘亚,滕波涛.差分电荷密度在电子结构分析中的教学实践[J].大学化学,2022,37(06):158 – 164.

[20]　卢天,陈飞武.原子电荷计算方法的对比[J].物理化学学报,2012,28(1):1 – 18.

[21]　郑世钧,李晓艳,默丽欣.电子定域函数(ELF)理论方法简介——一种描述化学键的新模型[J].化学通报,2010,73(03):235 – 240.

[22]　A. D. Beckeand K. E. Edgecombe. A simple measure of electron localization in atomic and molecular systems[J]. J. Chem. Phys., 1990, 92, 5397, doi: 10.1063/1.458517.

[23]　Shuaiwei Wang, Baocheng Yang, Houyang Chen and Eli Ruckenstein. Popgraphene: a new 2D planar carbon allotrope composed of 5 – 8 – 5 carbon rings for high-performance lithium-ion battery anodes from bottom-up programming[J]. J. Mater. Chem. A, 2018, 6: 6815 – 6821.

[24]　Tsirelson V, Stash A. Determination of electron localization in atomic and molecular systems[J]. Chem. Phys. Lett, 2002, 351: 142 – 148.

[25]　Lei Hu, Dongshan Wei. Janus Group-III Chalcogenide Monolayers and Derivative Type-II Heterojunctions as Water-Splitting Photocatalysts with Strong Visible-Light Absorbance[J]. J. Phys. Chem. C, 2018, 122, 49: 27795 – 27802.

[26]　Qi Zhao, Jinkai Wang, Yuanyuan Cui, Xinghui Ai, Zhang Chen, Chuanxiang Cao, Feng Xu and Yanfeng Gao. The discovery of conductive ionic bonds in NiO/Ni transparent counter electrodes for electrochromic smart windows with an ultra-long cycling life[J]. Mater. Adv., 2021, 2: 4667 – 4676.

［27］ 吴代鸣.固体物理基础［M］.北京：高等教育出版社，2015.

［28］ L. Beldi，H. Bendaoud，K.O. Obodo，B. Bouhafs，S. Meçabih，B. Abbar. First-principles study of the electronic structure, magnetism, and phonon dispersions for CaX (X ＝C，N) compounds［J］. Computational Condensed Matter，2018，17：e00336.

［29］ Hans Tornatzky，Roland Gillen，Hiroshi Uchiyama，and Janina Maultzsch. Phonon dispersion in MoS2［J］. Phys. Rev. B，2019，99：144309.

［30］ L. M. Malarda，M. A. Pimenta a，G. Dresselhaus b，M. S. Dresselhaus. Raman spectroscopy in graphene［J］. Physics Reports，2009，473：51－87.

［31］ Shuaiwei Wang，Zhaochuan Fan，Rik S. Koster，Changming Fang，Marijn A. van Huis，Anil O. Yalcin，Frans D. Tichelaar，Henny W. Zandbergen，and Thijs J. H. Vlugt. New Ab Initio Based Pair Potential for Accurate Simulation of Phase Transitions in ZnO［J］. J. Phys. Chem. C，2014，118：11050－11061.

第5章　密度泛函理论

扫码可免费
观看本章资源

材料在微观层次上是由原子核和电子组成的。材料晶体结构、原子间的键合以及发生在材料内的物理和化学过程是由它所包含的原子核及其电子的行为所决定的。这些材料的性质也与电子的能量状态有密切的关系。由于材料中原子、分子、离子的排列方式不同,材料的电子结构和能量状态呈现不同的状态,这也决定了材料的力学、热学、电学、磁学或光学性质的不同。前面讲到电子能带结构时,提到了材料的许多性质,如振动谱、磁性和电导率等,都可由材料的电子能带理论阐明和解释。

因此,求解材料体系的电子分布或了解材料体系中的电子行为,就成了研究材料性质的重要任务。二十世纪初,人们在研究微观世界时,发现电子运动规律与宏观世界规律有着极大的差别,经典力学中的物理学框架体系不再适用。为此,人们建立了量子力学来描述微观世界的客观规律。研究微观世界电子的运动,需要用到量子力学中的薛定谔(Schrodinger)方程。作为薛定谔方程的解,体系的波函数包含了一个系统在某一个状态下所有的信息,这为模拟和计算任意体系提供了原理上的可能,以至于著名物理学家狄拉克(Dirac)曾这样说:"大部分的物理问题和所有的化学问题在原理上已经解决,剩下的问题就是求解薛定谔方程。"然而,对于波函数的求解非常困难,实际上只有极少数的简单体系有解析解,如类氢体系。实际的材料体系是每立方米中有 10^{29} 数量级的原子核和电子的复杂的相互作用多粒子系统,无法用像类氢体系这样的技巧求出解析解,即便是数值解,直接的薛定谔微分方程求解也是不可能的。在理想和现实之间还隔着人类计算能力的鸿沟。因此,狄拉克又说道:"困难只在于运用这些定律的方程太复杂了,无法求解。"经过研究者们的持续努力,对材料体系的薛定谔方程采用一些合理近似和简化,也借助计算机计算能力的持续增强,逐渐形成了求解材料体系薛定谔微分方程的一整套操作可行的方法。这就包含非相对论近似、绝热近似方法、哈特利—福克(Hatree-Fock)自洽场方法和密度泛函理论(Density Functional Theory,DFT)方法等。其中密度泛函理论方法也是在前面方法的基础上发展起来的。

而今,密度泛函理论作为处理多粒子体系的近似方法,作为一种研究材料物质结构及其性质的理论,已经在材料科学、凝聚态物理、量子化学和生命科学等领域得到了广泛应用。本章内容将对微观世界量子计算理论发展史、多体系薛定谔微分方程的近似处理、密度泛函理论和计算中涉及的相关细节进行介绍。基于篇幅原因,对于具体的数学推导及其证明过程,不展开讨论,相关内容可以参考其他书籍。

5.1 微观世界量子计算理论的发展史

早在 1925 年和 1926 年,德国物理学家维尔纳-海森伯(Werner Heisenberg)和奥地利物理学家埃尔温·薛定谔(Erwin Schrödinger)就各自建立了矩阵力学和波动力学,这意味着量子力学的诞生,也为物理、化学和生物科研工作者提供了认识物质结构的新理论工具。1927 年物理学家沃尔特-海特勒(Walter Heitler)和弗里茨伦敦(Fritz London)将量子力学处理原子结构的方法应用于氢气分子,定量阐明了两个中性氢原子形成化学键的过程,他们对电子形成共价键的成功解释标志着量子力学与其他学科的交叉学科的诞生,后续陆续出现了基于微观尺度计算的计算物理学、计算化学、计算材料学和计算生物学等等。

1927 年,波恩和奥本海默根据原子核惯性质量远大于电子质量(单个中子或质子的质量是电子质量的约 1835 倍),因而在动量守恒的前提下同等时间内原子核的速度变化远远小于电子,故研究电子的运动问题时,可近似认为原子核几乎静止,这被称为波恩-奥本海默绝热近似(Born-Oppenheimer approximation)。1928 年道格拉斯哈特里(Douglas Hartree)提出了哈特里方程,方程将每一个电子都看作是在其余的电子所提供的平均势场中运动的,结合迭代方法给出每个电子的运动方程。1930 年,弗拉基米尔·亚历山德罗维奇·福克(Vladimir Aleksandrovich Fock)对哈特里方程进行了补充以满足泡利不相容原理,从而建立了哈特里-福克方程。哈特里和他的学生福克认为:具有周期性结构的晶体中,不同晶胞同一位置上的原子同一能态的电子波函数仅有相位上的差别,而这种相位差别在多体问题中可以忽略。这样某能态电子多体问题,原薛定谔方程的解可以简化为单电子波函数的乘积,他们师徒的这一贡献被称为哈特里-福克自洽场近似(Hatree-Fock self consistant field approximation)。为了求解哈特里-福克方程,1951 年克莱门斯·罗特汉(Clemens Roothaan)进一步提出将哈特里-福克方程中的分子轨道用原子轨道进行线性展开,发展出了著名的 RHF 方程,这个方程以及在此基础上进一步发展的方法是现代量子计算处理问题的主要手段。

虽然量子力学以及基于微观世界计算的基本理论早在 20 世纪 30 年代就已经基本成型,但由于多体薛定谔方程的形式是非常复杂的,到目前还没有精确的解法,即使是近似求解,所需要的计算量也是非常惊人的。比如:一个拥有 100 个电子的小分子体系,在求解 RHF 方程的过程中仅仅双电子积分这一项就有近 1 亿个。这样的计算显然是人力无法完成的,因而在此后的数十年中,微观世界的计算进展缓慢,甚至为从事实验的科学家所排斥。1953 年美国的帕里瑟(Parise)、帕尔(R. Parr)和英国的约翰·安东尼·波普(John Anthony Pople)使用手摇计算器分别独立地实现了对氮气分子的 RHF 方程自治场计算。尽管整个计算过程耗时整整两年,但这一成功已经向实验科学家证明了微观世界计算理论确实可以准确地描述分子的结构及性质,并且为微观世界计算打开了计算机时代的大门。科恩(Kohn)和他的学生沈吕九(Sham)在 1965 年前后,在此基础上,逐一分析并吸纳上述近似,提出密度泛函理论(Density Functional Theory),写下著名的科恩-沈吕九方程(Kohn-Sham equation)。此方程中体系的哈密顿算子仅包含原子周期性势函数、电子动能算符和由于上述近似带来的相互交换能与相互关联能(exchange & correlation energy)偏差。这是微观世界量子计算史上非常重要的一步,为后来所有的第一性原理计算方法提供了解决问题的框架,被认为是标志着第一性原理方法的诞生。

此后,随着计算机的发展,微观世界的计算方法也飞速发展。从 1920 年至今的百年内,涌现出了组态相互作用方法(CI)、多体微扰理论(MP)、密度泛函理论(DFT)方法以及数量众多形式不一的旨在减少计算量的半经验计算方法。在众多科学家们的努力下,现在已经有大量开源和商用计算软件出现,其中很多都能够在普通计算机上实现精度较高的计算,昔日神秘的基于量子力学微观世界的计算理论,已经成为科学家常用的科研工具。其中瓦尔特·科恩(Walter Kohn)与约翰·波普(John Pople)分别因为提出密度泛函理论和发展首个普及量子化学计算的软件高斯(Gaussian)而获得 1998 年诺贝尔化学奖。图 5.1 列出了定态薛定谔方程求解中的方法发展及近似解法。

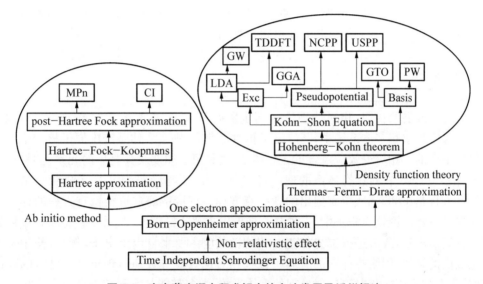

图 5.1　定态薛定谔方程求解中的方法发展及近似解法

5.2　多体系统薛定谔微分方程的近似处理

多体系统的薛定谔微分方程直接精确的计算求解非常困难。研究者们持续一百多年的研究,目前发展的近似处理方法有很多,本文主要介绍与密度泛函理论相关的几种近似方法。多体系统的薛定谔方程可以写为(5.1)式:

$$i \hbar \frac{\partial}{\partial t}\psi(r,R)=H\psi(r,R) \tag{5.1}$$

其中 ψ 和 H 分别对应于多体系统的波函数和哈密顿量,r 表示所有电子的坐标 $\{r_i\}$ 的集合,R 表示所有原子核坐标 $\{R_i\}$ 的集合。完整的哈密顿量 H 应包括:电子自身的动能,核自身的动能,电子间的库伦相互作用能,核与核之间的相互作用能以及电子与核之间的相互作用能。一般都可以展开为如式(5.2)所示的表达式:

$$H = -\sum_i \frac{p_i^2}{2m} - \sum_\alpha \frac{P_\alpha^2}{2M_\alpha} - \frac{1}{8\pi\varepsilon_0} \sum_{i \neq j} \frac{e^2}{|r_i - r_j|} - \tag{5.2}$$

$$\frac{1}{8\pi\varepsilon_0} \sum_{\alpha \neq \beta} \frac{Z_\alpha Z_\beta e^2}{|R_\alpha - R_\beta|} + \frac{1}{4\pi\varepsilon_0} \sum_{i,\alpha} \frac{Z_\alpha e^2}{|r_i - R_\alpha|}$$

采用原子单位（$e^2 = \hbar = 2m = 4\pi\varepsilon_0 = 1$）之后上述式子可以写为：

$$H = -\sum_i \nabla_i^2 - \frac{1}{2} \sum_\alpha \frac{1}{M_\alpha} \nabla_\alpha^2 - \frac{1}{2} \sum_{i \neq j} \frac{1}{|r_i - r_j|} - \frac{1}{2} \sum_{\alpha \neq \beta} \frac{Z_\alpha Z_\beta}{|R_\alpha - R_\beta|} + \sum_{i,\alpha} \frac{Z_\alpha}{|r_i - R_\alpha|}$$

$$\tag{5.3}$$

原子单位的使用是为了描述问题的方便，若声明使用了原子单位，物理量的后面就不标记单位。理论上只要对(5.1)式进行求解即可得出所有物理性质。然而由于多体系统中粒子相互作用的复杂性，要严格求出多体系统的薛定谔方程解是不可能的，须在物理模型上作一系列的合理近似。

（1）非相对论近似处理。

量子力学发展的初期，相对论理论也同步发展起来了，高速运动的粒子存在相对论效应。薛定谔方程求解多体系统中，若忽略了相对论效应，则在多体系统中原子核和电子的质量是保持不变的。相对论效应对含重元素体系（尤其第五周期及其之后的元素）的物理和化学性质有显著影响，在对这类体系的理论研究中必须考虑相对论效应。考虑相对论效应的量子计算方程是1928年狄拉克提出的狄拉克方程。直接精确求解狄拉克方程的计算量也很大。在考虑相对论效应修正中，一种是直接考虑求解狄拉克方程；另一种是修正多体的薛定谔方程近似求解，或者进行部分修正。相对论效应主要来自内层电子，例如，使用考虑了相对论效应的赝势，则赝势计算的时候可以把相对论效应等效地体现出来。已有的理论计算表明，现有的采用非相对论近似处理的多体系统，大多都能与实际结果吻合得较好。

（2）波恩-奥本海默绝热近似，也称为绝热近似。

由于组成原子核的质子和中子的质量都分别约为电子质量的1835倍，原子核的质量远大于电子的质量。因而在同样的相互作用下，从动量守恒的角度分析，可认为电子运动的速度远远高于原子核运动的速度，两者之间来不及有热量交换。这一速度的差异使得电子在每一时刻仿佛运动在静止原子核构成的势场中，而原子核则感受不到电子的具体位置。由此，考虑将核与电子的运动分开，实现原子核坐标与电子坐标的近似变量分离，从而将求解整个体系的波函数的复杂过程分解为求解电子波函数和求解原子核波函数两个相对简单得多的过程。这就是玻恩-奥本海默近似，也称绝热近似。这样，在考虑原子核运动时，电子对其作用类似于势阱；而当考虑电子运动时，原子核处于瞬时位置，对电子运动的影响相当于一个微扰势场。由此，多体系统薛定谔方程中电子的哈密顿量可以写为(5.4)式：

$$H = -\sum_i \nabla_i^2 + \frac{1}{2} \sum_{i \neq j} \frac{1}{|r_i - r_j|} + \sum_{i,\alpha} \frac{Z_\alpha}{|r_i - R_\alpha|} \tag{5.4}$$

核与电子的分离，使得多体系统简化为多电子系统。由于不考虑原子核的影响，带来了误差，后续的计算中，考虑自旋轨道耦合效应的计算，就是用来降低这部分影响。但一般情况下，也不需要考虑这个效应。自旋轨道耦合效应是电场对运动磁矩的相互作用，而运动磁矩其实可简单认为是自旋磁矩,本质上就是外场与自旋磁矩之间的相互作用。当计算的材料体系存在磁矩,尤其磁矩较明显时,需要考虑自旋轨道耦合效应的计算。自旋轨道耦合是磁性半导体材料呈现的一种重要现象。与自旋轨道耦合相关的量子霍尔效应、拓扑绝缘体等已成为学术界研究自旋电子器件的热门话题。

(3) 哈特里-福克自洽场近似,也称平均场近似或单电子近似。

(5.4)式中的多电子系统的哈密顿量中,进一步地分析,可以分成两个部分:第一项和第三项可视为单电子哈密顿量,这两项仅为单电子坐标的函数;而第二项可视为双电子哈密顿量,是相互作用的电子坐标函数。整体而言,由于有双电子相互作用项的存在,不能用分离变量法解析求解。哈特里认为:对于 N 个电子构成的系统,可以把电子之间的相互作用平均化,每个电子与其他电子的库仑相互作用,可以看成是该电子与其他$(N-1)$个电子所产生的叠加势场的相互作用。这样,每个电子的运动特征只取决于其他电子的平均分布场,而与这些电子的瞬时位置无关,此时该电子的状态可以用一个电子的波函数 $\varphi(r)$ 表示。(5.4)式中的电子与电子的相互作用项,就变成了平均场与单个电子的作用项。而由于各个电子波函数的自变量是独立的,这样某能态电子多体问题原薛定谔方程的解就可以简化为单电子波函数的乘积。

$$\Psi_H = \prod_{i=1}^{N} \varphi_i(r_i) \tag{5.5}$$

这种形式的波函数被称为哈特里波函数,把(5.5)式代入(5.4)式,就可以分离变量处理了。根据变分原理,分别对单电子项和双电子项处理,可以得到下面的哈特里近似下的单电子方程:

$$\left[-\nabla^2 + V(r) + \sum_{j \neq i} \int dr' \frac{|\varphi_j(r')|^2}{|r-r'|} \right] \varphi_i(r) = E_i \varphi_i(r) \tag{5.6}$$

(5.6)式中$V(r)$描述的是电子与原子核之间的相互作用项,E_i是单电子方程中的哈密顿能量项。(5.6)式左边第三项称为哈特里项,它描述了其他所有电子的平均势场,是第 i 个电子感受到其他所有电子的库仑相互作用项的表示。上述方程仅是描述了单个电子的运动,所以哈特里近似也称为单电子近似。

哈特里近似十分巧妙地解决了交叉项的问题。但电子是自旋为半奇数$(1/2,3/2,\cdots)$的费米子,满足泡利不相容原理,即在由费米子组成的系统中,不能有两个或两个以上的费米子处于相同的状态。而(5.6)式没有考虑泡利不相容原理。量子力学要求电子波函数具有交换反对称性,即如果两电子交换位置,波函数应该反号。

福克提出可以采用斯莱特(Slater)行列式来解决这个问题:

$$\varphi(r) = \frac{1}{\sqrt{N!}} \begin{vmatrix} \varphi_1(q_1) & \varphi_2(q_1) & \cdots & \varphi_N(q_1) \\ \varphi_1(q_2) & \varphi_2(q_2) & \cdots & \varphi_N(q_2) \\ \vdots & \vdots & & \vdots \\ \varphi_1(q_N) & \varphi_2(q_N) & \cdots & \varphi_N(q_N) \end{vmatrix} \tag{5.7}$$

(5.7)中的 $\varphi_i(q_j)$ 表示第 i 个电子在坐标q_j处的波函数,其中 q_j 已经包含了位置和自旋,并满足正交归一化条件。这里交换任意两个电子,相当于交换行列式的两行,而行列式差一个符号。这一行列式的采用,称为福克近似。利用拉格朗日乘子法求总能量对试探单电子波函数的泛函变分,就得到了哈特里-福克方程:

$$\left[-\nabla^2 + V(r) + \sum_{j\neq i}\int \mathrm{d}r' \frac{\mid \varphi_j(r') \mid^2}{\mid r-r' \mid} \right]\varphi_i(r) - \sum_{j\neq i}\int \mathrm{d}r' \frac{\varphi_j^*(r')\varphi_i(r')}{\mid r-r' \mid}\varphi_j(r) = E_i\varphi_i(r)$$

$$(5.8)$$

(5.8)式的左边比(5.6)式多了一项,这项是由于电子波函数的反对称性所产生的,也称为交换相互作用项。但也因为出现了这一项,哈特里-福克方程已经不再是一个单电子方程。哈特里-福克近似方程考虑的是一个电子与其他所有电子所形成的平均场的作用,平均场与实际是不完全吻合的,由此也导致计算所得的能量与真正的能量之间存在差别,通常哈特里-福克方法计算所得的能量约为实际值的 99%。人们也把这个没有被哈特里-福克近似方法计算得到的能量差值称为关联能。另一方面,单个斯莱特行列式形式的波函数也依然不足以完全描述多体相互的波函数。为了进一步提高精度,人们在哈特里-福克近似的基础上发展了组态相互作用方法、微扰理论方法等。但是这些方法,也因为追求高精度,计算量都比较大,所以比较适合于计算小分子材料体系。

上述三个近似为密度泛函理论的发展做了很好的铺垫,主要的思想也同样应用到了后续密度泛函理论当中。

5.3 密度泛函理论

薛定谔方程是关于电子波函数的方程,哈特里-福克近似方法是基于波函数的方法,但对于多电子体系,波函数是非常复杂的,而且是高维度的。1964 年,Hohenberg-Kohn 提出了密度泛函理论,这一理论不考虑每一个电子的波函数,而是以电子密度的分布作为基本变量,只需要知道空间电子密度分布,其他物理量都可以用这个电子密度来表述。电子密度只是三维空间的函数,大大简化了计算量。Kohn 因这一成果的卓越表现在 1998 年获得了诺贝尔化学奖。

早在 1927 年,Thomas 和 Fermi 就已经用电荷密度来描述自由电子气体系的性质,当时,基于波函数的方法处于主导地位。直到 1951 年,Slater 提出用一个密度泛函来代替Hartree-Fock 方程中的交换势,才逐渐被人们所关注。1964 年 Hohenberg-Kohn 定理的提出,以电荷密度作为体系基本的密度泛函理论才被正式确立起来。

5.3.1 Thomas-Fermi-Dirac 近似

薛定谔方程发表的第二年,也即 1927 年,Thomas 和 Fermi 提出以均匀电子气模型来描述单个原子的多电子结构。均匀电子气模型中,假设电子不受外力,电子与电子之间没有相互作用,经过求解和推导,他们发现电子系统的总能量可以仅由电子密度函数决定。体系总能 $E_{\mathrm{TF}}[\rho]$ 对电子数密度 $\rho(r)$ 的泛函表达式如下:

$$E_{\mathrm{TF}}(\rho) = C_F \int \rho^{5/3}(r)\mathrm{d}r + \int \rho(r)V(r)\mathrm{d}r + \frac{1}{2}\iint \frac{\rho(r_1)\rho(r_2)}{\mid r_1 - r_2 \mid}\mathrm{d}r_1\mathrm{d}r_2 \qquad (5.9)$$

这就是最早提出的电子密度泛函,其中包含了经典的核吸引势和电子间排斥势。在这个方法中,电子动能写成电子密度的泛函:

$$T_{TF}[\rho] = \frac{3}{10}(3\pi^2)^{2/3}\int \rho^{\frac{5}{3}}(r)\,dr \tag{5.10}$$

1930 年,Dirac 提出电子间交换相互作用能也可以写成电子密度泛函:

$$E_x[\rho] = -\frac{3}{4}\left(\frac{3}{\pi}\right)^{1/3}\int \rho(r)^{4/3}\,dr \tag{5.11}$$

1938 年,Wigner 给出了电子关联能的电子密度泛函表达式:

$$E_c[\rho] = -0.056\int \frac{\rho(r)^{4/3}}{0.079+\rho(r)^{1/3}}\,dr \tag{5.12}$$

Thomas-Feimi-Direc 近似方法只是针对电子气系统,实际材料计算中应用效果很不好,电子动能项仅写成局域密度函数而过于粗糙,动能应该还有梯度项的,该近似方法也没有较好地考虑物理、化学中的一些本质现象。例如,该理论得不到成键态,它是不含有轨道的。这反映了自由电子气模型存在严重的缺陷,但它以 $\rho(r)$ 为变量来表述总能的思想对于后续密度泛函理论的成熟形成有重要的意义。

5.3.2　Hohenberg-Kohn 定理

电子密度是否可以完整地描述多体系统的能量呢? 基于密度泛函理论的方法对一般体系是否适合? 这些问题直到 1964 年,由 Hohenberg 和 Kohn 两人证明了两个基本定理后才给出了肯定答案。两个基本定理详细的推导证明可以参考相关文献,这里给出主要内容表述:

定理一: 对于处在外势场 $V_{ext}(r)$ 中且不计自旋的束缚电子体系,外势场 $V_{ext}(r)$ 是电子密度的唯一泛函,也即体系基态电子数密度 $\rho(r)$ 能唯一地确定外势场 $V_{ext}(r)$,外势场 $V_{ext}(r)$ 特指核对电子的库仑吸引势。

定理二: 在任意给定的外势场 $V_{ext}(r)$ 下,对于电子数保持不变的体系,体系的基态能量等于体系能量 $E[\rho]$ 对电子数密度 $\rho(r)$ 的全局极小,也即能量可以写成电子密度泛函。

根据上述定理,体系的总能量泛函可表述如下:

$$E[\rho(r)] = T[\rho(r)] + \frac{1}{2}\iint dr\,dr'\frac{\rho(r)\rho(r')}{|r-r'|} + E_{XC}[\rho(r)] \tag{5.13}$$

上式右边,前两项为无相互作用粒子模型的动能项和库仑排斥项,第三项为体系交换关联作用项,无相互作用项中没有考虑的相互作用以及其他应该有的相互作用的复杂性,都包含在这个第三项中,它也是电子密度的泛函,但它是未知的。

Hohenberg-Kohn 定理第一次明确地证明了任何体系的总能量都是其内部电子密度分布的泛函。但针对电子密度函数 $\rho(r)$,动能泛函 $T[\rho(r)]$ 和交换关联能泛函 $E_{XC}[\rho(r)]$ 都没有给出具体的构造方法,也就是相当于 Hohenberg-Kohn 定理并没有给出具体可以求解的方程。

5.3.3 Kohn-Sham 方程

1965 年,Kohn 和 Sham 提出了解决电子密度函数 $\rho(r)$ 和确定动能泛函 $T[\rho(r)]$ 的方法。他们巧妙地引入一个假想的无相互作用的电子多体系统,用该多体系统中 N 个单电子相互独立的波函数来构建电子密度函数,且期望此体系的基态电子数密度恰好等于真实体系的电子数密度,其电子密度函数表示为如下所示:

$$\rho(r) = \sum_{i=1}^{N} |\varphi_i(r)|^2 \tag{5.14}$$

这里,$\varphi_i(r)$ 就是假设的无相互作用的单电子轨道波函数,也称为 Kohn-Sham 波函数轨道。这样,动能项也可以表示为单电子动能项之和。用此无相互作用电子多体系的动能 $T_s[\rho(r)]$ 来描述真实多体系统的动能 $T[\rho(r)]$,但这两者应该是有差别的,这里记为 ΔT。Kohn 和 Sham 提出与真实体系的动能差值归入后续要考虑的交换关联项 $E_{XC}[\rho(r)]$ 中。其动能泛函的表达式为:

$$T_s[\rho(r)] = \sum_{i=1}^{N} \int dr \varphi_i^*(r) - (\nabla^2) \varphi_i(r) \tag{5.15}$$

基于上述考虑,针对多体系统中原子核对电子的外场项,表示为:

$$V_{ext}(r) = \sum_{i,a} \frac{Z_a}{|r_i - R_a|} \tag{5.16}$$

其能量为:

$$E_{ext} = \int \sum_{a} \frac{Z_a}{|r - R_a|} \rho(r) dr \tag{5.17}$$

所以外场项可以写成电子密度的泛函,且是单电子项。而电子与电子的相互作用项涉及两个电子,不得不写成双电子密度的泛函。基于无相互作用多体系统模型,若两个电子之间完全没有关联,那两电子密度可以简单写成两个单电子密度函数的乘积,也即:

$$\rho^{(2)}(r, r') = \rho(r)\rho(r') \tag{5.18}$$

上式就是 Hartree 项,但是实际上电子之间是有关联的,所以也需要增加修正项,这里记为 Δ_{ee}。Kohn 和 Sham 提出与真实体系的电子关联项的差值归入后续要考虑的交换关联项 $E_{XC}[\rho(r)]$ 中。这里电子与电子的完整相互作用项的能量可以写为:

$$E_{ee} = \frac{1}{2} \iint \frac{\rho(r)\rho(r')}{|r - r'|} dr dr' + \Delta_{ee} \tag{5.19}$$

对应(5.4)式,对上述的能量求和,得到基态总能量为:

$$E = -\sum_{i=1}^{N} \int dr \varphi_i^*(r)(-\nabla^2)\varphi_i(r) + \int \sum_{a} \frac{Z_a}{|r - R_a|}\rho(r) dr + \frac{1}{2}\iint \frac{\rho(r)\rho(r')}{|r - r'|} dr dr' + E_{xc}$$

$$\tag{5.20}$$

$$E_{xc} = \Delta T + \Delta_{ee} \tag{5.21}$$

(5.20)式右边前三项对应的是无相互作用多体系统的动能项、原子核提供的外场项、电子和电子之间的库伦相互作用项。最后一项是考虑了相互作用之后,对无相互作用多体系统的修正项。根据上述的推导过程,可知前三项都有明确的表达式,也都可以表述为电子密度的函数。但是最后的修正项具体形式是未知的,而(5.21)式中两项也是重要的,后续的应用计算也证明了这点。(5.20)式除了采用绝热近似之外,整个式子中,能量的表达式是严格的,只是最后项是未知的,根据这一项产生的过程,把这两项命名为交换关联能项,后续对(5.21)具体表达式推导中,为了与前面保持一致,也把此项写成电子密度泛函的形式。基于(5.20)能量表达式,对单电子波函数进行变分,利用正交归一化条件,引入拉格朗日算子,最后得到如下的方程:

$$\left\{ -\nabla^2 + V_{\text{ext}}[\rho(r)] + \int dr' \frac{\rho(r')}{|r-r'|} + V_{xc}[\rho(r)] \right\} \varphi_i(r) = E_i \varphi_i(r) \tag{5.22}$$

$$V_{xc}[\rho(r)] = \frac{\delta E_{xc}[\rho(r)]}{\delta \rho(r)} \tag{5.23}$$

(5.22)式就是著名的 Kohn-Sham 方程。通常也把上式写为:

$$\left\{ -\nabla^2 + V_{\text{eff}}[\rho(r)] \right\} \varphi_i(r) = E_i \varphi_i(r) \tag{5.24}$$

$$V_{\text{eff}}[\rho(r)] = V_{\text{ext}}[\rho(r)] + \int dr' \frac{\rho(r')}{|r-r'|} + \frac{\delta E_{xc}[\rho(r)]}{\delta \rho(r)} \tag{5.25}$$

$V_{\text{eff}}[\rho(r)]$ 称为有效势场,上述方程表明多电子系统的基态问题可以在形式上转换为有效势场中运动的独立电子的基态问题。(5.24)式的 Kohn-Sham 方程和(5.6)式的 Hartree 方程,形式上一样的,且都是单电子方程,只是 Kohn-Sham 方程比 Hartree 方程多了交换关联势,一般的交换关联势(如局域密度泛函近似)计算速度很快,所以两个方程的计算量差不多,但是与(5.8)式的 Hartree-Fock 方程相比,因 Hartree-Fock 方程采用的是非局域的交换能,这样 Kohn-Sham方程的计算量小得多。求解 Kohn-Sham 方程,须先得到系统的哈密顿量,哈密顿量是电子密度的泛函,电子密度是从波函数求得的,而波函数的求解又需要用到哈密顿量,因此,方程只能通过自洽的方法来求解。实际求解过程中,先采用数值或平面波轨道构建电子密度函数,由电子密度函数代入方程尝试求解波函数,其自洽求解过程如图 5.2 所示。

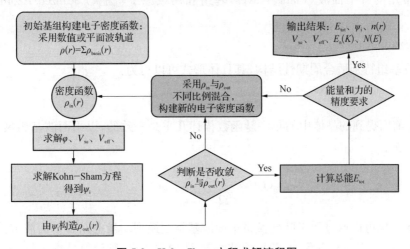

图 5.2　Kohn-Sham 方程求解流程图

5.4 密度泛函理论计算中涉及的相关细节

密度泛函理论的实现,最后是自洽求解 Kohn-Sham 方程。求解过程首先是随机构建初始的电子密度函数,然后通过各项能量表达式(5.25)构建有效势场,接着代入(5.24)求解 Kohn-Sham 方程得到初始的波函数,用这个初始的波函数构建新的电子密度函数。一般来说,此时的电子密度函数与初始的电子密度函数是不同的,接下来的算法中,大多数都是把这个电子密度函数和之前的电子密度函数进行混合,而构建新的电子密度函数,构建有效势场,再次求解 Kohn-Sham 方程得到更新的波函数,由此循环多次迭代,直到最后满足收敛。收敛的判断条件,可以是总能量,例如最后两次迭代的能量差值小于一个预设的小值,就可认为收敛了。可以是迭代过程中,最后两次的电子密度差值,或原子受力的差值,甚至波函数等的差异,都可以用来做收敛的判断依据。从上述求解过程来看,计算中还需要选取适当的电子密度的构造函数。另外,计算机是做数值求解,也需要考虑好连续方程中物理量的离散问题。而且,有关交换关联项,仍然是未知的,必须寻找出一个合适的表达式。另外,已有的研究表面,内层电子对材料性质的影响不大,外层电子起主要作用,在具体计算中似乎还可以找些有效的处理。下面就从基组、交换关联势和赝势三个方面再做些计算细节的简要讨论。

5.4.1 基组

Hartree-Fock 方程和 Kohn-Sham 方程的解实际上是一组波函数,而一个体系的波函数总能够用一组正交完备的函数展开,这组构建波函数的函数就叫基组。对于 Hartree-Fock 方程或 Kohn-Sham 方程来说,最自然的基组当然是描述体系哈密顿量的本征函数基组,有了这组基组,就可得到本征值,以及求解体系其他的各种属性量。但是这两个方程都是通过迭代自洽求解的,人们并不能提前知道这组本征函数基组。上文也讲到,在自洽求解过程中,先要寻找合适的电子密度的构造函数,这实际上也是需要找到一组合适的基组。目前常用的有平面波(Plane Waves)基组和局域原子轨道(Localized Atomic Orbital)基组。

1. 平面波基组

平面波基组特别适合周期性结构,其具体形式可以写为:

$$\phi_R^k(r) = e^{i(k+R)\cdot r} \tag{5.26}$$

(5.26)式与前面提到的晶体中的布洛赫函数描述几乎是一致的,以平面波基组展开,可得波函数的公式为:

$$\varphi_{i,k}(r) = \frac{1}{\sqrt{\Omega}} \sum_R c_{i,k+R} e^{i(k+R)\cdot r} \tag{5.27}$$

上述式子也可以通过傅里叶变换将平面波基组变换到动量空间。平面波方法基组在动量空间求解 Kohn-Sham 方程中,若平面波个数 N 取得太少,则计算精度不够;若取得太多,则计算量大大增加,浪费计算资源。实际计算中是通过设定平面波截断能来控制的。这个截断能一般都以多体系统中所包含的动能来考虑:

$$\frac{h^2}{2m}\mid k+R\mid^2 \leqslant E_{\text{cut}} \tag{5.28}$$

符合上述不等式范围的平面波都被采用,而更高能量的平面波都被舍去。使用过程中,这个截断能的具体值需要测试,通常的办法就是测试系统总能量与不同截断能的关系曲线,当曲线收敛时,就可以确定截断能。特别强调的是:无论什么情况,若需要对多个多体系统的能量进行比较,都需要采用完全相同的截断能。

2. 局域原子轨道基组

平面波基组形式简单,但是随着原子数的增加,计算效率降低,而且采用截断能之后,系统无法采用短波长去描述原子核附近的波函数。因此,采用局域原子轨道基组是一种选择。局域原子轨道基组展开波函数的方法常用的有斯莱特类型轨道(Slater Type Orbit)、高斯类型轨道(Gaussian Type Orbit)等。

斯莱特类型轨道具有如下径向形式:

$$R_{nl}(r) = \frac{(2\zeta)^{n+\frac{1}{2}}}{\left[(2n)!\right]^{\frac{1}{2}}} r^{n-1} e^{-\zeta \cdot r} \tag{5.29}$$

其中 $\zeta = \dfrac{Z-\sigma}{n^*}$,$\sigma$ 和 n^* 分别是 Slater 规则中的屏蔽常数和有效量子数。斯莱特类型基组和原子最外层的电子波函数有相同的形状,更接近真实情况。但斯莱特类型轨道沿径向有一个长尾巴,数值积分时间成本较高。

高斯类型轨道一般可以写为:

$$g_{nlm}(r,\theta,\varphi) = \left[\sqrt{\frac{2}{\pi}}\, \frac{(4\alpha)^{n+1/2}}{(2n-1)!!}\right]^{1/2} r^{n-1} e^{-\alpha \cdot r^2} Y_{lm}(\theta,\varphi) \tag{5.30}$$

由上式可见,高斯类型轨道正比于 $e^{-\alpha \cdot r^2}$,而斯莱特类型轨道正比于 $e^{-\alpha \cdot r}$。所以也说高斯类型轨道是短程轨道,而斯莱特类型轨道是长程轨道。不过高斯型函数具有加法特性,使得两中心积分可以约化为单中心积分,这样多中心积分都可以简化,从而极大地加速了积分的计算。

3. 收缩高斯函数与分裂价层基组

原子轨道函数在空间中的分布总可以分为径向和角度两部分。角度部分通常只需要使用真实情况下氢原子轨道的角度部分就可以了。不同原子的轨道描述,主要区别在于径向部分。随着原子对应元素序号的增加,这部分更加复杂。对于径向部分,若采用斯莱特型轨道,如前所述,它的计算效率不高,而高斯型轨道在形状上不像原子轨道,但是其在运算速度上相比斯莱特型轨道效率提高不少。因此,发展出了用一系列高斯型轨道的线性组合来近似代替斯莱特型轨道的方法。例如采用 L 个高斯型轨道的线性组合来近似表示斯莱特轨道,该方法称为 STO-LG 轨道方法。比如当 $L=3$ 时,称为 STO-3G 轨道方法。

实际计算中,可能采取不同的 STO-LG 轨道来处理原子轨道的不同的价层以解决不同价层需要不同精度的问题。在描述方法上采用了分裂价层基组(Split-Valence Basis Set)的表示形式。例如"3-21G"代表内层用 STO-3G 轨道方法,第一和二价层分别用 STO-2G 和 STO-1G 表示的分裂价层基组。其中第一价层指最靠近核的价层,依此类推。描述价层轨道所用的斯莱特轨道的数量为 n,则称为这是价层分裂 n Zeta 基组。比如 3—21G 和 6—311G 分别是价层分裂 2 Zeta 基组和价层分裂 3 Zeta 基组。

4. 数值原子轨道基组

高斯型轨道和斯莱特轨道是解析形式的轨道,多用于量子化学领域。但在材料计算领域,更多的是使用数值原子轨道基组。为了提高求解 Kohn-Sham 方程的精度,越多的基组函数越好,一般都需要采用多数值基组(Multiple ζ basis)的方法增加基组。例如,把每个真实的轨道扩充为两个数值轨道,称为双数值基(Double ζ basis,DZ);可以扩充到三个数值轨道基组的,称为三数值基(Triple ζ basis,TZ),等等。而若数值轨道数量与真实轨道数量是一样的,则称为最小基组,也称为单数值基(Single ζ basis,SZ)。最小数基组的精度往往是不够的,不过速度快,常用来测试或获得半定量的结果。而为了进一步提高精度,除了数值轨道,还可以增加极化轨道(Polarization orbital)和扩散轨道(Diffuse orbital)。

数值轨道基组的优点是基组数目少,计算速度快;由于轨道在空间是局域的,数值上得到的哈密度矩阵和交叠矩阵都是稀疏矩阵,这便于实现大规模系统的计算,容易用于处理真空层。缺点是为了提高精度,基组数目的增加并不方便。局域化基组是依赖原子位置的,但在结构优化或从头分子动力学计算中,原子位置会发生变化。

5.4.2 赝势

初期人们认为多体系统中核外全部电子的统计计算是理所当然的,自然也对应着不小的计算量。实际上,在靠近原子核附近,由于库伦势是按照 $-1/r$ 发散,此区域对应的波函数的能量非常高,而采用平面波基组进行展开时,为了实现这附近的能量计算,不得不需要数量极其庞大的平面波数量,这样也就需要超强的计算机计算能力。

而已有的研究表明,原子可划分为离子实内区(芯态)和外区(价态)两部分,电子在与芯态相互作用时,受到很强的局域势场作用。如前面所述,其波函数表现出急剧振荡的特征;而对于价态,电子受到弱势场的作用,其波函数表现出空间平滑特征。材料原子之间的相互作用,主要取决于核的外层电子,同时也发现内部电子产生的势场对系统总体的影响很小。为了减小计算量,并考虑更大模型体系,把内层电子和核一起打包做个准离子,这个准离子整体的作用势用一个"假"的势替代,从而重新考虑为外层电子与这个准离子的相互作用。这个"假"的势就称为赝势。实际操作时的指导思想是把离子实的内部势能用假想的势能取代真实的势能,但是这个假想势能不改变方程的能量本征值和离子实之间区域的波函数。每种元素原子的离子实都是不一样的,这也就需要针对每一种元素都分别产生相应的赝势。

目前,赝势模型中用得比较多的是模守恒赝势、超软赝势和投影缀加波(PAW)赝势。模守恒赝势所对应的波函数与真实波函数之间具有相同的能量本征值,在某个截断距离之外,赝势所对应的波函数与真实波函数的形状和幅度都是相同的,而在这个距离之内,赝势波函数变化平缓,赝势波函数和全电子波函数的模的积分相等,也即电荷数守恒。超软赝势中,截断距离内的赝势波函数更加"软",超软赝势去掉了模守恒这一条件限制,引入更多的参量、补偿电荷等方式来达到归一化的模守恒条件。同一种元素原子,模守恒赝势的截断距离比超软赝势的截断能要大得多。投影缀加波赝势方法是为了进一步修正高能散射,在内部再缀加一个额外的较为真实的原子势,称为投影缀加波,整体计算的精度获得提升,而对于同一种元素,其截断能介于上述两种方法之间。

5.4.3　交换关联能泛函

密度泛函理论最后导出的 Kohn-Sham 方程,把动能描述的误差项、电子与电子之间势能的误差项及其他全部的复杂性都包含在了一个未知的泛函中,简记为交换关联能泛函 $E_{XC}[\rho(r)]$。具体的求解,也只有找出该项的准确的表达式之后,才能真正意义上解出 Kohn-Sham 方程方程。也就是说多体系统的真正求解以及计算的精度还依赖于如何寻找合理的 $E_{XC}[\rho(r)]$ 的具体表达式。通常记 $E_{XC}[\rho(r)]=E_X[\rho(r)]+E_C[\rho(r)]$,$E_X[\rho(r)]$ 为交换项,它是考虑了电子是费米子,由于自旋相同的电子间因泡里不相容原理而产生排斥作用而引起的能量;$E_C[\rho(r)]$ 为关联项,它是不同自旋电子间的关联作用而引起的能量。实际上,$E_C[\rho(r)]$ 为真实体系的基态能量与由 Hartree-Fock 方程求解得到的基态能量之差。交换和关联能 $E_{XC}[\rho(r)]$ 比能量泛函中的其他已知项的能量小很多,这样就可以对 $E_{XC}[\rho(r)]$ 作简单的近似而得到关于能量泛函的一些有用结果。目前常用的 $E_{XC}[\rho(r)]$ 形式有局域密度近似(Local Density Approximation,LDA)、广义梯度近似(Generalized Gradient Approximation,GGA)以及杂化密度近似等。

1. 局域密度近似(LDA)

局域密度近似是最早提出用来处理交换关联势的一种方法,其更早的思想在 Thomas-Fermi-Dirac 理论中已经体现。该近似方法假设非均匀电子气的分布变化是非常缓慢的,以至于任何一个小体积元内的电子密度都是可以近似看作均匀的无相互作用的电子气。多体系统中,交换关联能可以表述为:

$$E_{XC}^{LDA}=\int dr\rho(r)\varepsilon_{XC}[\rho(r)] \tag{5.31}$$

其中,$\varepsilon_{XC}[\rho(r)]$ 是均匀电子气的交换关联密度,相应的交换关联势为:

$$V_{XC}^{LDA}=\frac{\delta E_{XC}^{LDA}}{\delta\rho}=\varepsilon_{XC}[\rho(r)]+\rho(r)\frac{\delta\varepsilon_{XC}[\rho(r)]}{\delta\rho} \tag{5.32}$$

目前 LDA 用得最多的是 Ceperley-Alder 交换关联势(CA-LDA),它是采用目前最精确的量子蒙特卡洛方法计算均匀电子气得到的。与均匀电子气吻合得比较好的系统,在 LDA 下能给出很好的结果,例如,晶格常数、晶体的力学性质。通常情况下,LDA 普遍也会高估体系的结合能,甚至对有些半导体材料的带隙误差能达到 50%。对电子数密度分布极不均匀或能量变化梯度大的体系,例如,对一些包含过渡金属或稀土元素的体系,由于 d 电子或 f 电子的存在,其电子云分布极其不均匀,将导致 LDA 彻底失效。

2. 广义梯度近似(GGA)

实际的原子、分子以及固体体系中,电子数密度 $\rho(r)$ 是不均匀。为了更好地描述电子数密度的变化,在 LDA 基础上引入电子数密度的梯度 $\nabla\rho(r)$ 来修正电子数密度分布的不均匀性。这就是交换关联能的广义梯度近似(GGA)。GGA 交换关联能泛函一般写为:

$$E_{XC}^{GGA} = \int dr\rho(r)\varepsilon_{XC}[\rho(r),\mid\nabla\rho(r)\mid] \tag{5.33}$$

常用的 GGA 泛函为 PW91 和 PBE 等。与 LDA 相比,GGA 能更好地描述轻原子、分子及碳氢化合物的基态性质,也能更精确地计算出系统的能量和结构,更适合于非均匀的开放的系统;对 3d 过渡金属性质的描述更准确,但计算所得的磁性能偏大;对于大多数具有共价键、离子键和金属键的体系仍能给出较好的描述,但对于具有范德瓦尔斯作用的大多数体系仍无法给出准确的结果。

3. 杂化密度近似

为了进一步提高精度,Becke 提出把 Hartree-Fork 交换能加入能量密度泛函的思想,发展出了杂化密度近似方法。其核心思想就是将一定比例的 Hartree-Fork 精确交换能和局域密度泛函交换能进行线性组合。

$$E_{XC} = c_1 E_X^{HF} + c_2 E_{XC}^{DFT} \tag{5.34}$$

上式右边第一项是 Hartree-Fork 交换能,第二项是密度泛函理论计算中 LDA 或 GGA 交换关联能。例如 PBE0 杂化泛函包括 25% 的 HF 交换能和 75% 的 PBE 交换能及 100% 的关联能,也即:

$$E_{XC}^{PBE0} = 0.25 E_X^{HF} + 0.75 E_X^{PBE} + E_C^{PBE} \tag{5.35}$$

PBE0 显著提升了对 d 电子和 f 电子体系的描述,修正了 Mott 绝缘体的绝缘性和磁性行为,但在开壳层多重态和半导体的带隙描述上仍存在问题。同时,由于平面波基组对精确交换项的实现效率很低,限制了 PBE0 的使用范围。考虑到固体中的库伦屏蔽效应,可以将交换项分为近程和远程两部分,只对近程部分进行杂化处理。固体计算中最常用的 HSE 泛函(由 Heyd,Scuseria 和 Enzerhof 提出)就属于这类空间分离的杂化泛函,具体形式如下:

$$E_{XC}^{HSE} = 0.25 E_X^{HF,SR}(\mu) + 0.75 E_X^{PBE,SR}(\mu) + E_X^{PBE,LR}(\mu) + E_C^{PBE} \tag{5.36}$$

其中 μ 是经验屏蔽因子,用来定义空间的分割半径,$2/\mu$ 以内为短程。$\mu=0.2\ A^{-1}$ 为 HSE06 泛函,$\mu=0.3\ A^{-1}$ 则为 HSE03 泛函,其他情况可在两者之间轻微可调。μ 取为 0,即是 PBE0 的情况;若 μ 趋于无穷,则会退化为 PBE 泛函。由于 HSE 不考虑长程精确交换作用的处理方法更符合准确的密度泛函理论,使得 HSE 泛函提升了对半导体带隙、晶格常数、弹性模量、缺陷形成能、光谱性质等一系列重要物理量的描述,还能较好地描述电子的局域态和非局域态,使得固体磁性的计算精度也大大提高,但无疑计算量也是非常大的。

之后的方法发展中,在 GGA 基础上,引入包含更高阶梯度等一些系统的特征量,发展出了 meta-GGA 方法。该泛函在固体各种性质计算中的计算效果与 LDA 和 GGA 相比,有很大的改进,几乎达到了杂化泛函的效果,而计算量远小于杂化泛函。

5.5　强关联和弱相互作用体系计算的修正

寻找精确的交换关联泛函是整个密度泛函理论的目标,新的泛函也一直不断涌现。从1970 年至今有超过 100 种泛函被提出。最近发表的理论研究工作系统考察了这些泛函对能量和态密度的计算精度,发现 1970 年到 2000 年左右构造的泛函总体上能够给出较为准确的能量和态密度,但 2000 年左右至今开发的许多新泛函虽然能获得更准确的能量,但却恶化了对电子态密度的描述,这导致与态密度相关的电荷偶极、电荷布局、自旋电荷密度等性质的计算错误。这些过于追求能量准确性的泛函,往往都是采用了经验拟合的参数化泛函。而那些满足物理约束性条件的泛函则更符合密度泛函理论的基本要求,它们具有较高的可移植性,又能提升体系的能量和态密度的精度。原则上,只要满足更多的约束条件,就能得到更精确的泛函。但想要继续理论推导出新的、普适性的约束条件,并构造满足它们的新泛函,这是非常困难的。目前,meta- GGA 近似方法中的(Strongly Constrained and Appropriately Normed,SCAN)泛函可以满足 17 个约束条件,其计算精度也只是接近杂化泛函。将来,如何获得更为精确的密度泛函,一种可行的方案仍然是求助于参数化泛函,需引入态密度相关性质的参数化,实现对能量相关与态密度相关计算精度的同步提升。

密度泛函理论创立的基本理念是实现计算精度和计算速度的统一。在实现所需精度的前提下,计算量小的方法当然是好方法。沿着密度泛函的 Jacob's ladder 往上走,人们期望得到的精度越来越高。从目前的研究结果来看,以 LDA,PBE 和 SCAN 为代表的一、二、三阶泛函基本实现了预期,在相似计算量的基础上,计算准确度总体上逐步提高。但进入第四、五阶后,由于包含轨道信息,尽管准确性有所提升,但计算量也迅速膨胀,这使它们在大体系模拟中应用受阻。因此,针对特殊的体系,在不明显增加计算量的前提下,采用特异化手段迅速提高模拟精度,将降低通用泛函的开发难度,目前主要采用在已有泛函中添加修正项或构造特异化泛函的方法。比如强关联体系中使用经验的 DFT＋U 就可以得到合理的结果;在范德华体系中,则需要增加色散力修正或者直接构建非局域的 vdW 泛函;考虑重核原子,模拟时就需要考虑相对论修正。下面简单介绍强关联和弱相互作用体系的处理方法:

1. 强关联体系

针对体系中电子强局域性,通过 Hubbard 模型直接对 d 电子或 f 电子添加经验的 U 值来修正自相关误差。应用时需要设置原子对应的库伦项和交换项,针对特定化学环境中的原子要多次测试,及时调整有效的 U 值。由于缺乏金属的关联修正,与杂化泛函相比,DFT＋U 的应用范围较窄,而且具有特异性和经验性,一般都需要和 HSE 进行比较。但好处就是能快速给出定性合理的结果,能用于较大的体系,比如几百个原子的体系,而这对杂化泛函是不可想象的计算。

2. 弱相互作用体系

对于弱相互作用体系,存在长程弱的吸引作用,局域泛函是完全失效的。对于半局域泛函,Meta-GGA 可以包含中程的范德华相互作用项。但想要完整地描述电子的长程关联,这对半局域泛函仍是不可能实现的。而对于杂化泛函,由于添加的 Hartree-Fork 交换项具有长程排斥,也不能合理描述范德华力的特点。由于目前绝大部分泛函都不能合理描述范德华力,而范德华力又是普遍存在的,在许多材料模型计算问题中不能忽略。想要改善对弱相互作用体系的描述:一种方法是在现有泛函的基础上直接增加半经典的能量修正。代表的有 DFT-D 系列修正,DFT-XDM,DFT-dDsC,DFT-LRD,DFT-TS,DFT-MBD,以及 DFT-MLWF。除了 DFT-D 修正外,其他半经典修正都需要考虑化学环境中原子的电荷密度或者轨道信息,计算量比 DFT-D 稍大。DFT-D 系列修正中,D2 的色散系数只考虑了两体色散校正,精度有限,而且只是针对前五周期元素进行了修正,应用范围也有限。D3 则在两体色散校正的基础上,考虑了三体色散的贡献,同时色散系数还依赖于具体化学环境中原子的配位数信息,实现了修正精度的提升。由于 D3 修正只依赖于体系的构型,基本不增加计算量,这是它相比其他修正方法的最大优点。目前已经实现了对前 94 号元素的校正,这也使得 D3 被广为使用。

另一种修正方法则为直接构造非局域泛函来描述范德华作用(vdW-DFT)。若对空间分离,只做长程修正。较为常用的范德华密度泛函是 ALL 系列泛函(基于 Andersson,Langreth 和 Lundqvist 的范德华密度泛函理论进行构造)。比如 vdW-DF2,vdW-DF-optB8 和 vdW-DF-optB86b,它们普适性好,但精度很一般。而另一类范德华密度泛函为 VV 系列泛函(由 Oleg. A,Vydrov 和 Troy Van Voorhis 提出),VV 系列中含有针对体系的优化参数,VV09 含一个,而 VV10 含两个,它们尽管不满足 Andersson 等人提出的范德华泛函约束条件,但在分子范德华体系中结果明显优于前一类 ALL 泛函。特别是 VV10,由于构造形式简单,可以非常灵活地移植到特定体系。如 SCAN 结合改进型 VV10 修正(rVV10),对分子间作用、固体晶格常数和形成能、吸附体系,均有很好的修正。特别是在 28 种层状材料的测试中,其结果非常接近 RPA 的结果,SCAN＋rVV10 被推荐为二维材料模拟的首选泛函。

 简答题

1. 薛定谔方程主要解决了什么问题?
2. 为什么要对薛定谔方程求解采用近似方法?
3. 什么是绝热近似?
4. 什么是哈特里近似?
5. 密度泛函理论的两个理论基础是什么?
6. 为什么有交换关联项?目前主要近似方式方法有哪些?
7. 什么是赝势理论,它解决了什么问题?
8. 描述波函数的主要方法有哪些?
9. 简述求解 KS 方程的自洽程序流程?
10. 目前考虑的强关联和弱相互作用体系计算的修正方法有哪些?

 参考文献

［1］ Mattsson, A. E., Schultz, P. A., Desjarlais, M. P., Mattsson, T. R., Leung, K.. Designing meaningful density functional theory calculations in materials science—a primer[J]. *Modelling and*

Simulation in Materials Science and Engineering，2004，13，R1.

［2］　Thomas，L. H. *Mathematical Proceedings of The Cambridge Philosophical Society* ［M］. Cambridge Univ Press，1927，Vol. 23：p.542 - 548.

［3］　Fermi，E.，Eine statistische Methode zur Bestimmung einiger Eigenschaften des Atoms und ihre Anwendung auf die Theorie des periodischen Systems der Elemente［M］. *Zeitschrift für Physik*，1928：48，73 - 79.

［4］　Hohenberg，P.，Kohn，W.. Inhomogeneous electron gas［J］. *Physical Review*，1964，136：B864.

［5］　Geerlings，P.，De Proft，F.，Langenaeker，W.. Conceptual density functional theory［M］. *Chemical Reviews*，2003，103：1793 - 1874.

［6］　Yang W.，Ayers P. and Wu Q. Potential Functionals：Dual to Density Functionals and Solution to the V-representability Problem［J］. Phys. Rev. Lett.，2004，92：146404.

［7］　Luders M.. Ab Initio Angle-resolved Photoemission in Multiple-scattering Formulation ［J］. Journal of Physics：Condensed Matter，2001，13：8587.

［8］　Kohn W. and Sham L. J. Self-consistent Equations Including Exchange and Correlation Effects［J］. Phys. Rev.，1965，140：A1133.

［9］　Herman F，Van Dyke J. P.，and Ortenburger I. P.. Improved Statistical Exchange Approximation for Inhomogeneous Many-electron Systems［J］. Phys. Rev. Lett.，1969，22：807.

［10］　Perdew J.P. and Burke K. Comparison Shopping for a Gradient-corrected Density Functional［J］. Int. J. Quant. Chem，1996，57：309.

［11］　Perdew J. P. and Wang Y. Accurate and Simple Analytic Representation of the Electron-gas Correlation Energy ［J］. Phys. Rev. B，1992，45：13244.

［12］　Perdew J. P，Burke K. and Ernzerhof M. Generalized Gradient Approximation Made Simple［J］. Phys. Rev. Lett.，1996，77：3865.

［13］　Perdew，J. P.；Schmidt，K.；Van Doren，V.；Van Alsenoy，C.；Geerlings，P. *AIP Conference Proceedings*［M］. AIP：2001，Vol. 577：p 1 - 20.

［14］　Lee，C.；Yang，W.；Parr，R. G.. Development of the Colle-Salvetti correlation-energy formula into a functional of the electron density［J］. *Physical Review B*，1988：37，785.

［15］　Becke，A. D.，Density-functional thermochemistry. III. The role of exact exchange［J］. *The Journal of Chemical Physics*，1993，98：5648 - 5652.

［16］　Cohen，A. J.，Mori-Sánchez，P.，Yang，W.. Challenges for density functional theory［J］. *Chemical Reviews*，2012：112，289 - 320.

［17］　Perdew，J. P.，Ernzerhof，M.，Burke，K.. Rationale for mixing exact exchange with density functional approximations［J］. *The Journal of Chemical Physics*，1996，105：9982 - 9985.

［18］　Wen，X.-D.，Martin，R. L.，Henderson，T. M.，Scuseria，G. E.. Density functional theory studies of the electronic structure of solid state actinide oxides［J］. *Chemical Reviews*，2012，113：1063 - 1096.

［19］　Heyd，J.，Scuseria，G. E.，Ernzerhof，M.. Hybrid functionals based on a screened Coulomb potential［J］. *The Journal of Chemical Physics*，2003，118：8207 - 8215.

［20］　Heyd，J.，Scuseria，G. E.，Ernzerhof，M.. Erratum. Hybrid functionals based on a screened Coulomb potential［J］. *The Journal of Chemical Physics*，2006，124：219906.

［21］　Heyd，J.，Peralta，J. E.，Scuseria，G. E.，Martin，R. L.. Energy band gaps and lattice parameters evaluated with the Heyd-Scuseria-Ernzerhof screened hybrid functional［J］. *The Journal of Chemical Physics*，2005，123：174101.

[22] Medvedev, M. G., Bushmarinov, I. S., Sun, J., Perdew, J. P., Lyssenko, K. A.. Density functional theory is straying from the path toward the exact functional[J]. *Science*, 2017, 355: 49 - 52.

[23] Hammes-Schiffer, S.. A conundrum for density functional theory[J]. *Science*, 2017, 355: 28 - 29.

[24] Sun,J., Ruzsinszky, A., Perdew, J. P.. Strongly constrained and appropriately normed semilocal density functional[J]. *Physical Review Letters*, 2015, 115: 036402.

[25] Sun, J., Remsing, R. C., Zhang, Y., Sun, Z., Ruzsinszky, A., Peng, H., Yang, Z., Paul, A., Waghmare, U., Wu, X.. Accurate first-principles structures and energies of diversely bonded systems from an efficient density functional[J]. *Nature Chemistry*, 2016.

[27] Anisimov, V. I., Zaanen, J., Andersen, O. K.. Band theory and Mott insulators: Hubbard U instead of Stoner I[J]. *Physical Review B*, 1991, 44: 943.

[28] Anisimov, V. I., Solovyev, I., Korotin, M., Czyżyk, M., Sawatzky, G.. Density-functional theory and NiO photoemission spectra[J]. *Physical Review B*, 1993, 48: 16929.

[29] Hermann, J., DiStasio Jr, R. A., Tkatchenko, A.. First-Principles Models for van der Waals Interactions in Molecules and Materials: Concepts, Theory, and Applications[J]. *Chemical Reviews*, 2017: 117.

[30] Rajagopal,A. K., Callaway, J.. Inhomogeneous Electron Gas[J]. *Physical Review*, B, 1973, 7: 1912 - 1919.

[31] Liechtenstein,A., Anisimov, V., Zaanen, J.. Density-functional theory and strong interactions: Orbital ordering in Mott-Hubbard insulators[J]. *Physical Review B*, 1995, 52: R5467.

[32] Grimme,S., Hansen, A., Brandenburg, J. G., Bannwarth, C.. Dispersion-corrected mean-field electronic structure methods[J]. *Chemical Reviews*, 2016, 116: 5105 - 5154.

[33] Zhao,Y., Truhlar, D. G.. A new local density functional for main-group thermochemistry, transition metal bonding, thermochemical kinetics, and noncovalent interactions[J]. *The Journal of Chemical Physics*, 2006, 125: 194101.

[34] Peverati, R., Truhlar, D. G.. An improved and broadly accurate local approximation to the exchange-correlation density functional: The MN12 - Lfunctional for electronic structure calculations in chemistry and physics[J]. *Physical Chemistry Chemical Physics*, 2012, 14: 13171 - 13174.

[35] Zhao, Y., Truhlar, D. G.. The M06 suite of density functionals for main group thermochemistry, thermochemical kinetics, noncovalent interactions, excited states, and transition elements: two new functionals and systematic testing of four M06 - class functionals and 12 other functionals[J]. *Theoretical Chemistry Accounts: Theory, Computation, and Modeling (Theoretica ChimicaActa)*, 2008, 120: 215 - 241.

[37] Grimme, S.. Semiempirical GGA-type density functional constructed with a long-range dispersion correction[J]. *Journal of Computational Chemistry*, 2006, 27: 1787 - 1799.

[38] Grimme,S., Antony, J., Ehrlich, S., Krieg, H.. A consistent and accurate ab initio parametrization of density functional dispersion correction (DFT-D) for the 94 elements H-Pu[J]. *The Journal of Chemical Physics*, 2010, 132: 154104.

[39] Grimme,S., Ehrlich, S., Goerigk, L.. Effect of the damping function in dispersion corrected density functional theory[J]. *Journal of Computational Chemistry*, 2011, 32: 1456 - 1465.

[40] Becke,A. D., Johnson, E. R.. A density-functional model of the dispersion interaction[J]. *The Journal of Chemical Physics*, 2005, 123: 154101.

[41] Steinmann, S. N.. Corminboeuf, C.. A system-dependent density-based dispersion correction[J].

Journal of Chemical Theory and Computation，2010，6：1990 - 2001.

[42] Steinmann，S. N.，Corminboeuf, C.. A generalized-gradient approximation exchange hole model for dispersion coefficients[J]. The Journal of Chemical Physics，2011，134：044117.

[43] Sato，T.，Nakai, H.. Density functional method including weak interactions：Dispersion coefficients based on the local response approximation[J]. The Journal of Chemical Physics，2009，131：224104.

[44] Sato，T.，Nakai, H.. Local response dispersion method. II. Generalized multicenter interactions[J]. The Journal of Chemical Physics，2010，133：194101.

[45] Tkatchenko，A.，Scheffler, M.. Accurate molecular van der Waals interactions from ground-state electron density and free-atom reference data[J]. Physical Review Letters，2009，102：073005.

[46] Tkatchenko，A.，DiStasio Jr, R. A.，Car，R.，Scheffler, M.. Accurate and efficient method for many-body van der Waals interactions[J]. Physical Review Letters，2012，108：236402.

[47] Tkatchenko，A.，Ambrosetti，A.，DiStasio Jr, R. A.. Interatomic methods for the dispersion energy derived from the adiabatic connection fluctuation-dissipation theorem[J]. The Journal of Chemical Physics，2013，138：074106.

[48] Donchev，A.. Many-body effects of dispersion interaction[J]. The Journal of Chemical Physics，2006，125：074713.

[49] 徐光宪，黎乐民，王德民.量子化学——基本原理和从头计算法（第 2 版）[M].北京：科学出版社，2009.

[50] Bu cko，T.，Lebègue，S.，Gould，T.，Ángyán，J. G.. Many-body dispersion corrections for periodic systems：an efficient reciprocal space implementation[J]. Journal of Physics：Condensed Matter，2016，28：045201.

[51] Marzari，N.，Vanderbilt，D.. Maximally localized generalized Wannier functions for composite energy bands[J]. Physical Review B，1997，56：12847.

[52] Silvestrelli，P. L.. Van der Waals interactions in DFT made easy by Wannier functions[J]. Physical Review Letters，2008，100：053002.

[53] Silvestrelli，P.L.，Ambrosetti，A.. Including screening in van der Waals corrected density functional theory calculations：The case of atoms and small molecules physisorbed on graphene[J]. The Journal of Chemical Physics，2014，140：124107.

[54] Dobson，J. F.，Dinte，B. P.，Constraint satisfaction in local and gradient susceptibility approximations：Application to a van der Waals density functional[J]. Physical Review Letters，1996，76：1780.

[55] Andersson，Y.，Langreth，D. C.，Lundqvist，B. I.. Van der Waals Interactions in Density-Functional Theory[J]. Physical Review Letters，1996，76：102 - 105.

[56] Berland，K.，Cooper，V. R.，Lee，K.，Schröder，E.，Thonhauser，T.，Hyldgaard，P.，Lundqvist，B. I.. van der Waals forces in density functional theory：a review of the vdW-DF method[R].Reports on Progress in Physics，2015，78：066501.

[57] Dion，M.，Rydberg，H.，Schröder，E.，Langreth，D. C.，Lundqvist，B. I.. Van der Waals density functional for general geometries[J]. Physical Review Letters，2004，92：246401.

[58] Dion，M.，Rydberg，H.，Schröder，E.，Langreth，D. C.，Lundqvist，B. I.. Erratum：Van der Waals Density Functional for General Geometries[J]. Physical Review Letters，2005，95：109902.

[59] Lee，K.，Murray，É. D.，Kong，L.，Lundqvist，B. I.，Langreth，D. C.. Higher-accuracy van der Waals density functional[J]. Physical Review B，2010，82：081101.

［60］ Klimeš,J., Bowler, D. R., Michaelides, A.. Chemical accuracy for the van der Waals density functional[J]. Journal of Physics: Condensed Matter, 2009, 22: 022201.

［61］ Klimeš,J., Bowler, D. R., Michaelides, A.. Van der Waals density functionals applied to solids[J]. Physical Review B, 2011, 83: 195131.

［62］ Vydrov,O. A., Van Voorhis, T.. Nonlocal van der Waals density functional made simple[J]. Physical Review Letters, 2009, 103: 063004.

［63］ Vydrov, O. A., Van Voorhis, T.. Nonlocal van der Waals density functional: The simpler the better [J]. The Journal of Chemical Physics, 2010, 133: 244103.

［64］ Langreth, D. C., Lundqvist, B. I.. Comment on "Nonlocal Van Der Waals Density Functional Made Simple"[J]. Physical Review Letters, 2010, 104: 099303.

［65］ Vydrov,O. A., Van Voorhis, T.. Vydrov and Van Voorhis Reply[J]. Physical Review Letters, 2010, 104: 099304.

［66］ Peng, H., Yang, Z.-H., Perdew, J. P., Sun, J.. Versatile vander Waals Density Functional Based on a Meta-Generalized Gradient Approximation[J]. Physical Review X, 2016, 6: 041005.

第 6 章 高性能材料模拟计算平台

扫码可免费
观看本章资源

实现材料模拟计算,离不开高性能计算硬件和软件平台的支持。若与传统的实验研究工作相比,高性能计算硬件和软件平台就像是有好的实验环境和实验设备条件。高级的高性能计算平台,可以是国家超级计算中心。目前,我国分别在天津配备"天河一号"和"天河三号"超级计算机,广州配置了"天河二号"超级计算机,长沙配备"天河一号"超级计算机和"天河·天马"人工智能计算集群,深圳配备了曙光"星云"超级计算机,济南配备了神威蓝光超级计算机,无锡则配备了全部采用国产处理器构建的"神威·太湖之光"超级计算机,郑州配备了新一代高性能计算机"嵩山"超级计算机,此外还在昆山、成都和西安等地也建立了国家级超算中心。从 TOP500 榜单排名的数据统计上可以很明显地看出,我国的超级计算机性能和规模都已经处于世界一流水平。这些国家级的计算平台,一般的教学和学习都用不上,而普通的台式机,甚至较好的个人机也是满足不了稍微复杂的计算需求的,这就需要搭建介于两者之间的高性能计算平台。

高性能计算平台所需要的硬件配置,应该至少是稍好的服务器级别,最主要的配置是双CPU 及以上,足够的内存或好的 GUP、大的硬盘空间等,其他的不影响使用效果就行。由于计算机硬件的发展日新月异,这里就不仔细讨论高性能计算平台的硬件配置了。再好的硬件平台,也离不开软件的支持。接下来主要介绍操作系统的安装、计算平台常用的软件配置和材料模拟计算软件的安装。

6.1 Linux 操作系统

Windows 操作系统是大家熟悉的且办公环境使用非常广泛的操作系统。然而在计算平台中,尤其是大规模并行运算的系统,较多都是使用 Linux 操作系统,很少直接使用Windows 操作系统,主要归结为 Windows 操作系统运行时十分占用内存,这点与 Windows日常的服务功能非常强大有关;另一方面是 Windows 操作系统的高性能计算效率和技术比不上 Linux 操作系统。从个人体验来讲,大规模程序任务操作时候,Linux 操作系统的终端操作界面使用方便,且 Linux 操作系统可以是免费的。Mac 操作系统主要用于个人电脑,安卓 Android 操作系统主要用于智能移动端,且这两种操作系统都与 Linux 有渊源,这里就不再予以比较说明。当前,Linux 是服务器和开发人员首选的操作系统,广泛应用于嵌入式系统、服务器、超级计算机等。

Linux 操作系统有很多的版本,这应归功于 Linux 系统开发者一直以来秉承的开源、免费理念。Linux 的版本实际应该分为两类:一类是内核版本,它是免费的,它只是操作系统的核心,负责控制硬件、管理文件系统、程序进程等,并不给用户提供各种工具和应用软件。实际上,操作系统的内核版本指的是 Linus 本人领导下的开发小组开发出的系统内核的版本号。目前,核心的开发和规范一直是由 Linux 社区控制着,版本也是不重复的。自 1994 年 3 月 14 日发布了第一个正式版本 Linux 1.0 以来,每隔一段时间就有新的版本或其修订版公布。另一类是发行版本。它不一定免费,包含商业版本和由开源社区维护的免费发行版本。它是以 Linux 核心版本为中心,再集成搭配各种各样的系统管理软件或应用工具软件组成的一套完整的操作系统,如此的组合便称为 Linux 发行版。发行版本里面有特定命令可查询其使用的内核版本。默认情况下,所有已安装的 Linux 内核及其相关文件都存储在/boot 目录下,可使用 find 查看已安装的内核列表,一般命令为:$ find /boot/vmli * 。

　　虽然 Linux 内核是开源的,但是开源≠免费。现有的 Linux 发行版操作系统,如图 6.1 所示,可以分为由商业公司维护的商业版本和由开源社区维护的免费发行版本。可以理解为付费的是它的服务或者商业支持,所以有些 Linux 的发行版有其所谓的商业版。商业版 Linux 系统典型的代表是 RedHat Enterprise Linux。而其他著名的免费的发行版本有:Debian、Fedora、Suse、Arch、Ubuntu、CentOS、Oracle Linux、Linux Mint 及 Ubuntu Kylin (优麒麟)等操作系统。有关 Linux 操作系统的具体详情,可以参看相关教材或查找相关帮助文件。

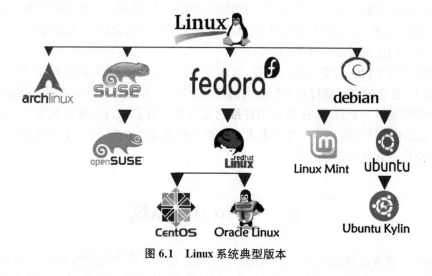

图 6.1　Linux 系统典型版本

6.2　Linux 操作系统的文件结构

　　Linux 操作系统的文件结构,与 Windows 系统有很明显的区别。掌握这点,对于后续平台软件的安装和运算操作十分必要。在 Linux 操作系统中,一切皆文件,一切从"根"开始,"/"是所有目录的起点,所有的目录、文件和设备等都是通过统一的文件系统来管理。这与 Windows 操作系统的磁盘管理模式不一样。

　　进入系统之后,在 Linux 系统的 Terminal 窗口中输入"tree -L 1 /",可以看到操作系统中的系统文件目录结构。其文件结构也可以显示为如图 6.2 所示的树状目录结构。

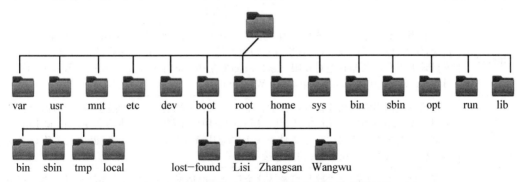

图 6.2 Linux 操作系统中一般常有的文件目录结构

图 6.2 中给出了 Linux 操作系统中各种文件目录的管理样式。了解各个文件目录对应的管理功能,对于维护 Linux 操作系统、安装各种软件、管理个人文件等,是非常有帮助的。这些功能对于操作系统的使用者来说,是必须遵守的使用规则。

表 6.1 中介绍了各个文件夹目录所规定的常用功能。

表 6.1 Linux 系统文件夹目录所规定的常用功能

目录名	目录结构
/bin/	存放系统命令的目录。普通用户和超级用户都可以执行,放在/bin 下的命令。bin 是 binary 缩写。存放系统必备的执行命令,例如:cat、cp、dmesg、gzip、kill、ls、mkdir、more、mount、rm、su、tar 等。
/sbin/	保存和系统环境设置相关的命令目录。sbin 前面的 s 代表 super 的意思,只有超级用户可以使用这些命令进行系统环境设置,有些命令可以允许普通用户查看。存放系统管理的必备命令,例如:cfdisk、dhcpcd、dump、e2fsck、fdisk、halt、ifconfig、ifup、ifdown、init、insmod、lilo、lsmod、mke2fs、modprobe、quotacheck、reboot、rmmod、runlevel、shutdown 等。
/usr/bin/	普通用户软件安装时形成的"普通指令文件"存放目录,也即存放安装软件后形成的可执行命令的目录。普通用户和超级用户都可以执行,这些命令与系统启动无关。存放应用软件工具的必备执行命令,例如:c++、g++、gcc、chdrv、diff、dig、du、eject、elm、free、gnome *、gzip、htpasswd、kfm、ktop、last、less、locale、m4、make、man、mcopy、ncftp、newaliases、nslookup passwd、quota、smb *、wget 等。
/urs/sbin/	软件安装时形成的"超级指令文件"存放目录,只有超级用户使用。存放一些网络管理的必备命令,例如:dhcpd、httpd、imap、in. * d、inetd、lpd、named、netconfig、nmbd、samba、sendmail、squid、swap、tcpd、tcpdump 等。
/boot/	系统启动目录。保存系统启动时需要加载的相关静态文件,如内核文件和启动引导程序文件等。
/dev/	系统把全部的硬件映射为文件存储在此目录。在 Linux 中,所有内容都以文件形式保存,包括硬件,这个目录就是用来保存所有硬件设备的文件的。dev 是 Device 的缩写。
/etc/	系统程序配置文件保存的位置目录。系统内所有采用默认安装方式的服务配置文件全部都保存在这个目录当中,如用户账户和密码,服务的启动脚本,常用服务的配置文件。etc 是 Etcetera 的缩写。

目录名	目录结构
/home/	普通用户的家目录。系统每增加一个用户账号，都会在此目录下创建一个"同名"的文件目录，作为该用户每次默认的直接登录位置。这个位置就是这个用户的家目录，该用户对家目录下所有信息拥有绝对权限。家目录都是在/home/下建立一个和用户账号名相同的目录，如图 6.2 中的 Lisi，Zhangsan 和 Wangwu。
/lib/	存放系统调用的函数库保存位置的目录。存放着系统最基本的动态连接共享库，其作用类似于 Windows 中的 DLL 文件，几乎所有的应用程序都需要这些共享库。lib 是 Library 的缩写。例如为系统启动或根文件系统上的应用程序(/bin,/sbin 等)提供共享库以及为内核提供内核模块；libc.so.* 动态连接的 C 库等。
/lost + found/	存放意外情况时的文件碎片目录。这个目录一般情况下是空的，当系统意外崩溃或机器意外关机时，产生的一些文件碎片就放在这里，在系统重新启动的过程中 fsck 工具会检查这里，并修复已经损坏的文件系统。这个目录在每个分区中出现，例如/lost + found/就是根分区的备份恢复目录，/boot/lost + found 就是/boot/分区的备份恢复目录。
/media/	系统便携式外加设备的挂载目录。Linux 系统识别这些设备后，把识别的设备挂载到这个目录下。例如 cdrom(加载光驱、挂载光盘)，floppy(软驱、软盘)，U 盘等。
/mnt/	临时设备的文件挂载目录。如光驱、U 盘、移动硬盘和其他操作系统的分区。
/opt/	第三方应用程序安装软件保存的位置目录。这个目录就是放置和安装其他软件的可选位置，手工安装的源码软件包都可以安置在这个目录，现在大家更习惯把软件放置到/usr/local/目录当中，也就是说/usr/local/目录也可以用来安装软件。opt 是 optional 的缩写。
/proc/	虚拟文件系统目录。该目录中的数据并不保存在硬盘中，而是保存在内存中，主要包括系统的内核、进程、外部设备状态和网络状态等。它是系统内存的映射，可以通过直接访问这个目录来获取系统信息。proc 是 process 的缩写。
/sys/	虚拟文件系统目录。和/proc 目录类似，都是保存在内存中的，主要是保存内核相关信息。当一个内核对象被创建的时候，对应的文件和目录也在内核对象子系统中被创建。sys 是 system 的缩写。
/root/	超级用户的家目录。普通用户目录在/home/下，超级用户的家目录直接在根目录下；也称作超级权限者的用户主目录，类似于 Windows 中的管理员。
/tmp/	系统存放临时文件的目录。为那些会产生临时文件的程序提供的用于存储临时文件的目录。该目录下所有用户都可以访问和写入，建议每次开机都把该目录清空。tmp 是 temporary 缩写。
/usr/	系统软件资源目录。系统中安装的软件大多数保存在这个目录下。用户的很多应用程序和文件都放在这个目录下，类似于 Windows 的 program files 目录。usr 是 unix shared resources 的缩写。/usr/local：程序安装目录。/usr/tmp：被抛弃的临时文件目录。
/var/	保存动态数据，缓存，日志以及软件运行所产生的文件的目录。这个目录中存放着在不断扩充着的东西，那些经常被修改的目录一般放在这个目录下。包括各种日志文件。var 是 variable(变量) 的缩写。

　　Windows 操作系统中，大家熟悉的硬盘格式是 FAT32、NFTS 和 exFAT，FAT32 每个分区最大支持 2TB，不能存储大于 4GB 的单个文件，目前 NTFS 是较好的 Windows 操作系统硬盘格式。而 Linux 操作系统的硬盘格式是 EXT2、EXT3 和 EXT4，后面的格式弥补前面格式的缺点，并兼容前面的格式。Ext3 支持最大 16TB 文件系统和最大 2TB 文件，

Ext4 分别支持 1EB 的文件系统及 16TB 的文件。Ext3 支持 32 000 个子目录,而 Ext4 支持无限数量的子目录。

6.3　Linux 操作系统的用户权限和文件属性

在服务器或集群上进行操作,计算平台的管理员会分给使用者账户和指定操作权限。一般来说,使用者也应该知道和了解自己所具有的账户的权限,然后也能确定自己在计算平台上可浏览到的各种文件。

Linux 操作系统下的用户主要可以分为 3 类。① 超级用户,用户名为 root,此用户拥有控制系统的一切权限,一般只有进行系统维护或其他必要的情况才会使用超级用户登录,这也是 Linux 系统的一种安全管理方式。② 系统用户,是 Linux 系统正常工作所必需的用户。主要是为了满足相应的系统进程对文件属主的要求而建立的,例如,bin、daemon、adm、lp 等用户。系统用户不能用来登录。③ 普通用户,让使用者能够使用 Linux 系统资源而建立的权限用户,大多数用户属于此类。普通用户具有自己用户名下的所有操作权限,可以部分浏览系统中其他文件目录下的信息,但是不能修改、删除和移动系统中的文件。此外,还有用户组管理方式,属于同一用户组的任何用户均可以读取用户组账户信息配置文件。

文件属性是指文件相关的属性,主要包括文件使用者的权限、文件连接数、文件所有者、文件所属群组、文件大小、文件最后修改时间、文件名等。在 Linux 操作系统的 Terminal 窗口,可以用"ls -l"命令查看文件/目录详细的属性。例如,某用户运行之后显示:

drwxr - xr - x 2 zhangsan zhangsan　4098 Dec 27　2018　Desktop

Linux 系统文件属性的次序说明如下,具体对应关系和解释如图 6.3 所示。

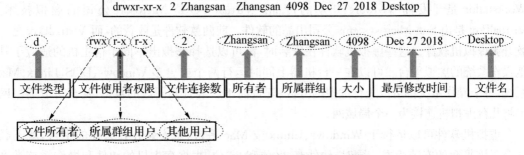

图 6.3　Linux 系统中文件属性说明示意图

文件类型＋文件使用者权限＋文件连接数＋所有者＋所属群组＋大小＋最后修改时间＋文件名。

文件类型的说明是由第一个字符表示:" -"表示文件;"d"则表示目录;"l"表示链接文件;"c"表示设备里的串行端口如鼠标、键盘;"b"则表示设备里可存储的接口,等等。

文件使用者权限,类似于"rw -r--r--"的一串符号,此段分为三个固定部分,分别为"文件所有者"、"所属群组用户"和"其他用户"。每个部分用 3 个符号表示，r 表示可读(read)，w 表示可写(write)，x 表示可执行(execute)，这三个权限的位置是固定的，如果没有权限，则用 "–"来表示。图 6.3 中说明的范例，文件所有者的权限是"rwx"，所属群组用户的权限是"r – x"，其他用户权限是"r – x"。

接下来是文件连接数，表示有多少文件名连接到此节点(i – node)，此处为 2。接着是所有者和所属群组的说明，此处对应所有者是 Zhangsan，所属群组 Zhangsan。然后是文件大小，这里指出文件的容量大小为 4098，默认单位为 B。文件内容的最后修改时间 2018 年 12 月 27 日，也即记录了文件的创建日期，或者最近的修改日期。最后指出文件名，这里示例是 Desktop。另外，如果是隐藏文件，Linux 系统中，该文件名将以"."开头显示，例如".bashrc"文件。

6.4　虚拟机软件及其 Linux 操作系统安装

对于没有使用过或不熟悉新操作的初期使用者来说，操作系统的安装也不是一件容易的事情。且由于操作系统的特殊性，安装一款新的操作系统，要么是使用另一台电脑，要么是覆盖安装之前的操作系统，要么是双系统之间进行切换。这几种方式不管用哪种方式，对于使用者来说，都会对现有电脑的使用造成比较大的影响。接下来提到的虚拟机软件，就提供了另外一种很方便的学习新操作系统的方式。当然，做大规模的材料学计算任务时，不应该在虚拟机里面进行。

虚拟机是一个通过软件模拟的具有完整硬件系统功能的平台。进入虚拟系统后，所有操作都是在这个全新的独立的虚拟硬件系统里面进行，可以独立安装操作系统，然后在这个操作系统里面，就像独立运行一台电脑一样，拥有自己的独立桌面，可以安装、运行软件，保存数据，且不会对安装虚拟机的真实的系统产生任何影响。通常也把真实的系统机器称为宿主机，虚拟机就像是寄生在宿主机身上一样。现今，能实现虚拟机的软件比较多，并且有适应各种平台的版本，常见的几款虚拟机软件为 VMware Workstation、Virtual PC、VirtualBox。VMware Workstation 是开发商 VMware 开发的产品。Virtual PC 是 Microsoft 公司的虚拟技术。VirtualBox 是由 Sun Microsystems 公司出品的软件。前两款软件是收费的，而 VirtualBox 是一款开源虚拟机软件。这些虚拟机软件在安装时，都可以选择虚拟出不同于宿主机的适应于其他操作系统的虚拟平台。可以在一台机器上同时运行两个或更多 Windows、DOS、Linux、Mac 系统，每个操作系统都可以进行虚拟的分区、配置而不影响真实硬盘的数据，甚至可以通过网卡将几台虚拟机连接为一个局域网。

虚拟机软件可以运行于 Windows、Linux 或 Mac 平台，想安装在什么样的平台，就下载适合于该平台的安装版本。同时，软件有 32 位和 64 位，根据宿主机的硬件和操作系统类型进行选择。虚拟机软件的安装与其他类型的软件安装是一样的，没有特别之处。

安装 Linux 操作系统，先选择要学习的 Linux 发行版本，32 位或 64 位。一般都是下载该版本的 *.iso 镜像文件，iso 文件是电脑光盘镜像的存储格式之一，俗称 iso 镜像文件。它形式上是一个文件，可由刻录软件或者镜像文件制作工具创建，可以由虚拟光驱类软件打开，虚拟机软件可以直接读取 *.iso 镜像文件。下面以安装好之后的 VMware Workstation 为例，进行安装 Linux 示例说明，其他的虚拟软件可以参照相关帮助文档。

　　第一步　打开虚拟软件界面,点击新建虚拟机,然后在弹出框也有两种选择,第一项为典型安装,第二项是自定义安装,一般选择典型安装较为简单,如图 6.4 所示。

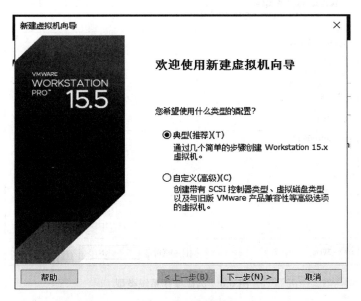

图 6.4　创建新虚拟机

　　第二步　点击"下一步"按钮后跳出如图 6.5 所示对话框。第一项"安装程序光盘",使用光驱启动;若选择第二项"安装程序光盘映像文件",就把路径选择到之前 * .iso 镜像文件保存的位置,那么虚拟机将自动识别 iso 文件并直接以简单模式进行安装;也可以选择第三项"稍后安装操作系统",具体挂载镜像文件类型,可以之后再设置。点击"下一步"按钮。

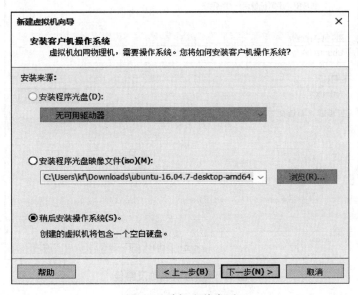

图 6.5　选择安装类型

　　第三步　如图 6.6 所示,这里选择 Linux 系统,根据宿主机的硬件和操作系统情况,选择了 64 位,并以 Ubuntu 64 位为例,点击"下一步"按钮。

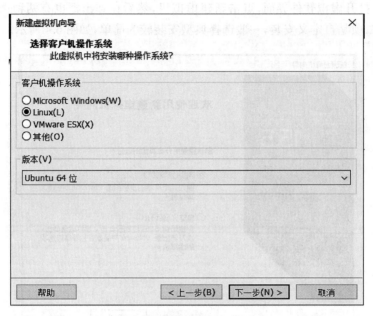

图 6.6　选择操作系统类型

　　第四步　在如图 6.7 所示的对话框中,设定虚拟系统的名字;然后选择虚拟机系统的存放路径,点击"浏览"按钮,可以选择目的地。若是 Windows 系统,建议以空间充足的磁盘为路径目的。点击"下一步"按钮。

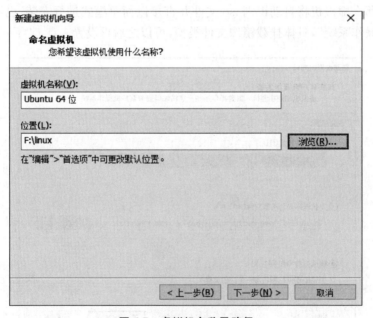

图 6.7　虚拟机名称及路径

　　第五步　得到如图 6.8 所示界面,设置可以用到的最大磁盘空间大小,不能超过宿主机的实际空间大小。这部分空间,在虚拟机没有用到时,宿主机仍然是可以自由使用的。点击"下一步"按钮。

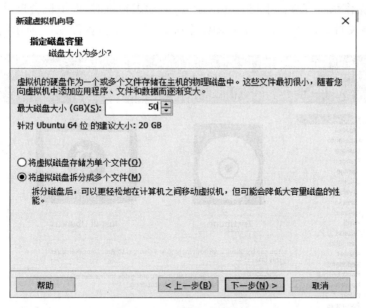

图 6.8 设置硬盘空间大小

第六步 弹出如图 6.9 所示的界面,在这个界面中,可以设置即将安装系统的其他的硬件配置。例如内存、处理器、CD/DVD 等,这些硬件的配置,是与宿主机密切相关的,其最大数值不可超过宿主机。如果宿主机硬件条件允许,划拨给虚拟机使用的配置越高越好。一般划拨给虚拟机的硬件配置,都是动态使用的,虚拟机软件打开时,如果用起来,即当被虚拟机使用,否则都还是宿主机可自由使用的。有的虚拟机,可以做强制性划拨,这种情况下虚拟机一启动,则这部分资源就被虚拟机占用。图 6.9 界面中,还有"CD/DVD"检测选项,若图 6.5 步骤中,没有挂载操作系统的镜像文件,在这里可以选择挂载,并且点击"启动时连接"。完成上述操作之后,虚拟机软件就给即将安装的系统做好了硬件配置。

图 6.9 设置虚拟机其他的配置信息

第七步　操作系统安装。根据上述的设置,启动虚拟机时,虚拟机会自动读取操作系统的安装包 * .iso 文件。以安装 Ubuntu 操作系统为例,会得到如图 6.10 所示的安装界面。

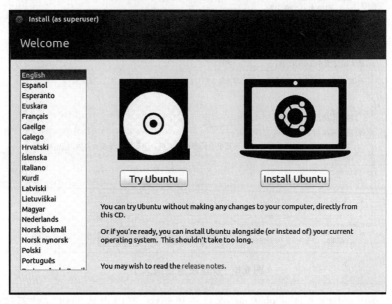

图 6.10　安装界面

到图 6.11 界面设置用户的用户名和计算机名。注意用户不能将 root 作为自己的用户名,因为受 Ubuntu Linux 对用户权限的控制,不支持名为 root 的系统管理员直接登录。设置完成后点击"continue"按钮进行安装,之后的安装过程与其他的宿主机操作系统安装过程一样,这里不再详细展开。安装完成后,重启可进入 Ubuntu 系统。

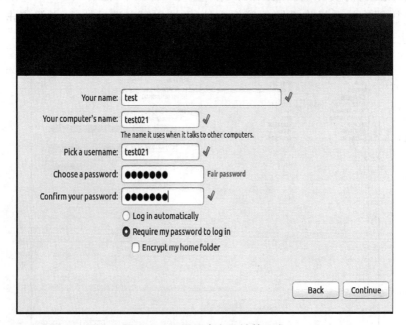

图 6.11　设置用户名和计算机名

6.5　Ubuntu 终端及其常用命令

　　Linux 操作系统有个功能强大的 Terminal 终端操作窗口。该窗口的打开方式有多种,例如:① 桌面空白部分右键打开终端;② 在活动终端上使用快捷键 ctrl＋shift＋t;③ 利用系统菜单打开终端,如图 6.12 所示。在 Linux 操作系统做任务计算时候,绝大部分的操纵都是通过这个窗口以命令形式进行,包括软件安装、文件夹建立和删除、任务提交、数据下载和处理、远程登录等等。窗口本身可以修改背景色,也可以调整字号显示大小和颜色等。

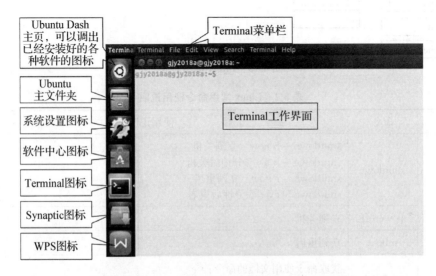

图 6.12　Ubuntu 操作系统的主界面和 Terminal 窗口

　　下面介绍计算任务提交和处理数据时候,常用的一些终端使用命令。这些命令与早期 DOS 操作系统的命令类似,而且在 Linux 不同的发行版本中,常用的命令都是通用的。

　　在 Terminal 终端操作窗口中,输入的命令都是小写字母。命令带参数操作时,命令和参数之间必须有一个空格。命令的参数有大写和小写字母,可以多个参数同时使用,命令前面的提示符有如下区别:

　　＃:表示 root(超级管理员)用户;＄:表示普通用户。

　　所有命令都是在提示符后面输入。Linux 终端操作命令数量较多,较为常用的命令如图6.13所示。这些命令也是任务计算处理时常用的命令,主要包括基础功能操作命令、文件操作命令、文件查看与编辑命令、压缩解压命令、进程查看与控制命令等。较为详细的命令介绍如表 6.2 所示。

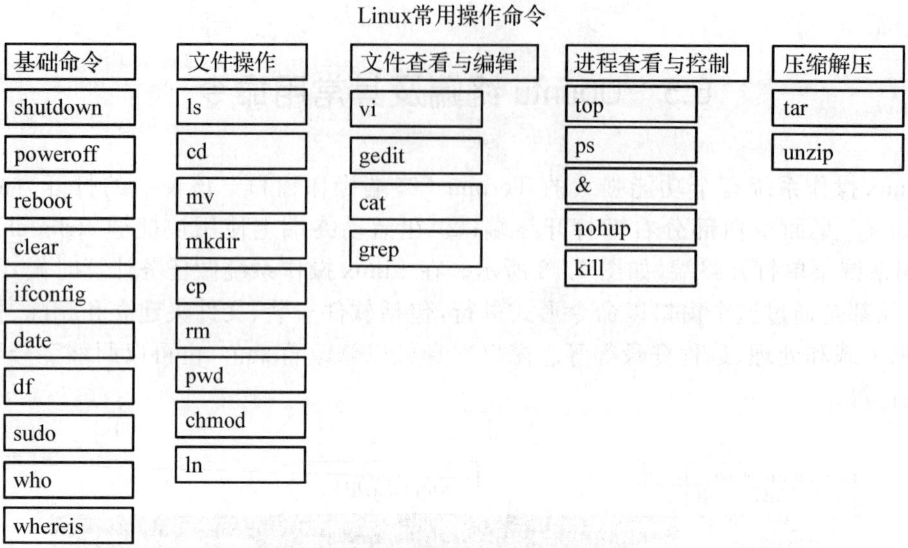

Linux常用操作命令

基础命令	文件操作	文件查看与编辑	进程查看与控制	压缩解压
shutdown	ls	vi	top	tar
poweroff	cd	gedit	ps	unzip
reboot	mv	cat	&	
clear	mkdir	grep	nohup	
ifconfig	cp		kill	
date	rm			
df	pwd			
sudo	chmod			
who	ln			
whereis				

图 6.13 Linux 常用命令

表 6.2 Linux 常用命令使用说明

类别	命令	使用说明
基础功能命令	shutdown	shutdown – h now　立刻关机 shutdown – h 5　5 分钟后关机 shutdown – r now　立刻重启 shutdown – r 5　5 分钟后重启
	poweroff	立刻关机
	reboot	立刻重启
	help	获取命令使用文档的命令： 　shutdown -- help 　ifconfig -- help
	man	查看命令说明书的命令 　man shutdown 打开命令说明书之后,使用按键 q 退出
	clear	清理屏幕的命令
	date	查看系统日期时间的命令
	ifconfig	直接输入可以得到本机的网卡信息及 IP 地址
	df	查看磁盘空间使用情况命令。 – a 全部文件系统列表；– h 以方便阅读形式显示信息；– T 列出文件类型
	sudo	以其他身份来执行命令的命令。把 sudo 这个命令放在其他命令之前,相当于给后面这个要执行的命令以系统管理员身份运行,要输入密码,若是连续一个时间段使用,第一次输入密码后,后面同样的操作就不要密码。
	who	显示在线登录用户
	whereis	查看文件的位置

类别	命令	使用说明
文件操作命令	ls	查看当前路径下的文件、文件夹和文件属性信息。 ls -a 列出目录所有文件,包含以":."开头的隐藏文件 ls -l 除了文件名之外,还将文件的权限、所有者、文件大小等信息详细列出来 ls -t 以文件修改时间排序
	cd	改变当前目录命令。 cd　　　　直接返用户名目录。 cd 路径　　切换至该路径。 cd -　　　返回到上一次去过的目录。 cd …/　切换到上一级目录(可叠加 -> ♯cd …/…/…/ => 切换到上上上一级目录)。
	mv	移动文件或给文件改名: mv　/root/host.conf　/root/myfile 给文件改名 mv　/root/myfile　/home/Lisi　移动文件到 Lisi 目录
	mkdir	建立文件夹:mkdir tigger
	cp	将源文件复制至目标文件,或将多个源文件复制至目标目录。 注意:命令行复制,如果目标文件已经存在会提示是否覆盖 -r 复制目录及目录内所有项目 -a 复制的文件与原文件时间一样 cp a.txt test.txt
	rm	删除文件命令 -r　　　递归删除,可删除子目录及文件 -f　　　强制删除 rm　/root/myfile2 rm　-f　/a.dat　　不需确认
	pwd	获取当前路径的命令
	chmod	用于改变 linux 系统文件或目录的访问权限的命令。 r:读权限,用数字 4 表示; w:写权限,用数字 2 表示; x:执行权限,用数字 1 表示; -:删除权限,用数字 0 表示; s:特殊权限; chmod + x t.log　给 t.log 文件增加可执行权限。
	ln	为文件在另外一个位置建立一个同步的链接,当在不同目录需要该文件时,就不需要为每一个目录创建同样的文件,通过 ln 创建的链接减少磁盘占用量。ln 的链接又分软链接和硬链接两种: 软链接使用格式: ln -s 源文件 目标文件 ln -s source.log link.log 它只会在用户选定的位置上生成一个文件的镜像,不会占用磁盘空间。 硬链接使用格式: ln 源文件 目标文件 没有参数 -s,它会在用户选定的位置上生成一个和源文件大小相同的文件,无论是软链接还是硬链接,文件都保持同步变化。

类别	命令	使用说明
文件查看与编辑命令	vi	新建或打开一个文件,并可以进行编辑。要进入编辑时按键"ESC"或"i"或":"来切换模式。 进入编辑模式插入使用功能,按"i"; 退出编辑模式输入按键 esc;保存输入":w";退出输出":q"; 不保存退出输入":q!";保存退出输入":wq"。 vi 是功能很强大的文件处理命令,编辑模式的使用还有很多操作,可以参考 vi 的帮助文档。
	gedit	实际是一个文件编辑软件,在 Terminal 窗口中输入这个命令后会打开一个 gedit 界面。
	cat	显示文件内容:cat filename 几个文件合并为一个文件: cat file1 file2 > file 从键盘创建一个文件: cat > log.txt <<EOF > Hello > World > PWD = $ (pwd) > EOF 上述内容由键盘输入,生成文件 log.txt
	grep	文本搜索命令。该命令使用参数较多,可查看帮助文档。 grep 'Total =' out.txt　从 out.txt 文件中查找"Total ="行内容。
压缩解压命令	tar	用来打包和解压文件,常用参数如下: -c 归档文件;-x 压缩文件;-z gzip 压缩文件; -j bzip2 压缩文件;-v 显示压缩或解压缩过程 v(view); -f 使用文档名。 tar -ztvf etc.tar.gz　查看打包的文件内容; tar -xvf file.tar　解压 tar 格式文件; tar -xzvf file.tar.gz　解压 tar.gz 格式文件; tar -xjvf file.tar.bz2　解压 tar.bz2 格式文件; tar -xZvf file.tar.Z　解压 tar.Z 格式文件。
	unzip	unzip file.zip 解压 zip 格式文件
进程查看与控制命令	top	动态显示当前系统正在执行的进程的相关信息,包括进程 ID、内存占用率、CPU 占用率等。 -c 显示完整的进程命令;-s 保密模式; -p <进程号> 指定进程显示;-n <次数>循环显示次数。
	ps	查看进程命令,常用参数为: -A 列出所有的进程; -w 显示加宽可以显示较多的信息; -au 显示较详细的信息; -aux 显示所有包含其他使用者的行程。

续　表

类别	命令	使用说明
进程查看与控制命令	./	命令行运行。 运行　./filename 退出　ctrl + c
	&	加在一个命令的最后,可以把这个命令放到后台执行。 watch - n 10 sh test.sh & 每 10 s 在后台执行一次 test.sh 脚本
	nohop	即使关闭当前的终端也能在后台执行(之前的 & 无法实现这功能),这时候需要 nohup。 该命令可以在用户退出账户/关闭终端之后继续运行相应的进程。 后台运行: nohup command > out.file 2 > &1 &
	kill	终止进程,后面直接输入需要终止的进程号。

6.6　Ubuntu 系统常用配置与软件安装

　　Linux 操作系统安装好之后,在后续使用及其他软件安装之前,还需要对操作系统进行一些必要的常用的系统配置。通常 Ubuntu 操作系统都有默认的系统使用资源,一般都能直接正常联网。但是较多情况下,系统资源和软件的更新都是从国外服务器镜像源下载,这样连接速度慢且常常导致更新下载失败。另外,在后续安装一些常用软件时,所需要的常用库函数缺失,也需要系统进行前期配置。下面介绍几类常用的 Ubuntu 操作系统的使用配置。由于 Linux 操作系统各种发行版本在持续更新,以下给出的操作方式可能存在过时风险,但操作的思路是类似的。

　　1. 网络配置

　　就 Ubuntu 操作系统而言,Ubuntu20.04 之前的版本常采用如下的方式。

　　(1) ifconfig 查找电脑网卡配置信息,若已经能看到网址信息,一般是能上网了。若没有,则记下要配置的网卡名称,通常为"en＊＊＊＊"。为后面演示方便,这里假设为"eno1",有的有多个网卡,可视情况取舍。

　　(2) 打开网卡配置文件。

```
sudo vi /etc/network/interfaces     # 这是打开 interfaces 文件,其默认内容一般为:
auto lo
iface lo inet loopback
```

　　(3) 修改网卡配置文件,有两种方式。
　　① 静态模式。

```
auto eno1                    # 修改为所用电脑的网卡名称
```

```
iface eno1 inet static      # 针对网卡设置为静态模式
address  192.168.0.112       # 局域网内 IP 地址
netmask  255.255.255.0       # 子网掩码
gateway  192.168.0.1         # 局域网网关
```

② 动态模式。

```
auto eno1                   # 修改为所用电脑的网卡名称
iface eno1 inet dhcp        # 针对网卡设置为动态模式
```

使用哪种模式,视具体情况考虑,设置好内容之后,保存退出。

（4）重启网络。

```
sudo /etc/init.d/networking restart
```

或重启网卡。

```
sudo ifconfig eno1 down     # 关闭网卡 eno1
sudo ifconfig  eno1 up      # 启动网卡 eno1
```

或重启电脑,之后,可以用 ifconfig 查询是否已经有 IP 地址可以查到,若有了,则正常了。

Ubuntu20.04 及之后的版本,没有上述的 interfaces 文件,系统引入了 netplan 工具来管理网络配置,一般系统默认使用动态 IP,具体配置时需采用如下的方式。

① 打开网络配置文件。

```
sudo vi /etc/netplan/ * * * * * * .yaml
```

例如:sudo vi /etc/netplan/01 - network - manager - all.yaml

不同系统的文件名有差异,认准后缀.yaml 即可。yaml 文件中的缩进必须保持一致,否则会出现报错。

② 配置 yaml 文件有三种方式。

➤ 使用 DHCP 模式:

```
network:
  version: 2
  renderer: networkd
  ethernets:
    eth0:           # 有线网卡名字,通过 ifconfig 查得
      dhcp4: yes    # 启用 dhcp4
```

➤ 使用静态 IP 模式:

```
network:
  version: 2
  ethernets:
    eth0:
      addresses: [192.168.1.100/24]
```

```
dhcp4: no        # 禁用 dhcp4
dhcp6: no
gateway4: 192.168.1.1
nameservers:     # DNS 服务器列表,多个则用逗号分开
   addresses: [192.168.1.1,114.114.114.114]
```

➢ 配置 wifi 模式:

```
network:
  version: 2
  wifis:
  wlan0:     # 这有无线网卡名字,可通过 ifconfig 查得
    dhcp4: no
    dhcp6: no
    addresses: [192.168.2.155/24]
    gateway4: 192.168.1.1
    nameservers:
      addresses: [192.168.1.1,8.8.8.8]
    access -points:
      "* * * * *":     # 无线网络名称(SSID)
         password: "* * * * * * * * *"   # 无线网络密码
```

③ 配置完成后启用配置。

sudo netplan apply

再次输入 ifconfig 命令,查看修改后的 IP 地址,若有了则配置成功。

2. 软件源和系统源配置

国内已经有许多可用的很好的镜像源,只需要更改镜像源设置,就能从国内的镜像源下载需要的软件、工具等。系统更新源配置的方法常用有两种,其操作方式如下。

(1) 方案:打开系统设置(System settings),如图 6.14 所示,在面板中找到软件更新(Software&Updates)设置的位置。图 6.15 和图 6.16 给出了后续的操作设置。

图 6.14　系统设置的软件更新位置

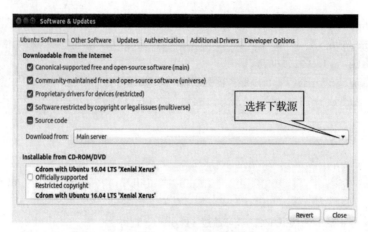

图 6.15 Ubuntu 系统设置选择更新下载源

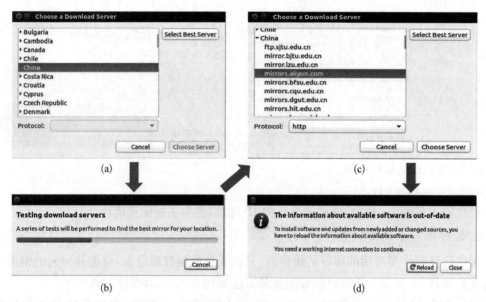

图 6.16 Ubuntu 系统设置软件更新源流程图

（2）方案：更新源列表。

先查询 Ubuntu 的国内最新源列表地址，做好复制的准备。例如清华、阿里云、网易和中科大的源等，以下给出的源列表，仅供参考。

♯清华的源

deb http://mirrors.tuna.tsinghua.edu.cn/ubuntu/xenial main multiverse restricted universe

deb http://mirrors.tuna.tsinghua.edu.cn/ubuntu/xenial-backports main multiverse restricted universe

deb http://mirrors.tuna.tsinghua.edu.cn/ubuntu/xenial-proposed main multiverse restricted universe

deb http://mirrors.tuna.tsinghua.edu.cn/ubuntu/xenial-security main multiverse restricted universe

deb http://mirrors.tuna.tsinghua.edu.cn/ubuntu/xenial-updates main multiverse restricted universe

deb-src http://mirrors.tuna.tsinghua.edu.cn/ubuntu/xenial main multiverse restricted universe

deb-src http://mirrors.tuna.tsinghua.edu.cn/ubuntu/xenial-backports main multiverse restricted universe

deb-src http://mirrors.tuna.tsinghua.edu.cn/ubuntu/xenial-proposed main multiverse restricted universe deb-src http://mirrors.tuna.tsinghua.edu.cn/ubuntu/xenial-security main multiverse restricted universe

deb-src http://mirrors.tuna.tsinghua.edu.cn/ubuntu/xenial-updates main multiverse restricted universe

#阿里的源

deb http://mirrors.aliyun.com/ubuntu/xenial main restricted universe multiverse

deb http://mirrors.aliyun.com/ubuntu/xenial-security main restricted universe multiverse

deb http://mirrors.aliyun.com/ubuntu/xenial-updates main restricted universe multiverse

deb http://mirrors.aliyun.com/ubuntu/xenial-proposed main restricted universe multiverse

deb http://mirrors.aliyun.com/ubuntu/xenial-backports main restricted universe multiverse

deb-src http://mirrors.aliyun.com/ubuntu/xenial main restricted universe multiverse

deb-src http://mirrors.aliyun.com/ubuntu/xenial-security main restricted universe multiverse

deb-src http://mirrors.aliyun.com/ubuntu/xenial-updates main restricted universe multiverse

deb-src http://mirrors.aliyun.com/ubuntu/xenial-proposed main restricted universe multiverse

deb-src http://mirrors.aliyun.com/ubuntu/xenial-backports main restricted universe multiverse

#网易源

deb http://mirrors.163.com/ubuntu/wily main restricted universe multiverse

deb http://mirrors.163.com/ubuntu/wily-security main restricted universe multiverse

deb http://mirrors.163.com/ubuntu/wily-updates main restricted universe multiverse

deb http://mirrors.163.com/ubuntu/wily-proposed main restricted universe multiverse

deb http://mirrors.163.com/ubuntu/wily-backports main restricted universe multiverse

deb-src http://mirrors.163.com/ubuntu/wily main restricted universe multiverse

deb-src http://mirrors.163.com/ubuntu/wily-security main restricted universe multiverse

deb-src http://mirrors.163.com/ubuntu/wily-updates main restricted universe multiverse

deb-src http://mirrors.163.com/ubuntu/wily-proposed main restricted universe multiverse

deb-src http://mirrors.163.com/ubuntu/wily-backports main restricted universe multiverse

#中科大源

deb https://mirrors.ustc.edu.cn/ubuntu/bionic main restricted universe multiverse

deb-src https://mirrors.ustc.edu.cn/ubuntu/bionic main restricted universe multiverse

deb https://mirrors.ustc.edu.cn/ubuntu/bionic-updates main restricted universe multiverse

deb-src https://mirrors.ustc.edu.cn/ubuntu/bionic-updates main restricted universe multiverse

deb https://mirrors.ustc.edu.cn/ubuntu/bionic-backports main restricted universe multiverse

deb-src https://mirrors.ustc.edu.cn/ubuntu/bionic-backports main restricted universe multiverse

deb https://mirrors.ustc.edu.cn/ubuntu/bionic-security main restricted universe multiverse

deb-src https://mirrors.ustc.edu.cn/ubuntu/bionic-security main restricted universe multiverse

deb https://mirrors.ustc.edu.cn/ubuntu/bionic-proposed main restricted universe multiverse

deb-src https://mirrors.ustc.edu.cn/ubuntu/bionic-proposed main restricted universe multiverse

接着执行下面的操作：

```
sudo cp /etc/apt/sources.list /etc/apt/sources.list_backup   # 备份源列表
sudo vi /etc/apt/sources.list     # 编辑源文件
```

不熟悉 vi 命令的使用时，可以用下面的命令：

```
sudo gedit /etc/apt/sources.list
```

可以全部或部分复制上述源列表替换 sources.list 里面原来的源。

最后更新源：

```
sudo apt - get update        # 更新源列表,换源后必须执行,有时连续多次运行
sudo apt - get upgrade       # 更新已安装的所有软件包
```

3. 常用 apt 配置操作命令

apt-get 命令是 Debian Linux 发行版中的 APT 软件包管理工具。所有基于 Debian 的发行版本都使用这个包管理系统,ubuntu 系统也使用这个包管理系统。

```
sudo apt - get check                        # 检查是否有损坏的依赖
sudo apt - get dist - upgrade -- fix - missing  # 修复各种库文件的依赖关系
sudo apt - get install - f                   # 修复依赖关系
sudo apt - get clean                        # 清理缓存
sudo apt - get autoclean                    # 清理无用的包
sudo apt - get instal vim                   # 安装完整版 vi,这是个功能强大的编辑器
sudo apt - get dist - upgrade               # 将系统升级到新版本,若没有必要就别升级
sudo apt list -- installed                  # 列出已安装的软件包
```

4. 软件安装和依赖软件配置的操作命令

```
sudo apt - get install package          # package 代表要安装的安装包的名字
sudo apt - get remove packagename       # 卸载一个已安装的软件包(保留配置文件)
sudo apt - get install build - essential
# build - essential  软件包提供编译其他程序软件包必需的开发环境,会同时安装 dpkg -
dev, g ++, gcc, libc6 - dev, make 等这些构建开发环境必需的程序。
sudo apt - get instal gdebi                  # 安装 gdebi
```

deb 格式是 Debian 和 Ubuntu 操作系统专属安装包格式,寻找在这两种操作系统里面能够安装的软件,需要用这种格式的安装包。gdebi 是一款 deb 格式的安装包,其图形工作界面如图 6.17 所示。

图 6.17　Ubuntu 系统中 gdebi 软件图形工作界面

```
sudo gdebi ./****.deb  -y           # 用 gdebi 命令形式安装 deb 软件包的命令
sudo apt install -y ./****.deb      # 用 apt/apt -get 命令安装 deb 软件包的命令
```

rpm 是 RHEL、CentOS 操作系统专属安装包格式，rpm 也同时是 RHEL、CentOS 操纵系统 RPM 软件包的管理工具。

```
rpm -ivh your -package.rpm  # 用 rpm 安装 rpm 格式安装包
```

yum 命令是 Fedora、RedHat 及 SUSE 操纵系统中基于 rpm 软件包的强大管理器，它可以使系统管理人员交互和自动化地更新与管理 RPM 软件包，能够从指定的服务器自动下载 RPM 包并且安装，可以自动处理依赖性关系，并且一次性安装所有依赖的软件包，无须繁琐地一次次下载、安装。

```
yum install                  # 全部安装
yum install package1         # 安装指定的安装包 package1
yum update                   # 全部更新
yum update package1          # 更新指定程序包 package1
yum check -update            # 检查可更新的程序
yum upgrade package1         # 升级指定程序包 package1
yum info package1            # 显示安装包信息 package1
yum list                     # 显示所有已经安装和可以安装的程序包
yum remove/erase package1    # 删除程序包 package1
yum clean packages           # 清除缓存目录下的软件包
```

但是 yum 长期存在内存占用过多、依赖解析速度变慢的问题，近些年 yum 包管理器已被 DNF 包管理器取代。

```
yum install -y epel -release    # 安装 DNF 包管理器，先解决安装所需的依赖关系
yum install -y dnf              # 安装 DNF 包
dnf install package             # 安装软件包 package
dnf update                      # 升级所有系统软件包
dnf remove package              # 删除软件包 package
dnf clean all                   # 删除缓存的无用软件包
dnf list                        # 列出所有 RPM 包
dnf info package                # 查看软件包 package 详情
```

Debian 及其衍生版 Ubuntu 操作系统中还有一款图形化的软件包安装管理工具，称为 Synaptic（中文名：新立得）。

```
sudo apt -get install synaptic       # 命令安装 synaptic 工具包
```

Synaptic 是 apt 的图形化前端，被认为是一种用户友好的、易于使用的管理应用程序方法。Synaptic 作为 apt 命令的前端，意味着 apt 能够实现的功能它都能完成，而且在用户交互及操作上更加轻松简便。点击图标，因为软件包管理属于系统管理范畴，所以会提示用户输入密码，其界面如图 6.18 所示。

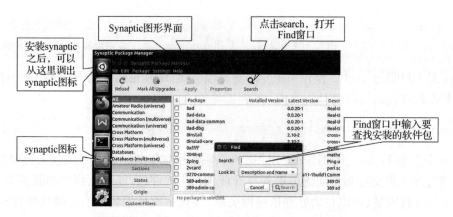

图 6.18　Ubuntu 操作系统中的 Synaptic 工作界面

　　早期版本的 Linux 系统,系统安装和软件安装都是非常专业化的过程,与 Windows 操作系统使用相比起来,非常不方便,让一般的使用者望而生畏。近些年图形化界面软件越来越多,系统自动配置功能也越来越智能化,从而也为 Linux 操作系统的使用推广带来了方便。Synaptic 软件包管理系统可以很方便查找、安装和卸载软件,如图 6.19 所示。任意一款软件安装时,都会自动提示需要同时安装的依赖软件,如图 6.20 所示,安装好之后的效果如图 6.21 所示。

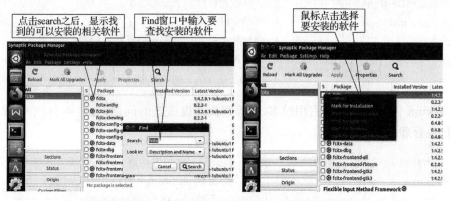

图 6.19　Synaptic 工作界面中的查找和标记安装界面

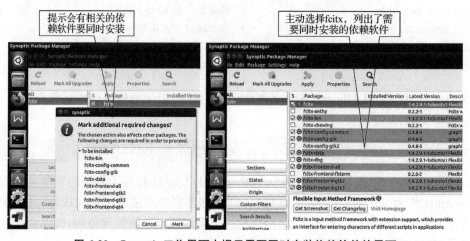

图 6.20　Synaptic 工作界面中提示需要同时安装依赖软件的界面

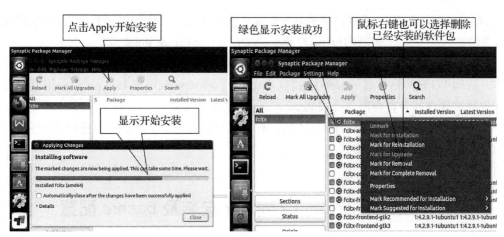

图 6.21　Synaptic 工作界面中安装成功的界面

5. 远程登录及远程控制配置

一般情况下 Linux 操作系统的远程登录功能是关闭的。若是服务器系统，通常计算任务提交时，并不直接访问系统界面，而是通过其他电脑系统远程登录访问，这需要首先打开 Linux 系统的远程登录功能。以 Ubuntu 为例，下面说明开启远程登录的配置。Ubuntu 系统需要进行 SSH 的安装和配置。

SSH 为 SecureShell 的缩写，是一种安全协议，主要用于远程登录会话数据加密，保证数据传输的安全。利用 SSH 协议可以有效防止远程管理过程中的信息泄露问题。

```
sudo apt -get install openssh -server    # 安装 ssh 服务
sudo /etc/init.d/ssh start               # 打开 ssh 服务
sudo service ssh start                   # 打开 ssh 服务
sudo ps -e | grep ssh     # 查看 SSH 服务是否启动，有 sshd 证明已启动成功
```

开启成功之后，可以在登录的电脑端，通过登录软件设置 IP 地址、用户和密码等信息，这些信息是与被登录的电脑系统对应的。Windows 端常用的远程登录软件有 FinalShell、Putty、Xshell、SecureCRT、Winscp、Mobaxterm 等，不过，这些软件通常只能在内网中访问服务器。

而若需要跨过外网访问，则要用到远程控制软件了。例如 ToDesk、RustDesk、Radmin、TeamViewer、向日葵、AnyDesk、LogMeln、Splashtop、Endpoint Central 等，这些软件有的是收费的，有的是免费的但功能受限，有的是开源免费版。操作时首先需要在两个电脑端都安装好对等版本的相应软件，具体使用细节类似，详细操作过程可参照相关使用说明。

6. 常用软件的配置

中文输入法配置。Ubuntu 默认输入法是 ibus 输入法，但这款输入法使用效果不佳。国内在 Linux 系统广泛使用的是搜狗输入法。该输入法在安装之前，需要先把系统的输入法设置为 fcitx 类型。fcitx 输入法的安装，可以参见图 6.18~6.21 中用 Synaptic 安装的过程。之后在 Ubuntu 系统设置中修改 ibus 输入法为 fcitx 类型。进入系统设置 System Settings→Language Support→keyboard input method system 选择 fcitx。接着下载搜狗输入法的 *.deb 安装包，用

deb 管理软件安装该软件,或者直接用命令安装搜狗输入法。具体安装过程,可以参照搜狗网站官方的输入法安装指导说明:https://shurufa.sogou.com/linux/guide。

办公软件安装配置。Ubuntu 默认的办公软件使用效果不佳,可以安装 WPS 的 Linux 版本。访问 WPS 网站下载 *.deb 格式包:https://www.wps.com/download/,用 deb 管理软件安装该软件或者直接用命令安装。

在 Ubuntu Software 软件中心,还默认有很多功能软件,若需要可以选择安装使用,其他的功能软件,视具体情况安装。

6.7 Intel Fortran Complier 安装及 bashrc 配置

科学计算需要好的程序编译平台,不仅是算法编程方面的保障,还需要对硬件资源也有很好的控制。现今,程序编译平台和程序语言种类很多,但是底层的程序语言还是以 Fortran 和 C/C++居多,多数的高性能计算平台大都安装 Fortran 和 C/C++的编译器。英特尔专业开发的 Intel Fortran Complier 编译器是构建高性能应用程序的行业领导者,拥有完整的 Fortran 和 C/C++开发环境,在英特尔和兼容的处理器上获得业界的高度认可。该编辑器是跨平台的,运行效率高且快。

Intel Fortran Complier 编译器的 Linux 版本,可以到 Intel 网站上下载。例如下载 Intel Parallel Studio XE,学生版与教育者版是免费的,可以申请下载,根据反馈信息,点击链接获得下载权限和注册码。

以 Ubuntu 系统为例,通常在安装 Intel Fortran Complier 之前,需要确认 Ubuntu 系统是否已经安装好一些依赖软件包,例如:

```
sudo apt -get install build -essential
sudo apt -get install g ++              # 它可以用来编译 C 语言
sudo apt -get install gcc -multilib
sudo apt -get install rpm
sudo apt -get install libstdc ++ 6       # 安装 C ++的标准库
sudo apt -get install alien             # 安装一个将 rpm 包转换为 deb 包的工具
sudo apt -get install openjdk - 8 - jdk  # 安装 Java 的开源环境
```

上述依赖软件包,有些版本会根据操作系统的版本而有所变化。另外,也会与安装的 Intel Fortran Complier 版本有关。上述依赖软件包通过 Synaptic 这个 apt 图形界面管理系统安装更为方便,具体操作过程请参照图 6.18～图 6.21。在确认已安装这些之后,就可以正式进入 Intel Fortran Complier 的安装,否则在后续安装过程中,会提示依赖软件包没有安装而被迫退出安装。其一般的安装过程如下。

第一步 解压 Intel Fortran Complier 安装包。

```
mkdir intel                                # 创建 intel 文件夹
tar zvxf parallel_studio_xe_* * * *.tgz    # 解压
```

第二步 进入解压后的文件夹,运行安装文件。

```
sudo ./install.sh      # 运行安装文件,或者直接运行 ./install.sh
```

或者直接运行 ./intel_fortran –compiler_p_ * * * *.sh。

第三步 根据提示步骤,接受使用协议、输入注册号或序列号或指定激活文件所在的路径、安装路径等。一般都是使用默认设置,直到最后安装完成。在安装完的最后,注意显示屏幕上这些内容:

```
- Set the environment variables for a terminal window using one of the following
(replace " intel64 " with " ia32 " if you are using a 32 -bit platform).
For csh/tcsh:
     $  source /opt/intel/bin/compilervars.csh intel64     ## 加入环境变量的设置
For bash:
$  source /opt/intel/bin/compilervars.sh intel64       ##   加入环境变量的设置
To invoke the installed compilers:                     ## 对应编译器的命令
          For C ++: icpc
          For C: icc
          For Fortran: ifort
```

第四步 bashrc 文件配置。

安装完成后,上述编译器的 icpc、icc、ifort 命令没有自动添加到搜索路径中,需要根据上述提示,把 source 对应的两行放到".bashrc"这个隐藏文件里面。

```
vi ~ /.bashrc        ### 打开.bashrc,把下面两行放到这个文件中。
source /opt/intel/bin/compilervars.sh   intel64
source /opt/intel/mkl/bin/mklvars.sh   intel64
```

保存退出之后,再重新激活下".bashrc"文件。

```
source ~ /.bashrc
```

在终端窗口中,输入命令"which icc"或"which ifort",若能显示正确的路径了,则安装完成了。

```
$ which icc
     /opt/intel/composer_xe_ * * * */bin/intel64/icc     # * * * *代表数字号
$ which ifort
     /opt/intel/composer_xe_ * * * */bin/intel64/ifort  # * * * *代表数字号
```

6.8 OpenMPI 安装及 bashrc 配置

MPI 的英文全称是 Message Passing Interface,是一种信息传递接口通信协议,对应并行方式的高性能消息传递库,它支持分布式存储。OpenMPI 英文全称是 Open Message Passing Interface。OpenMPI 是 MPI 的一种实现,为运行时的环境提供启动和管理并行应用的基本服务。OpenMPI 是非常流行的免费 MPI 环境,高性能计算平台安装该软件,为并行运算提供高效服务。在安装前,需要配置 Fortran 和 C ++编译器。

第一步　进入主页:https://www.open -mpi.org,选择合适的版本下载。下载之后,进入存放的文件夹,对其进行解压。

```
tar vxf openmpi -* * * .tar.gz        # * * *代表版本号
```

第二步　进入文件夹后,进行 configure 配置。

```
sudo ./configure-- prefix =/home/testuser/opt/openmpi -* * * CC = icc CXX = icpc
FC = ifort
```

CC:设定编译 C 源文件时的编译命令;CXX:设定编译 C ++源文件时的编译命令;FC:设定编译 Fortran 源文件时的编译命令;-- prefix:设定安装后的路径所在目录。

若后续编译的计算软件版本不够高,用安装的高级版本去并行编译,会出错,此时建议用能接受的较为低级的 openMPI 版本安装,且安装 openMPI 时,也可以用另外的编译器。如下面例子所示,编译命令用了较为低级的编译语言。

```
sudo ./configure-- prefix =/home/testuser/opt/openmpi -* * * CC = gcc CXX = g ++
FC = gfortran
```

configure 配置时注意错误提示,直至配置成功。或直接　make all install。

第三步　编译和安装,可以分两步,也可以一步直接运行。

```
make                # 编译
make install        # 安装
```

第四步　bashrc 文件配置。

vi ～/.bashrc　#把下面语句加入的最后。

```
# openMPI
  export MPIDIR ="/home/testuser/opt/openmpi -* * *"  # 前面指定的安装路径
  export LD_LIBRARY_PATH =$ {MPIDIR}/lib:$ {LD_LIBRARY_PATH}
  export LD_RUN_PATH =$ {MPIDIR}/lib:$ {LD_RUN_PATH}
  export LIBRARY_PATH =$ {MPIDIR}/lib:$ {LIBRARY_PATH}
  export PATH =$ {MPIDIR}/bin:$ {PATH}
  export CPATH =$ {MPIDIR}/include:$ {CPATH}
  export FPATH =$ {MPIDIR}/include:$ {FPATH}
  export INCLUDE =$ {MPIDIR}/include:$ {INCLUDE}
  export MANPATH =$ {MANPATH}:$ {MPIDIR}/share/man/
```

保存退出之后:

```
source ~ /.bashrc  # 激活
```

在 Terminal 输入"which mpirun"或"which mpicc",若能显示正确的路径,则安装完成了。

```
which mpirun
/home/testuser/opt/openmpi -* * * /bin/mpirun  # * * *代表数字的版本号
which mpicc
/home/testuser/opt/openmpi -* * * /bin/mpicc
```

6.9　FFTW 安装及 bashrc 配置

FFTW 全称是 the Faster Fourier Transform in the West,是用来进行一维或者多维快速计算的离散傅里叶变换,在量子物理、光谱分析等领域有很多的应用,可提供大规模的 FFT 计算。FFTW 软件是免费软件,是作为 FFT 函数库应用的最佳选择。在安装之前需要已经安装好 gcc 或 Intel 的 Fortran、C ++编译器和 OpenMPI。其安装过程与上述 OpenMPI 安装过程类似。

第一步　进入主页:http://www.fftw.org/download.html,选择合适的版本下载。下载之后,进入存放的文件夹,对其进行解压。

```
tar vxf fftw -* * *.tar.gz       # * * *代表版本号
```

第二步　进入文件夹后,进行 configure 配置。

```
./configure -- prefix =/home/testuser/opt/fftw -* * * CC = icc F77 = ifort CFLAGS
='-static - intel ' FFLAGS ='- static - intel ' MPICC =' mpicc '-- enable - mpi
-- enable
- sse2 -- enable - avx
```

或者

```
./configure-- prefix =/home/testuser/opt/fftw -* * * CC = icc F77 = ifort CFLAGS=
'- static - intel ' FFLAGS ='- static - intel ' MPICC =' mpicc '-- enable - mpi
-- enable
- sse2 -- enable - avx -- enable - shared
```

或者

```
./configure-- prefix =/home/testuser/opt/fftw -* * * -- enable - mpi -- enable -
threads -- enable - shared MPICC = mpicc CC = gcc F77 = gfortran
```

-- prefix:设定安装目录;-- enable - mpi:编译 mpi 版的 fftw 库;-- enable - threads:编译 FFTW SMP 线程库;-- enable - shared:编译动态库;MPICC:指定 C 语言的 MPI 编译器;CC:指定 C 语言的编译器;F77:指定 Fortran 77 的编译器。除了以上参数外,还有许多

其他参数可通过"./configure --help"命令来查看具体含义,然后根据需求来进行配置。

第三步 编译和安装,可以分两步,也可以一步直接运行。

```
make               # 编译
make install       # 安装
```

第四步 bashrc 文件配置,设置 FFTW 库相关的环境变量。

```
vi ~ /.bashrc  # 把下面语句加入的最后。
export LD_LIBRARY_PATH =/home/testuser/opt/fftw -* * */lib:$ LD_LIBRARY_PATH
保存退出,source ~ /.bashrc # 激活
```

6.10 ASE 安装

ASE 全称是 Atomic Simulation Environment,是一个用 Python 语言编写的原子模拟环境包,可以用于设置、控制、分析原子计算模型。ASE 支持很多类型的纳观和微观计算程序,如VASP、SIESTA、CP2K、LAMMPS 等,这些软件的计算过程和结果,可以被 ASE 调用,ASE 里面的一些算法,可以弥补现有计算软件的功能不足。例如,SIESTA 不具有直接计算扩散势垒或过渡态的功能,ASE 中集成的爬坡弹性能带法(CINEB, Climbing Image Nudged Elastic Band),就可以与 ASE 一起执行这个算法,来计算得到扩散势垒。下面介绍 ASE 的安装。

第一步 先安装好合适版本的 Python 编译器。可以用 Ubuntu 系统里面的 Ubuntu software 来安装 Python 的高级版本;也可以下载 Python 安装包进行离线安装;可以用 apt -get 命令安装。

第二步 下载 ASE,网址:https://pypi.org/simple/ase ,下载合适版本的安装包"ase - x.xx.x.tar.gz"。

第三步 按照下面的步骤安装。

```
tar xvf ase -* * *.tar.gz           # 下载好的版本,复制到系统的相应位置
ln -s ase -* * * ase                # 建立链接关系
cd ase                              # 进入建立链接之后的 ase 文件夹
sudo python setup.py install -- user  # 运行安装命令
```

若没有错误提示,进入 bin 文件夹,在终端输入"ase test",测试是否安装成功。SIESTA 结合 ASE 执行 CINEB 计算的相关参数设置,在后续章节会讲到。

简答题

1. 简述 Linux 系统与 Windows 系统的区别。

2. 常用的 Linux 系统有哪些? 请分别列出它们的最新版本。

3. 什么是虚拟机? 什么是宿主机?

4. 常用的虚拟机软件有哪些?

5. 写出 Linux 系统 Terminal 端操作常用的至少 10 个命令。

6. 说明 Fortran 和 C/C++编译器的功能。

7. 说明 OpenMPI 软件的功能。

8. 说明 FFTW 软件功能。

9. 根据安装过程,写一份实验报告,含虚拟机安装,在虚拟机中安装 Linux 系统,在 Linux 系统安装 Fortran/C/C++、OpenMPI、FFTW 和 WPS,有图有文字说明每个操作步骤。

参考文献

［1］　https://cn.ubuntu.com/

［2］　马丽梅,郭晴,张林伟,边玲,王其坤.Ubuntu Linux 操作系统与实验教程[M].北京:清华大学出版社,2020.

［3］　孟庆昌.Linux 教程[M].北京:电子工业出版社,2019.

［4］　https://www.vmware.com/products.html

［5］　https://www.virtualbox.org/wiki/Downloads

［6］　http://software.intel.com/en-us/articles/non-commercial-software-download/

［7］　https://www.open-mpi.org

［8］　http://www.fftw.org/

［9］　https://www.cnblogs.com/lqq2314/p/16709910.html

［10］　https://shurufa.sogou.com/linux/guide

［11］　https://wiki.fysik.dtu.dk/ase/index.html

第 7 章　SIESTA 软件安装及其功能使用

现今计算科学的发展,已经可以从纳观尺度、微观尺度和宏观尺度对材料体系进行多尺度的模拟计算。各尺度使用比较成熟的软件如图 7.1 所示,例如在纳观尺度有 Quantum Espresso、SIESTA 、ABINIT、CP2K、VASP 、CASTEP、Gaussian 和 Wien2k 等软件包,这些软件主要基于薛定谔方程的求解进行属性计算;在微观尺度有 LAMMPS、GROMACS、OpenMD、NAMD、Amber、HyperChem 和 CASINO 等软件包,这些软件主要基于原子之间相互势或分子力场模型计算材料体系的属性;而在宏观尺度有 ANSYS、ABAQUS、COMSOL、Matlab 等软件,这些软件主要基于有限元方法进行微分方程的数值计算及模拟仿真,从而获得材料宏观体系的属性。

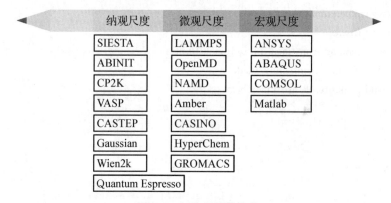

图 7.1　多尺度计算软件

一般不同尺度的计算方法,所用到的计算软件是不一样的,各尺度能获得材料属性的信息一般也不同。研究组和研究人员基于各自情况选择适合的软件。但在 Linux 系统中,各软件的安装过程和相关配置过程是相似的,具体细节过程会有不同,一般都能在软件的使用手册上获得详细信息。下面以纳观尺度基于密度泛函理论求解薛定谔方程的 SIESTA 软件为例,进行安装与配置说明。

7.1　SIESTA 介绍及其功能说明

SIESTA 全称是 Spanish Initiative for Electronic Simulations with Thousands of Atoms,是一款能够进行电子结构和从头分子动力学计算的开源软件,学术研究和计算中心可以免费申请使用。

该软件在局部密度(LDA-LSD)和广义梯度(GGA)近似以及范德华相互作用(VDW-DF)计算中采用标准 Kohn-Sham 自洽密度泛函方法。在价电子和离子实相互作用时,采用了完全非局域形式的模守恒赝势。采用数值原子轨道的线性组合作为波函数基组,并允许考虑多重 zeta 轨道、任意一个角动量和极化轨道。计算时,把电子波函数和密度投影到真实网格空间,来计算 Hartree 势和交换关联势及其矩阵元。此外,程序软件除了采用标准的 Rayleigh-Ritz 本征值计算方法外,它还允许使用占据轨道的局域化线性组合,使得程序计算时间和所用内存与原子数成线性比例,也正因如此,SIESTA 软件具有较高的执行效率,能轻松在一般的工作站上进行几百甚至上千原子体系的模拟计算,而这是以平面波为基组的软件难以实现的。

SIESTA 软件在纳观尺度模拟计算的功能主要体现为这些方面:总能量和分能量计算;原子力计算;应力张量计算;电偶极矩计算;原子、轨道和成键分析;电子密度计算;固定或变胞的几何结构优化计算;常温分子动力学计算;变胞动力学计算;自旋极化计算;布里渊区的 k 点抽样分析;局域或轨道态密度计算;晶体轨道重叠和哈密顿布居的化学键分析;电介质极化计算;振动(声子)计算;能带结构计算。此外,还有一些间接功能,可以通过 SIESTA 软件与其他软件的共同计算来实现,比如与 ASE 软件搭配,可以进行原子扩散势垒的计算等。SIESTA 软件对于分子模型、团簇模型、纳米管、表面模型、二维和三维体系及其各种组合模型等具有优异的计算性能。由于其开源使用特点,很多物理、材料、化学、生物学和工程学的研究人员都在使用。

7.2　SIESTA 编译及安装

SIESTA 程序用 Fortran 90 编写,可以动态分配内存,程序可以编译为串行和并行模式,并行编译时要用到 MPI。每种计算软件安装时,由于调用和需要用到的各种函数库不一样,需要先期配置的软件包是不同的。

第一步　配置相关软件包。除了 Intel Fortran Complier 编译器、OpenMPI 软件包之外,因 SIESTA 软件采用了 NetCDF(Network Common Data Form)数据格式编码标准,这是一种面向数组型并适于网络共享数据的描述和编码标准,在安装 SIESTA 之前还需要有下面这些软件包的配置。这些软件包不是必需,但若是没有安装好会影响 SIESTA 中 NetCDF 相关参数功能的使用。

(1) 安装 zlib,下载合适的版本:http://www.zlib.net/。

```
解压 zlib -*＊*.tar.gz 并进入目录,执行:          # ＊＊*代表数字版本号
./configure -- prefix =/home/testuser/opt/zlib -*＊*   # configure 配置
make check                                       # 编译测试
sudo make install                                # 安装
```

(2) 安装 HDF5,下载合适版本:https://www.hdfgroup.org/downloads/hdf5/。

```
解压 hdf5 -*＊*.tar.gz 并进入目录,执行:      # ＊＊*代表数字版本号
./configure -- with - zlib =/home/testuser/opt/zlib -*＊* -- prefix =/usr/local
# -- prefix 前有空格
make                # 编译
```

```
make check          # 编译测试
sudo make install    # 安装
```

安装成功之后,在 bashrc 文件最后加上以下语句:

```
vi  ~ /.bashrc          # 打开 bashrc
export LD_LIBRARY_PATH =/usr/local/lib:$ LD_LIBRARY_PATH  # 配置语句
source  ~ /.bashrc    # 激活
```

(3) 安装 NetCDF −C,下载合适版本:https://downloads.unidata.ucar.edu/netcdf/。
需要确定之前已安装好 gcc 和 gfortran。

```
解压 netcdf -* * *.tar.gz 并进入目录,执行:
sudo apt -get install m4              # 安装 m4
CPPFLAGS = -I/usr/local/include       # 定义参数
LDFLAGS = -L/usr/local/lib            # 定义参数
./configure                           # 配置
make check                            # 编译测试
sudo make install                     # 编译安装
```

(4) 安装 NetCDF −Fortran,下载合适版本:https://downloads.unidata.ucar.edu/netcdf/。

若中途关闭终端,需重新设置上述 CPPFLAGS 和 LDFLAGS 参数。

```
解压 netcdf -fortran -* * *.tar.gz 并进入目录,执行:
./configure                 # 配置
make check                  # 编译测试
sudo make install           # 安装
```

(5) 安装 Metis,下载合适版本:http://glaros.dtc.umn.edu/gkhome/metis/metis/download。

```
sudo apt -get install cmake     # 安装 cmake
解压 metis -* * *.tar.gz,进入目录
vi /include/metis.h              # include 是 Metis 解压之后目录里面的一个文件夹
# 若把下面两条语句设置为 32,则修改为 64,默认为 32
# define IDXTYPEWIDTH 64          # # 前面的# 不是表示注释
# define REALTYPEWIDTH 64         # # 前面的# 不是表示注释
```

修改后保存退出。
回到 metis 目录下运行下面命令。

```
make config               # 配置
   make                   # 编译
sudo make install         # 安装
```

若上述软件包顺利安装成功,则配置完成。

第二步　下载 SIESTA 安装版本,下载网站:https://siesta‑project.org/siesta/。

```
tar zvxf siesta -***.tgz          # 解压,*** 代表版本号
```

第三步　进入解压后文件夹"Obj"目录,并运行下面的命令。

```
sh ../Src/obj_setup.sh          # 执行 shell 脚本文件
```

第四步　配置 arch.make 文件。

在"Obj"文件夹下,直接运行下面的命令,自动生成一个"arch.make"。

```
> ../Src/configure
```

打开 arch.make 文件,检查里面编译参数的设置,确认各种参数设置路径是否正确。

第五步　安装。

```
> make
```

编译成功之后,在 Obj 文件夹里面有"siesta"可执行程序命令的生成。

若编译错误,根据错误提示,检查 arch.make 文件里面的参数设置情况,或者系统库函数的安装情况,修改后再重新编译。

第六步　bashrc 配置。

```
vi ~ /.bashrc
export PATH =$ PATH:/home/testuser/siesta -***/Obj/  # 把这行加到 bashrc 文件
末尾
保存退出
source ~ /.bashrc    # 激活
```

7.3　SIESTA 运行文件配置

SIESTA 安装好之后,要启动计算任务,通常需要准备好下面四个相关文件。它们是 *.input、*.psf、可执行程序命令 siesta 和 *.fdf 四个文件。具体每个文件的说明如下。

第一个:*.input 文件。"*"号代表文件名字,为识别方便,一般取为模型的名称。用建模软件构建好计算的初始模型之后,导出模型的坐标,按照 SIESTA 软件所认可的规范格式,整理数据构成该文件。SIESTA 软件所认可的 input 文件的规范格式在前面内容中已经提到过。

该文件在程序计算中会导致的错误类型通常有三类:① 文件数据格式错误:在前面已经提到了 SIESTA 软件所认可的 input 的规范格式,前面三列是原子坐标对应的 x,y,z 坐标值,第四列是元素的序号数字。② 文件中元素序号数字出错:每种元素的序号数字必须与 *.fdf 文件中的约定一一对应。③ 文件中原子数目或种类错误:一行代表一个原子的坐标信息,相同元素的数字序号是一样的,数目和种类的数据应该与 *.fdf 文件规定的一致。

这些错误的存在,严重的导致程序直接中断,不能运行,这种情况下,在程序的输出文件中可以看到错误类型的提示,从而纠正错误。有的尽管错了,但是程序还能运行,这种隐藏的错误会导致计算的模型与实际要计算的模型存在不同,从而使得计算无效,这种情况需要核对输出的模型与输入的模型原子数目和元素类型是否一致。

第二个:*.psf 文件。这个文件是运行时所需要的赝势文件。依据要计算的模型,一种元素对应一个文件。多种元素,就对应多个 *.psf 文件。赝势文件的来源,可以是计算软件网站上发布的测试过的赝势文件,也可以是通过相关的计算方法测试后产生。SIESTA 软件在安装包的 Pseudo 目录下提供了赝势生成程序 atom,可以参照相关说明学习使用。不管是从哪里获得的元素赝势文件,都需要经过测试之后,才能确定是否适用。测试的方法后面会讲到。当前,SIESTA 发布的新版本已开始支持 *.psml 格式的赝势文件。*.psml 格式赝势比 *.psf 格式赝势描述更完备些,具体使用时的调用方法,差别不大。

赝势文件在程序计算中会导致的错误通常有三类:① 赝势文件种类与后面 *.fdf 文件所要求的数目不一致。这种情况需要立即纠正,程序才能运算。② 赝势文件需要求的计算参数与 *.fdf 文件所要求的不一致。例如 *.fdf 文件中参数"PAO.SplitNorm"所给的参数,元素的赝势文件不能满足。这种情况可以根据 SIESTA 软件运行输出的文件中的错误提示进行修改。③ 元素的赝势文件可以让程序顺利计算,也有收敛的结果出来,但是所得到的材料属性不正常。这种情况下需要放弃此时的元素赝势,重新寻找或构建赝势文件。

第三个:siesta 可执行程序命令文件。这是 SIESTA 软件安装好之后生成的,可以直接从编译好的文件夹 Obj 里面复制过来,为了保持其可执行功能,需要用 cp 命令从 Obj 文件里面复制到当前任务文件夹,若鼠标复制会丢失可执行功能。由于一个用户往往对应有多个任务在同一个工作站上运行,若是都以"siesta"这个命令执行计算任务,在查找和跟踪每个任务的运行情况时,容易造成混淆。所以复制过来的"siesta"命令文件,可以修改"siesta"名字为与任务关联的名字。例如在任务文件夹的终端窗口中输入命令"mv siesta sie—model3"。若是工作站安装了多个版本的 SIESTA 软件,在执行运行任务时,要注意所用的"siesta"可执行命令来源于哪个版本,对同一个系列的计算任务,建议一直用同一个版本的"siesta"可执行命令。不同版本生成的执行命令,在编译的时候,生成的"siesta"可执行命令关联的库函数或者依赖的软件不同,会导致不同版本生成的"siesta"可执行命令对同一个属性计算出现误差。

第四个:*.fdf 文件。这个文件是 SIESTA 运行的脚本文件,所有计算相关参数都在这个文件里面进行说明,所有需要计算的属性也由里面的参数命令指定。"*"号是该文件的名称,通常会以任务名为名称。应该说程序运行大部分错误或结果不正确的原因都来自此文件,这个文件是 SIESTA 运行的核心。

对于程序运行碰到的问题的处理,需要通过大量的程序调试而训练出来,并在碰到问题、解决问题中不断学习积累经验。

7.4 fdf 文件主要参数说明

下面给出 *.fdf 文件实际所具有的一般样式。注意下面给出的样式仅仅是用来示意说明,不具有执行功能。程序实际运行时,应该先进行测试计算,只有测试完全可靠之后,才能开始正式计算。下面说明中的"♯"表示注释。

```
# # # # # # # # # # # # # # # # # # # # # # # # # # # #
# Task name and elemental information   任务名称和模型的元素信息声明
# # # # # # # # # # # # # # # # # # # # # # # # # # # #
SystemName                    bn2    # 任务运行的系统名称
SystemLabel                   bn2    # 任务运行产生的新文件名称
NumberOfAtoms                 6      # 计算模型中的所有原子的数量
NumberOfSpecies               2      # 计算模型中的所有原子的种类
# # # # # # # # # # # # # # # # # # # # # # # # # # # #
% block    ChemicalSpeciesLabel    # SIESTA 中 fdf 文件里面语句块格式开头
  1  5  B                          # B 元素周期表中为 5 号,这里排序 1
  2  7  N                          # N 元素周期表中为 7 号,这里排序 2
% endblock ChemicalSpeciesLabel    # SIESTA 中 fdf 文件里面语句块格式结尾
# 这里给出的原子数量和元素种类,与模型坐标文件 * .input 中的必须一致
# 元素给出的序号数字,与模型坐标文件 * .input 中的必须一一对应
# 元素所对应的序号数字,是由这里指定,SIESTA 程序运行中,将以序号数字代表该元素
# # # # # # # # # # # # # # # # # # # # # # # # # # # # # # # # # # # # # #
# Basis definition#   基矢产生方式的参数设置,参数详细解读参看手册
# # # # # # # # # # # # # # # # # # # # # # # # # # # # # # # # # # # # # #
PAO.BasisType                 split
PAO.BasisSize                 STANDARD
% block    PAO.BasisSizes
  N    DZP                # 使用 DZP 基组
  B    DZP
% endblock PAO.BasisSizes
PAO.EnergyShift               0.02 Ry
PAO.SplitNorm                 0.15   # 不同元素赝势所设定的下限值不一样
# # # # # # # # # # # # # # # # # # # # # # # # # # # # # # # # # # # # # # #
# 若基矢产生方式经测试可用,则该项任务所有程序运算都需一致参数,否则影响能量相对
# 值计算
# # # # # # # # # # # # # # # # # # # # # # # # # # #
# Model definition#   输入模型的初始参数
# # # # # # # # # # # # # # # # # # # # # # # # # # #
LatticeConstant               1.000 Ang
% block    LatticeParameters                        # 晶格常数参数
3.61    3.61    30.0000    90.0000    90.0000    90.0000   ♯a,b,c,α,β,γ
% endblock LatticeParameters
# # # # # # # # # # # # # # # # # # # # # # # # # # # # # # # # # # # # # # #
% block    AtomicCoordinatesAndAtomicSpecies < bn2 - unit.input   # 模型坐标文件
# % endblock AtomicCoordinatesAndAtomicSpecies
# # # # # # # # # # # # # # # # # # # # # # # # # # # # # # # # # # # # # # #
```

```
# 要注意核对模型的参数信息,确保数据无误
# # # # # # # # # # # # # # # # # # # # # # # # # # # # # # # # # # # # # # # #
#  k - sampling grid 输入 K 点抽样参数
# # # # # # # # # # # # # # # # # # # # # # # # # # # # # # # # # # # # # # # #
% block   kgrid_Monkhorst_pack
15   0   0    0.0              # 对应 Kx 方向
0    15   0    0.0              # 对应 Ky 方向
0    0    1    0.0              # 对应 Kz 方向,此处为二维材料所示
% endblock kgrid_Monkhorst_pack
# # # # # # # # # # # # # # # # # # # # # # # # # # # # # # # # # # # # # # # #
# 动量空间 K 点抽样的参数设置,理论上每个方向上 K 的取值参数是需要测试的
# K 测试的标准是随 K 值取样数变大,系统总能量收敛
# # # # # # # # # # # # # # # # # # # # # # # # # # # # # # # # # # # # # # # #
# VDW interaction  基于 Grimme 算法的 DFT - D2 的范德瓦尔斯作用参数设置
# # # # # # # # # # # # # # # # # # # # # # # # # # # # # # # # # # # # # # # #
MM.UnitsDistance   Ang
MM.UnitsEnergy     eV
MM.Grimme.S6    0.75 # Grimme - paper for PBE (correct for your functional)
MM.Grimme.D     20.0 # Grimme - paper (correct for your functional)
% block MM.Potentials
1   1 Grimme   32.44    2.970   # B, 10.1002/jcc.20495   # 参考文献 DOI
1   2 Grimme   20.34    2.882   # B /N
2   2 Grimme   12.75    2.794   # N, 10.1002/jcc.20495
% endblock MM.Potentials
# # # # # # # # # # # # # # # # # # # # # # # # # # # # # # # # # # # # # # # #
# 注意元素之间的相互作用,已用前面声明的序号数字替代元素种类
# DFT - D2 的参数设置,在 SIESTA 计算文件都准备好之后,可以用 fdf2grimme * .fdf 自动产生
# 命令直接运行得到任务计算模型的所有元素之间的 VDW 参数
# fdf2grimme 命令由 SIESTA 软件包里面的小程序单独编译获得
# # # # # # # # # # # # # # # # # # # # # # # # # # # # # # # # # # # # # # # #
# Systems with net charge or dipole, and electric fields 模型中电场的设置参数
# # # # # # # # # # # # # # # # # # # # # # # # # # # # # # # # # # # # # # # #
NetCharge         0.0
SimulateDoping   .false. # add a background charge density to simulate doping
% block    ExternalElectricField
0.000  0.000  0.000  V/Ang # 按序分别对应 x,y,z 方向
% endblock ExternalElectricField
# # # # # # # # # # # # # # # # # # # # # # # # # # #
# 掺杂或加电场是改变模型属性的常用手段
# 加场的方向需要结合模型的摆放位置考虑
# # # # # # # # # # # # # # # # # # # # # # # # # # # # # # # # # # # # # # # #
# DFT, Grid, SCF# 密度泛函理论求解薛定谔方程的设置参数
```

```
# # # # # # # # # # # # # # # # # # # # # # # # # # # # # # # # # # # # # # # # # # #
XC.Functional          GGA        # 交换关联类型
XC.authors             PBE        # 交换关联具体算法
SpinPolarized           T  # F      # 是否考虑自旋,模型初次计算时打开
TotalSpin              0.0         #
MeshCutoff            280.0 Ry   # 这个参数必须测试,以系统总能量收敛为准
MaxSCFIterations        400
DM.MixingWeight         0.25     # 影响收敛速度的参数
DM.MixSCF1              T
DM.Tolerance           0.00005      # SCF 计算中密度矩阵自洽收敛标准
DM.Require.Energy.Convergence  T
DM.Energy.Tolerance 1.e - 5 eV        # SCF 计算中能量自洽收敛标准
# # # # # # # # # # # # # # # #
# Eigenvalue problems#
# # # # # # # # # # # # # # # #
SolutionMethod         Diagon
Diag.DivideAndConquer      .true.
# # # # # # # # # # # Occupation of electronic states and Fermi level# # #
OccupationFunction         MP
OccupationMPOrder          2
ElectronicTemperature      300.0 K
# # # Options for MD and structural optimizations are implemented# # # # # # # #
MD.TypeOfRun          CG
MD.VariableCell        T # F          # 是否进行变胞计算
MD.MaxForceTol        0.02 eV/Ang  # 结构优化计算时力的收敛标准
MD.MaxStressTol       1.0   GPa
MD.NumCGsteps         500
MD.MaxCGDispl         0.4 Bohr      # 结构优化时原子移动步长
# # # # # # # # Conjugate - gradients optimization# # # # # # # # #
MD.UseSaveXV           T
MD.UseSaveCG           T
# # # # # # # # # # # # # # # # # # # # # # # # # # # # # # # # # # # # # # # # # #
# DFT 程序计算中还有没有列出的参数,一般都取系统默认的值
# 上述参数的取值,具体多少,一方面是参照系统默认参数,另一方面是具体模型要具体测试计算
# 效果,相同类型的模型体系,参数取值基本相同
# 参数设置取值,应该首先确保符合实际,确保计算精度,然后再考虑计算效率
# # # # # # # # # # # # # # # # # # # # # # # # # # # # # # # # # # # # # # # # # #
# Output options#    输出量计算和输出文件设置
# # # # # # # # # # # # # # # # # # # # # # # # # # # # # # # # # # # # # # # # # #
# # # # # # # # # # # # # # # # # # # # # # # # # #
# # # # Band structure calculation# # 能带计算参数设置
# # # # # # # # # # # # # # # # # # # # # # # # # #
```

```
SolutionMethod = diagon   # KS 方程求解过程计算电子结构的方法
BandLinesScale    ReciprocalLatticeVectors
% block bandlines         # # K 空间高对称点间抽样数目及路径上高对称点坐标
  1    0.0000       0.0000       0.000    /Gamma
  100  0.0000       0.5000       0.000    X
  100  0.5000       0.5000       0.000    M
  150  0.0000       0.0000       0.000    /Gamma
% endblock bandlines
WriteBands   .true. # 输出 K 点及对应的本征值到文件 SystemLabel.bands
# # # # # # # # # # # # # # # # # # # # # # # # # # # # # # # # # # # # #
# 能带计算是非常重要的属性量计算。参数设置与材料晶体结构密切相关。
# 若是模型为孤立体系,如单个分子或原子,只要有 Gamma 点数据就行。
# 明确材料的晶体结构类型之后,可以把模型发布为 VASP 软件指定的 POSCAR
# 文件格式,然后用 vaspkit 软件读取 POSCAR 文件数据,根据 vaspkit 软件功能
# 提示自动产生模型的 K 空间高对称点计算路径。
# 不管用哪种方式产生,都需要重点检查 K 点设置的正确与否。计算前和计算后都需要检查核对,例
# 如对比参考文献报道的结果
# # # # # # # # # # # # # # # # # # # # # # # # # # # # # # # # # # # #
# # # # #  TDOS and PDOS #  总态密度和分态密度计算
# # # # # # # # # # # # # # # # # # # # # # # # # # # # # # # # # # # #
% block ProjectedDensityOfStates
-10.00  10.00  0.20  500  eV
% endblock ProjectedDensityOfStates
# # # # # # # # # # # # # # # # # # # # # # # # # # # # # # # # # # # # #
# 前两个数是能量取值范围,第三个是峰值宽度,常取为电子温度的 2 倍,第四个为取点数量,最后一
# 个是能量单位
# 会生成 SystemLabel.DOS 和 SystemLabel.PDOS 文件,若打开自旋计算了,有自旋向上和向
# 下的分开单列数据。
# # # # # # # # # # # # # # # # # # # # # # # # # # # # # # # # # # #
# # # # # # # # # # # LDOS   局域态密度计算
# # # # # # # # # # # # # # # # # # # # # # # # # # # # # # # # # # #
% block LocalDensityOfStates
- 3.50 0.00 eV       # 能量范围和单位
% endblock LocalDensityOfStates
# # # # # # # # # # # # # # # # # # # # # # # # # # # # # # # # # # # #
# 会生成 SystemLabel.LDOS 文件
# 能量范围控制着输出态密度区域,可以是价带顶区域等
# # # # # # # # # # # # # # # # # # # # # # # # # # # # # # # # # # # #
# # # # # # # # # # # # Output the wavefunctions 输出波函数
# # # # # # # # # # # # # # # # # # # # # # # # # # # # # # # # # # #
COOP.Write .true. # 输出晶体轨道重叠和哈密顿布局的化学键数据
WriteWaveFunctions .true.
```

```
WaveFuncKPointsScale        ReciprocalLatticeVectors
% block   WaveFuncKPoints
0.000  0.000  0.000  from 1 to 20      # # # Gamma wavefuncs 1 to 20
% endblock WaveFuncKPoints
# # # # # # # # # # # # # # # # # # # # # # # # # # # # # # # # # # # # # #
# 计算过程中,波函数是很多属性计算的输入量,每次自洽计算中,前一步的波函数可以提取一部
# 分参与后续的自洽计算,由 DM.MixingWeight 参数控制比例。
# # # # # # # # # # # # # # # # # # # # # # # # # # # # # # # # # # # #
# # # Net Charge distribution,charge density and work function# 电荷信息输出
# # # # # # # # # # # # # # # # # # # # # # # # # # # # # # # # # # # #
WriteMullikenPop            1
WriteHirshfeldPop              T
WriteVoronoiPop               T
SaveRho                    .true.
SaveDeltaRho               .true.
SaveElectrostaticPotential    .true.
SaveTotalPotential           .true.
SaveTotalCharge             .true.
# # # # # # # # # # # # # # # # # # # # # # # # # # # # # # # # # # # # # #
# 电荷密度、差分电荷密度、转移电荷量、功函数数据,需要这些参数控制输出数据,数据处理用到其他软件
# # # # # # # # # # # # # # # # # # # # # # # # # # # # # # # # # # # # # #
# # # # # # # 其他的输出量控制参数
# # # # # # # # # # # # # # # # # # # # # # # # # # # # # # # # # # # # # #
WriteCoorInitial              T
WriteCoorStep                T
WriteForces                  T
WriteMDhistory               T
WriteKpoints                 T
WriteCoorXmol                T
WriteMDXmol                  T
# # # # # # # # # # # # # # # # # # # # # # # # # # # # # # # # # # # # # # #
# 各种输出信息,有的是为了程序下一步计算服务,有的是程序处理属性需要。
# 以上只是典型的 SIESTA 程序计算的参数设置,具体模型的具体参数配置情况,需要参照手册而
# 具体测试和最终设定
```

　　材料模型计算,一般的步骤是先对结构进行优化计算,获得最稳定结构模型之后,才开始进行材料的各种属性计算。上述 fdf 程序中设定的能带、态密度、电荷密度及磁属性等,在 SIESTA 软件运行中可以一次性提交任务,一次性获得结果,这是 SIESTA 软件运算与 VASP、Quantum Espresso 软件不一样的地方。但有关 SIESTA 软件中的常温分子动力学计算、声子谱计算和过渡态等的计算等,由于算法差异比较大,程序参数控制要求不同,有的可能存在冲突,不能与前面提到的属性量一起计算。此时需要另外的程序模块,但是前面的输入信息模块和 DFT 计算模块环节是同样需要的。

7.5　从头分子动力学计算参数设置

SIESTA 软件中的常温分子动力学计算是在材料模型的结构优化之后进行的,用来测试材料模型在有温度环境时的热力学稳定性。人们也把这种分子动力学计算称为从头分子动力学计算,原子是在 DFT 求解的力场作用下运动的。SIESTA 软件中分子动力学的参数设置如下:

```
# # # # # # # # # # # # # # # # # # # # # # # # # # # # # #
# # # # # # Molecular Dynamics# 常温分子动力学计算
# # # # # # # # # # # # # # # # # # # # # # # # # # # # # #
MD.TypeOfRun          Verlet  # Nose   # MD 计算采用的算法
MD.InitialTemperature   350.0 K      # 设置温度
MD.InitialTimeStep       0          # 设置初始时间
MD.FinalTimeStep        5000        # 设置总时间
MD.LengthTimeStep      1.0 fs -# 设置时间步长
# # # # # # # # # # # # # # # # # # # # # # # # # # # # # # # # # # #
# MD.TypeOfRun 参数选项有比较多,用了 Verlet 或 Nose 算法之后,SIESTA
# 做其他属性计算无法进行。所以材料模型的 MD 计算都是单独提交程序。fdf
# 文件程序参数可简化很多。MD 计算时还需要模型信息输入模块,后续的
# 收敛计算仍然是在 DFT 框架下进行,所以也需要 DFT 参数计算模块
```

MD.TypeOfRun 参数选项中,Verlet 或 Nose 算法,是原子尺度分子动力学计算的常用算法,其基本原理是基于牛顿第二定律数值算法的差分方程形式,可以参照相关说明详细学习。

图 7.2 为二维空位缺陷 BGe 温度为 350 K 的时候经过 10 ps 之后的结构图及能量曲线。空位缺陷 BGe 在 350K 时,整体结构完好,侧视图显示有局部结构皱褶,但没有断键出现,热力学稳定性完好。

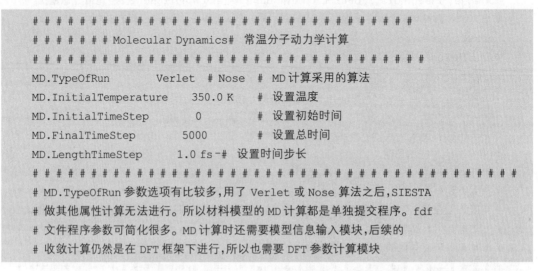

图 7.2　二维空位缺陷 BGe 温度为 350K 时经过 10ps 之后的结构图和能量曲线

7.6　声子谱计算参数设置

SIESTA 软件是采用直接法来计算声子的,其基本原理是在优化后的平衡结构中引入原子位移,通过计算作用在原子上的 Hellmann-Feynman 力,进而由动力学矩阵算出声子色散曲线。声子谱的计算是在材料模型的结构优化之后进行的,其常用的目的之一是测试材料模型的动力学稳定性。SIESTA 软件声子谱的计算可以借助软件包中几个包含了直接法的小程序来实现。进入软件安装包的 Util/Vibr/Src 目录,运行 make 编译命令之后,可以获得 fcbuild 和 vibra 两个小程序命令。Util/Vibr/Examples 目录里面有 SIESTA 软件包自带的例子,可以供参考学习。

第一步　编写 fcbuild 的输入文件。该文件仍然为 ∗1.fdf 格式,其所用的参数语法格式与 SIESTA 软件中一样,所用的关键词具有一样的意义和功能。该输入文件内容包含:原子种类和数目、模型的晶胞大小、原子坐标、K 空间坐标信息、直接法计算时的扩胞参数等。原子初始模型的所有信息,应该是已经经过 SIESTA 软件结构优化计算后得到收敛的模型。K 空间的坐标信息与电子能带结构计算的坐标信息是一样的。

```
$ fcbuild < ∗1.fdf > & out.fcbuild &     # 运行该命令
```

成功运行之后会产生一个 FC.fdf 文件,该文件包含了晶格常数、晶胞矢量和扩胞之后所有参与声子计算的原子的坐标及种类信息、SIESTA 软件中声子计算的相关参数设置。

第二步　编写 SIESTA 运行文件,并提交计算。此处编写的程序为 ∗2.fdf 文件,主要包含原子数目和种类、基组类型、DFT 计算的收敛参数等,最后一行为"%include FC.fdf"。运行时会把上一步生成的"FC.fdf"所有语句自动粘贴过来形成完整的"∗2.fdf"文件。

```
$ mpirun - np 2 siesta < ∗2.fdf > & out.siesta &   # 若扩胞了则采用并行运算
```

该程序运行得到声子谱运算需要的力常数矩阵文件"∗.FC"文件。

第三步　运行 vibra 命令。

```
vibra < ∗1.fdf > & out.vibra &   # 运行 vibra 命令
```

该命令从"∗.FC"读取信息,根据"∗1.fdf"参数设置,计算出声子谱等信息。输出"∗.bands"文件,打开"∗.bands"文件,查看是否有虚频。若有虚频,可以调整"∗1.fdf"和"∗2.fdf"参数信息,继续调试,直到获得没有虚频的"∗.bands"文件。该文件数据可以直接绘制曲线图,也可以导出为 ∗.dat 格式,由其他软件绘图。虚频的处理是一个常见问题,需要调试程序积累经验。没有虚频的结果,才能说明材料模型的动力学稳定。

7.7　扩散势垒计算参数设置

材料内部或者表面,因有原子分布而出现能量场。而原子种类、数量以及位置的分布不同,使得能量值在能量场中大小不一,如图 7.3 所示。根据能量的分布,人们通常把能量最大位置称为全局最大,而能量最小位置称为全局最小;对于局部区域中的极大或极小,称为局部极大或局部极小;在各种极值之间,存在着两个极值状态之间变化的中间过渡态,是这两个极值状态之间的能量最低点,也称为鞍点。

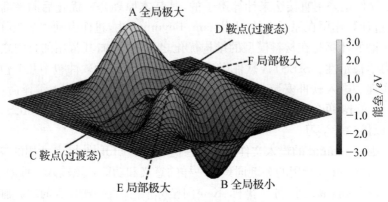

图 7.3　能量场中的能量分布示意图

　　材料计算中,在分析原子从某个位置扩散到其他相关位置时,涉及扩散势垒的计算,扩散势垒也对应着扩散速率。研究反应物和产物之间的反应过程时,中间产物的情况就涉及过渡态的搜寻。已经发布的 SIESTA 软件版本,并没有直接集成扩散势垒或过渡态的计算算法。扩散势垒通常是指原子或离子从结构中的初始位置扩散到末态位置,在寻得最优化扩散路径之后,这个过程需要克服的最大的能垒。而过渡态一般是指化学反应过程中,在"反应物"与"产物"反应的路径上存在的一些中间产物形态。

　　最优化的扩散路径和扩散势垒、反应路径和过渡态的计算可以用同样的方法求出,可以使用的方法种类也比较多,例如 PEB 方法(plain elastic band)、Elber-Karplus 方法、SPW 方法(Self-Penalty Walk)和 NEB 方法(Nudged Elastic Band)等。其中 NEB 方法较为常用,它是一种在已知的反应物(初态)和产物(末态)之间寻找势能面上鞍点和最小能量扩散路径的方法,该方法的工作原理是优化反应路径上的许多中间结构状态。这个过程从起点到终点选择不同的路径,就像搜寻很多串联起来的结构状态,也称为状态链搜索方法。在搜寻过程中,每个结构状态都是尽可能低的能量状态。这种受约束的优化是通过在结构状态之间沿路径平行方向添加弹性力以及垂直于路径方向上存在的势场分力来完成的。

　　Climbing Image Nudged Elastic Band (CI-NEB)与 NEB 的关键区别是能量最高的点受力的定义。在 CI-NEB 中这个点不会受到相邻点的弹性力,避免位置偏离过渡态,而且将此点平行于路径方向的势场分力的符号反转,促使此点沿着路径往能量升高的方向上爬到过渡态。这个方法只需要很少的点,比如包含初、末态总共 5 个甚至 3 个点就能确定过渡态,是很有效的寻找过渡态的方法之一。

　　下面结合 ASE 软件模拟环境,给出 SIESTA 扩散势垒计算的文件、参数设置和运行步骤。

　　第一步　设置.bashrc 文件和赝势文件。

```
# # ASE -SIESTA
```

```
export PYTHONPATH =/home/testuser/siesta/ase:$ PYTHONPATH
export PATH =/home/testuser/siesta/ase/bin:$ PATH                    # ase 命令路径
export PATH =$ PATH:/home/testuser/siesta/siesta - 4.0b - 485/Obj/
                                                                    # siesta 命令路径
export SIESTA_COMMAND ="mpirun -np 8 siesta < ./% s > ./% s "       # 并行运算设置
export SIESTA_PP_PATH =/home/testuser/siesta/pseudo -psf   # 赝势文件所在路径
```

保存退出之后,激活:source ~/.bashrc

模型中涉及的元素的赝势文件,需先放入.bashrc 中指定的目录中。

第二步　优化初始结构和末态结构模型,并导出数据文件。根据计算需求,构建初始结构和末态结构模型,两个模型除了预设要运动的原子、分子之外,其他的原子坐标及原子顺序都保持一致。因为中间的结构状态是算法根据初态和末态结构推演出来的,若是初态和末态两个结构整体变化很大,中间结构也会变化很大,这往往不是预期的效果。这两个结构构建之初,衬底模型一般都是已经经过 SIESTA 优化计算过的。在 ASE 计算之前,还需要把初态和末态结构导入到 SIESTA 与 ASE 要共同计算的程序中进行优化计算,确保在同样的参数运算中得到稳定的结构,这些共同的参数如下面程序中的 SIESTA 参数设置所示。

第三步　进行 bfgs 算法过渡态计算。这一步也是 NEB 计算。

导出上面优化得到的两个结构的坐标数据,假设文件名为 initial.xyz 和 last.xyz。这两个文件为 NEB 算法计算的输入文件。此文件的主要参数设置如下:

```
# # # # # # # # ASE 调用函数模块# # # # # # # # # # # # # # # # # # # # # # # #
# ! /usr/bin/env python
from ase.units import Ry
from ase.io import read
from ase.io import write
from ase import *
from ase.constraints import FixAtoms
from ase.calculators.siesta import Siesta       # 启用 SIESTA 命令
from ase.neb import NEB
from ase.optimize import BFGS                 # BFGS 算法
from ase.io.trajectory import Trajectory
# # # # # # # # # # # # # # # # # # # # # # # # # # # # # # # # # # # # # # # # # #
# # # # # # # # # # # # # # # # # 输入文件信息及控制中间结构状态生成
initial = read(' initial.xyz ')              # 初态结构文件
final = read (' last.xyz ')                 # 末态结构文件
images = [initial]
images += [initial.copy() for i in range(3)]
images += [final]

neb = NEB(images, climb = False)
neb.interpolate()
# # # # # # # # # # # # # # # # # # # # # # # # # # # # # # # # # # # # # # # # # #
```

```
#####################  SIESTA 计算输入参数####### ####
n = 0
for image in images:
image.set_calculator(Siesta(
                    label = 'bfgs -% d '% n,  # 运算产生的文件标识
                    xc = ' PBE ',
                    mesh_cutoff = 240 * Ry,
                    energy_shift = 0.02 * Ry,
                    spin = ' UNPOLARIZED ',
                    kpts = [1, 1, 1],    # 衬底尽可能取大些
                    fdf_arguments = {' DM.Tolerance ': 1E - 5,
                    ' DM.MixingWeight ': 0.03,
                    ' DM.NumberPulay ': 0,
                    ' DM.NumberBroyden ': 3,
                    ' OccupationFunction ': ' MP ',
                    ' OccupationMPOrder ': 2,
                    ' PAO.BasisType ': ' split ',
                    ' PAO.SplitNorm ': 0.17,
                    ' MaxSCFIterations ': 2000,
                    ' ElectronicTemperature ': 0.02585,
                    ' DM.MixSCF1 ': ' True ',
                    ' DM.UseSaveDM ': ' True ',
                    ' WriteMDXmol ': True,
                    ' WriteMDhistory ': True,
                    ' SaveHS ': True,
                    ' WriteDenchar ': True,
                    ' SaveElectrostaticPotential ': True}))
        image.set_cell([7.69412, 7.69412, 18.8989, 90, 90, 60]) # 晶胞晶格常数
        image.set_pbc((1, 1, 0))      # 周期边界条件,三维为(1, 1, 1)
        n = n + 1
qn = BFGS(neb, trajectory = ' neb.traj ')    # 输出所有路径上产生的结构状态
qn.run(fmax = 0.3)   # NEB 计算收敛参数
###############################################
```

采用如下命令运行:

```
python * .py > & out &   # 程序运行,* 代表此文件名
```

运行收敛之后,可以用下面的命令获得每个结构状态最后的总能量:

```
grep ' Total = '  * .out   # 得到每个结构的能量
```

第四步　进行 fire 算法过渡态计算,也叫 CI - NEB 计算。
该步骤所需的输入文件为:前面导出的初态和末态两个结构的坐标数据文件 initial.

xyz 和 last.xyz,第三步计算中的最后一次路径上的构型数据。计算程序的主要参数与第三步的参数相同。只是在 ASE 调用函数模块中启用 fire 参数,调用 CI-NEB 算法。

```
from ase.neb import NEB
from ase.optimize import FIRE


# # # # # # # # # # # # # # # # # # # # # 输入文件设置
initial = read(' initial.xyz ')
final = read(' last.xyz ')
images = [initial]
images += read(' neb.traj@ -5:')    # 读取上述第三步中的最后 5 个结构
images += [final]
neb = NEB(images, climb = True)
# # # # # # # # # # # # # # # # # # # # # # # # # # # # # # # # # # # # #
# SIESTA 计算的参数与第三步一样,整个程序就是启用的算法不同,例如:
qn = FIRE(neb,trajectory =' nebfire.traj ')    # 输出所有路径上产生的结构状态
qn.run(fmax = 0.06)
```

程序命令与第三步一样。运行收敛结束之后,可以进行如下操作:

```
grep 'Total = ' * .out   # 得到每个结构的能量
```

第五步　获取结构信息数据。

```
ase -gui  * .traj    # 可以在本机上观看扩散路径上结构的变化,动画演示
ase gui nebfire.traj@ -7: -o first -last.xyz  # 数值 7 是根据前面输入信息获得的
# 把 * .traj 里面的倒数 7 个结构坐标全部输入到 first -last.xyz 文件里面
```

根据最优路径上的能量和能垒信息、结构状态信息,可以绘图。如图 7.4 所示,是二维材料 B_4N 衬底上 Li 原子扩散示意图,设置了三条扩散路径,获得的扩散能垒如图中曲线所标识。图中显示 Li 原子扩散最优的扩散路径为 Path -1。

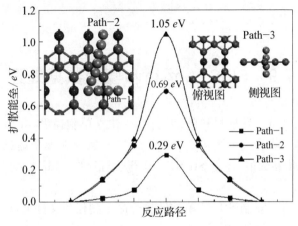

图 7.4　二维材料 B_4N 衬底上 Li 原子扩散示意图

7.8　输出文件的类型说明

SIESTA 程序在运行过程中,根据设置的参数信息,对应地会生成很多类型的输出数据文件,这些数据文件名称都是"SystemLabel",不同类型和功能的区分在于文件的扩展名。输出文件主要分为两类:一类是为计算过程做数据传递的,例如 $*.WSFX$, $*.HSX$, $*.ion$, $*.CG$, $*.DM$ 等;另一类是根据参数指令,输出材料计算的属性数据,这些输出文件是使用者用来处理数据的,下面给出一些常用的文件类型的说明。

表 7.1　SIESTA 程序常见的输出文件类型及其说明

目录名	目录结构	目录名	目录结构
$*.bands$	电子能带结构数据	$*.XV$	原子位置和速度信息数据
$*.DOS$	总态密度数据	$*.XSF$	优化之后的结构坐标信息
$*.PDOS$	分态密度数据	$*.KP$	K 空间的 K 点抽样数据
$*.LDOS$	局域态密度数据	$*.VH$	总静电势数据
$*.EIG$	本征值数据	$*.TOCH$	局域电荷密度
$*.ORB\_INDX$	分态密度的轨道信息数据	$*.xyz$	收敛后的结构坐标信息
$*.BADER$	电荷密度数据	$*.FC$	力常数矩阵数据信息
$*.EPSIMG$	介电函数的虚部数据	$*.BC$	Born 有效电荷矩阵数据
$*.BONDS$	原子间相互作用距离和结构坐标信息	$*.MDE$	MD 计算中保存了与时间步有关的能量计算信息
$*.ANI$	存储了与时间同步的原子坐标信息,用 VMD 可进行动画演示	out	SIESTA 运行输出到屏幕信息的导入文件,常命名为 out,存储了程序运行输出的所有信息

7.9　SIESTA 运行步骤及数据处理

第一步　运行前准备。 获取材料的结构信息,建立单胞模型,导出坐标,建立模型输入文件"$*.input$";找到元素合适的赝势文件"$*.psf$";根据材料模型信息和计算任务需求,设定 fdf 文件的各个变量参数值,建立 SIESTA 运行主程序"$*.fdf$"。把上述文件放入同一个任务文件夹。

第二步　任务运行。 复制 SIESTA 软件执行命令到任务文件夹,启动计算任务。
串行运行:siesta <$*.fdf$> & out &

并行运行：mpirun – np 4 siesta <＊.fdf> & out &

若程序不能运行，查看 out 文件的输出，查找错误提示，根据错误提示进行纠正。尽管程序中断运行了，但是只要程序启动了，就会产生一些输出文件，建议删除这些输出文件，之后再重新提交任务，直至正常且正确运行。

运行过程中，可以随时查看存储输出结果 out 文件里面内容。而对于长时间运行的程序，有必要用 top,ls 等命令隔段时间进行跟踪和观察。若发现不正常，可用 kill 命令终止任务运行。

第三步　任务结束。分两种情况讨论：

一种情况是任务结束了，但是没有达到预期效果，例如程序计算结果，没有达到设定的收敛条件，只是程序运行到达了参数设定的自洽运算的上限次数，程序主动退出。这种情况是材料的结构优化计算没有收敛，一般来说，没有收敛输出来的结果是没有意义的。处理的方法是检查此时输出的模型结构效果，调整主程序运行的参数，尤其是能影响程序计算收敛的参数。多方求证，分析和确定问题所在，然后再重新提交程序进行计算。

另一种情况是任务达到了预期效果，在符合设定的收敛条件下，程序运行完成。确认达到收敛精度，此时，若是模型任务的首次运行成功，还面临一个重要的问题，就是主程序中的收敛参数值的测定，例如截断距离的收敛值、K 点网格抽样的空间大小和力的收敛值等；另外，还需要测试是否有磁性、是否进行变胞测试等。一般说来，即使程序正常结束，也不意味着结果就一定可行。针对具体模型，程序运行得到的结果应该一步一步论证，只有所有参数确定正常可靠了，再去计算材料新的属性或推导材料在新领域的应用才是可行和有意义的。

SIESTA 运行完成之后的数据处理，主要是借助 SIESTA – XXX/Util 目录下的各种数据处理工具。该目录下有很多功能包，使用时注意阅读每个文件的具体功能说明。每种功能需要编译生成其对应的执行功能的命令，两种方式编译：

第一种：整体编译。直接在 Util 目录下运行./build_all.sh。

第二种：单个编译。使用哪些功能，就分别进入该文件夹，运行 make 命令。

之后，在.bashrc 文件中添加这些命令的配置路径，再激活，后面就可以在当前用户下的所有目录中直接使用。表 7.2 列出了一些常用的功能文件夹。需要注意的是，这些命令的执行，是 SIESTA 程序完成之后，对应地记录了相应属性的输出文件为它们的输入文件，若 SIESTA 程序没有计算该种属性，这些命令不能获取初始数据信息，运行时会报错。

表 7.2　SIESTA-XXX/Util 目录下的数据处理功能

目录名	编译生成的命令具有的功能
Bands	绘制能带曲线的工具
COOP	处理生成 COOP/COHP/PDOS 和 fatbands 曲线图的数据
Contrib	生成分态密度处理命令。从 ＊.PDOS 文件中可以读取每种原子的各分轨道数据而作出分态密度曲线图
Denchar	生成电荷、自旋密度和波函数的 2D 或 3D 的数据
Eig2DOS	从 ＊.EIG 文件读取信息得到态密度曲线数据

续　表

目录名	编译生成的命令具有的功能
Grimme	根据 ＊.fdf 文件中的原子种类和序号信息,生成 vdW 修正的计算参数,把这些参数复制放入 ＊.fdf 文件中,程序计算中就考虑了 vdW 相互作用
Grid	生成绘制电荷密度图命令,运行之后可生成 ＊.cube 文件
Macroave	计算界面和表面的平均量,例如功函数、带阶、有效电荷、高频介电常数等
Optical	计算光学属性的数据
Optimizer	用于基矢和赝势的优化测试
pdosxml	用于处理 ＊.XML 格式的分态密度数据
STM	生成模拟 STM 图像和 STS 光谱信息的实用工具
Vibra	生成计算声子谱命令,需要读取 SIESTA 输出数据,同时设置声子谱计算的参数,运行之后,获取声子谱数据

各种数据出来之后,比较常用的绘制结构和密度图的软件是 VESTA,Materials Studio 等。绘制曲线和曲面图常用 Matlab,gnuplot,Origin 等。

 简答题

1. 常用的基于密度泛函理论的第一性原理计算软件有哪些?

2. SIESTA 的全称是什么?

3. 怎么获取 SIESTA 源文件? 从哪里获得每种元素适用于这个软件的赝势文件?

4. SIESTA 与 VASP 的主要区别在哪?

5. SIESTA 运行需要哪些文件?

6. 简述 SIESTA 能计算哪些物质性质?

 参考文献

［1］ https://siesta-project.org/siesta/

［2］ https://launchpad.net/siesta

［3］ https://gitlab.com/siesta-project/siesta

［4］ José M Soler, Emilio Artacho, Julian D Gale, Alberto García, Javier Junquera, Pablo Ordejón and Daniel Sánchez-Portal. The SIESTA method for *ab initio* order-*N* materials simulation[J]. *J. Phys.: Condens. Matter*, 2002, 14: 2745.

［5］ Alberto García, Nick Papior, Arsalan Akhtar, Emilio Artacho, Volker Blum, Emanuele Bosoni, Pedro Brandimarte, Mads Brandbyge, J. I. Cerdá, Fabiano Corsetti, Ramón Cuadrado, Vladimir Dikan1, Jaime Ferrer, Julian Gale, Pablo García-Fernández, V. M. García-Suárez, Sandra García, Georg Huhs, Sergio Illera, Richard Korytár, Peter Koval, Irina Lebedeva, Lin Lin, Pablo López-Tarifa, Sara G. Mayo, Stephan Mohr, Pablo Ordejón, Andrei Postnikov, Yann Pouillon, Miguel Pruneda, Roberto Robles, Daniel Sánchez-Portal, Jose M. Soler, Rafi Ullah, Victor Wen-zhe Yu, and Javier Junquera. Siesta: Recent

developments and applications[J]. J. Chem. Phys., 2020，152：204108.
［6］ https：//departments.icmab.es/leem/SIESTA_MATERIAL/Databases/
［7］ https：//www.simuneatomistics.com/siesta-pro/
［8］ http：//www.zlib.net/
［9］ https：//www.hdfgroup.org/downloads/hdf5/
［10］ https：//downloads.unidata.ucar.edu/netcdf/
［11］ http：//glaros.dtc.umn.edu/gkhome/metis/metis/download

第 8 章　基于多维 B_4N 的锂离子电池新型负极材料的特性研究

☞ 扫码可免费
观看本章资源

8.1　引　　言

可充电二次锂离子电池在商业化方面已经取得了重大的成功,广泛应用于电动汽车、便携式电子设备和电网储能系统等领域。典型的锂离子电池有四个主要的组成部分:插层锂盐作为正极,石墨烯作为目前商业化应用最广泛的负极,锂离子与有机化合物的配合物作为电解质,聚乙烯层作为隔膜。但是,由于石墨的理论比容量低,只有 $372\ mA\cdot h\cdot g^{-1}$,已经无法满足作为锂离子电池的负极材料进一步扩容的需求。因此,为储能器件选择高比容量的负极材料是当前研究的热点。想要详细阅读和理解本章及后续章节,请先阅读附录 3 中的内容。

为此,合理设计和选择性能优越的负极材料成为一个热门的研究方向。特别是二维(2D)材料由于具有较大的比表面积,以及出色的电子、机械和热性能等,其在锂离子电池领域得到广泛应用,并进一步加速了这个领域的研究进展。例如,实验证明掺杂石墨烯具有高的可逆容量、高速扩散能力和长期稳定的循环能力。二维过渡金属碳化物或氮化物(Mxenes)由于其较低的扩散势垒和较高的充电容量也被认为是金属离子电池的优良负极材料。新近报道的石墨炔也具有良好的储能能力和快速充放电速率。迄今为止,大多数报道的用于负极的二维材料研究都是基于独立自由的二维薄片,而这没有考虑实际应用中的体积膨胀问题。体积膨胀问题是限制硅作为离子电池负极材料的最大原因。且事实上,实验室实际合成制备的二维材料往往是多层结构,甚至接近于块状结构。在研究二维独立自由薄片材料时,体积膨胀问题通常被回避。因此,锂离子的实际吸附行为可能并不像二维独立自由薄片材料那样简单。尽管取得了一定的研究进展,但二维多层材料对锂离子的吸附行为、锂离子与块状结构的相互作用机制、伴随的体积膨胀效应、电子性质和复合结构的特点等属性仍然有待进一步研究。

本文中,基于已有的实验和理论进展,通过采用第一性原理计算,研究了由单层、双层和块状结构的 B_4N 组成的新型锂离子电池负极材料。B_4N 单层具有较高的面内杨氏模量,超高拉伸应变量(x 和 y 方向分别为 19% 和 18%),非磁性金属性能,以及优异的热稳定性和动力稳定性。B_4N 来源于 χ_3-硼烯六方环的氮掺杂,B 原子的质量比达 75%。大多数已报道的硼烯都是优良的负极材料。基于这些已经发现的性质,本文首先优化了单层 B_4N 的结构,并将结果与之前的报告进行了比较,然后分别计算了锂原子与单层、多层和块体结构的 B_4N 的吸附行为。接着分析了 Li-B_4N 结构的电子态密度(DOS)和不同电荷密度来研究其电学性质,再计算并比较了 Li 在 B_4N 结构的扩散势垒。最后阐明了体积膨胀效应和热稳定性,计算了不同维度 B_4N 材料作为锂离子电池负极材料的比容量。

8.2　计算方法

结构优化和电子性质的计算是采用开源的 SIESTA 软件。该软件是基于密度泛函理论 (DFT) 方法开发的。在本工作中,交换关联计算采用了广义梯度近似 (GGA) 下的 PBE 泛函方法,从 FHI 数据库中得到了各种元素的赝势,利用优化后的双 ξ 基来描述价电子波函数。范德瓦尔斯相互作用采用 Grimme's D2 方法进行校正。为了避免单层和双层结构中相邻层之间的相互作用,沿 z 方向设置了 30 Å 的真空距离。在所有计算中,Monkhorst-Pack (MP) 网格抽样截距被设置为 280 Ry。能量的阈值精度设置为 10^{-5} eV,力收敛的判据设置为低于 0.02 $eV/Å$。一个 4×1 单层的 B_4N 的超胞被用来模拟 Li 在单层 B_4N 上的吸附和扩散。布里渊区积分采用 $5 \times 5 \times 1$ 的积分网格。采用正则系综 (NVT) 进行从头算分子动力学 (AIMD) 计算。锂离子电池的最高工作温度通常为 60 ℃,本文在 350 K 下进行了 AIMD 热力学计算,以检查 Li 吸附在 B_4N 上的结构稳定性,时间步长设置为 1.0 fs,总模拟时间为 5 ps。用 CI-NEB 方法计算了 Li 原子在 B_4N 表面的扩散路径和扩散能垒。该方法主要是优化衬底表面的吸附原子,得到 Li 原子从最稳定吸附位扩散到相邻最稳定吸附位时的能垒,择优选出扩散路径。CI-NEB 模拟的参数与几何优化的参数相同。单层 B_4N 的结合能定义为:

$$E_{coh} = (8E_B + 2E_N - E_{B_4N})/10 \tag{8.1}$$

式中,E_B、E_N 和 E_{B_4N} 分别为孤立 B 原子、孤立 N 原子和单层 B_4N 的原胞的总能量。Li 在 B_4N 衬底上的吸附能用 (8.2) 式计算:

$$E_{ad} = (E_{M-B_4N} - E_{B_4N} - nE_M)/n \quad (M = Li) \tag{8.2}$$

其中,E_{M-B_4N} 和 E_{B_4N} 分别为优化后的 B_4N 衬底在吸附前和吸附后的总能量。E_M 为块体结构金属锂晶体中每个原子的平均能量,n 为锂的原子数量。负极材料的比容量由以下公式得到:

$$Capacity = n_M F/3.6(n_B m_B + n_N m_M) \tag{8.3}$$

其中,n_M, n_B 和 n_N 是系统中 Li,B,N 原子的数目。m_B,m_N 是 B 和 N 原子的原子质量。F 是法拉第常数 (96 486.7 C·mol^{-1})。在锂化过程中,当体积和熵的影响可以忽略时,锂离子电池的开路电压 (OCV) 曲线可由下面式子确定:

$$OCV \approx -[E_{M \times 2-B_4N} - E_{MX1-B_4N} - (X_2 - X_1)E_M]/(X_2 - X_1)e \tag{8.4}$$

其中,x_1 和 x_2 是吸附 Li 原子的数量,E_{Mx-B_4N} 是含 x 个 Li 原子的吸附体系的总能量。E_M 是块体结构金属锂晶体中每个原子的平均能量,e 是基本电荷。采用 Hirshfeld 电荷分析方法计算电荷转移。具体的计算差分电荷密度的公式为:

$$\Delta\rho = \rho_{total} - \rho_{B_4N} - \rho_M \tag{8.5}$$

式中,ρ_{total}、ρ_{B_4N} 和 ρ_m 分别表示 Li 原子吸附的衬底、没有吸附的衬底和只是吸附原子体系的电荷密度。另外,还采用了 Arrhenius 方程研究了随温度变化的原子跃迁速率 (D):

$$D \sim \exp(-E_d/k_B T) \tag{8.6}$$

其中,E_d、k_B 和 T 分别为扩散能垒、玻尔兹曼常数和温度。而层间结合能按以下公式计算

$$E_{be} = E_n - nE_s \tag{8.7}$$

其中，E_n、E_s 和 n 分别为 n 层 B_4N 的能量、单层 B_4N 的能量和层数。

8.3　单层 B_4N 的几何结构

图 8.1(a)所示，为单层 B_4N 的一个 4×1 超胞的优化结构。单层 B_4N 展现了一个带有凹角结构的平面材料。该结构揭示了 C_{mmm} 对称性(空间群 65 号)与正交晶格的关系。优化后的结构参数为 $a=2.98$ Å，$b=10.74$ Å，B—N 键长为 1.33 Å。有两种类型的 B—B 键，其长度分别为 1.67 Å 和 1.81 Å。图 8.1(b)为单层 B_4N 的能带结构，费米能级穿过能带线，表明 B_4N 是金属。这些计算结果与之前的报道一致，详细参数可以在表 8.1 中看到。此外，形成能是一个被广泛认可的用来评估实验合成该材料的可行性参数。单层 B_4N 的形成能是 $7.56e$V，比 graphether($7.70e$V)和 graphene($7.91e$V)要小，但比实验区合成的二维材料 $Ti_2C(7.37e$V)、black phosphorene($3.27e$V)和 $P_2C_3(4.60e$V)的形成能都要大，这主要归结为 B_4N 单层中含有稳定的 B—N 和 B—B 键。单层 B_4N 的电子局域函数(ELF)也计算了，如图 8.2(a)所示。最邻近的 B 原子之间的高电子局域密度也表明 B—B 键的强键特性。

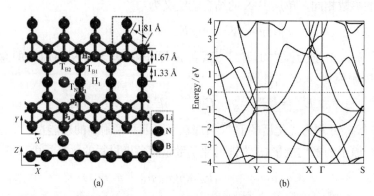

图 8.1　(a)—(b) 优化后的 B_4N 单层结构和能带结构。单胞用虚线表示。在单层 B_4N 衬底上标识了锚定 Li 原子的不同吸附位点(所有图形可扫码观看彩图)

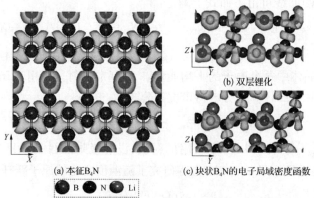

图 8.2　(a) 本征 B_4N,(b) 双层锂化,(c) 块状 B_4N 的电子局域密度函数。 阴影区域是局域电子分布,等值面设置为 0.72 $e/$Å^3

表 8.1　B_4N 单胞的晶格常数,键长和能带结构性质

Name	a (Å)	b (Å)	B—N (Å)	B—B (Å)	Band Structure
Our work	2.98	10.74	1.33	1.67/1.81	nonmagnetic metal
Ref. [20]	2.97	10.70	1.33	1.65/1.81	nonmagnetic metal

8.4　Li 和单层 B_4N 的相互作用

为了研究 B_4N 作为负极材料的潜在应用,首先研究了单个 Li 原子在单层 B_4N 超胞表面的择优吸附位置。根据结构的对称性,选择了 8 个吸附位点进行初始吸附模拟。如图 8.1(a)所示,吸附位点分别标记为 H_1/H_2(空位)、$B_1/B_2/B_3$(桥位)、T_{B1}/T_{B2} 和 T_N(顶位)。通过优化吸附结构,发现所有初始吸附位均优化到 H_1 位(最大的空位)。优化后的 Li 到平面的距离为 1.30 Å,到最近的 N 原子的距离为 2.00 Å,对应的吸附能(E_{ad})为 $-1.37eV$。基于同样的计算公式(8.2),发现 Li 在 B_4N 单层表面的吸附能略小于已知的 MoC_2($-1.73eV$)、NiC_3($-1.57eV$)、β_{12}-硼烯($-1.76eV$)和 β_1^s-硼烯($-1.62eV$)的负极材料。但它比其他二维材料要大,如 b-SiS($-0.51eV$)、五边形石墨烯($-0.30eV$)和 BP($-0.20eV$)。与 χ^3-硼烯表面($-1.43eV$)的吸附能非常接近。这应该归因于高度相似的结构和高比例的 B 原子。这也表明,金属原子扩散分布可增强抗金属枝晶形成的本领。同样,更大的负 E_{ad} 预示着 Li 和 B_4N 表面之间更强的相互作用,也有望导致更高的理论比容量。有趣的是,Li 原子在其他尝试的位置上很容易优化到邻近的 H_1 位。H_1 位是一个强大的吸附中心,为了进一步了解 Li 在 H_1 位上的吸附特性,计算了差分电荷密度,结果如图 8.3 所示。显然,在单层 B_4N 衬底的 B 和 N 原子附近可以观察到电子的积聚,而在 Li 原子周围则有明显的电子损耗。相应地,Hirshfeld 电荷分析显示,从 Li 流向衬底的电荷为 $0.31e$。与 Bader 电荷分析不同,Hirshfeld 电荷分析方法通常会低估电荷转移量。例如,已报道的 Hirshfeld 电荷分析计算,一个金属原子的电荷转移到衬底通常小于 $0.5e$。基于这些分析,较多的转移的电荷可能是较大负吸附能的原因之一,并可能支持 Li 和 B_4N 单层之间的强相互作用。

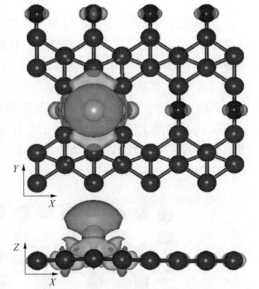

图 8.3　单个 Li 原子吸附在 B_4N 单层上的差分电荷密度图。中间区域表示电子聚集和 Li 原子顶部区域表示电子耗散,等值面为 1.5×10^{-3} e/Å^3

为了得到 B_4N 单层理论比容量的最大载荷,将 Li 原子逐步加入到 4×1 超胞的可能的吸附位点。连续添加 Li 原子时,采用能量最低的构型。随着 Li 原子的增加,添加的 Li 原子都被优化到 H_1 位点。单侧吸附一层的吸附构

型,如图 8.4 所示,所有的 Li 原子都被吸附在 H_1 位点上。有 8 个锂原子排列在一侧,从俯视图看,被吸附的衬底和原来一样好。然而,沿 X 方向的侧视图显示衬底中有一些小的畸变。主要原因是,仅由 B 原子组成的三角形网格已经移出了平面。如图 8.4(b)所示,在单层 B_4N 衬底上吸附 Li 单层后,褶皱厚度约为 0.56 Å,大于本征硅烯的褶皱厚度(0.41 Å),小于本征硼烯的褶皱厚度(0.91 Å)。均匀分布的 Li 层与衬底之间的距离为 1.25 Å,而该构型中最近的 Li-Li 距离为2.99 Å,这是 Li 金属的最小距离。8 个 Li 原子的平均吸附能为 $-1.16\ e$V,表明 Li 原子可以稳定吸附而不成团簇。

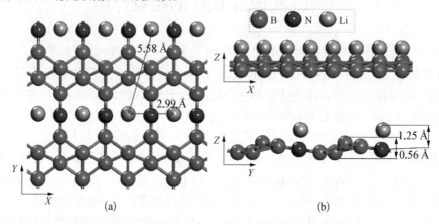

图 8.4　8 个 Li 原子在单层 B_4N 衬底上形成一个吸附层的示意图

　　加入更多的锂原子就会产生第二层锂。如图 8.5 和 8.6 所示,第 9 个 Li 原子将开始形成第二层。当第二层 Li 层完全形成后,衬底单侧有 16 个 Li 原子,第二层 Li 层与衬底之间的距离为 2.72 Å,平均 E_{ad} 为 $-0.74\ e$V。虽然单层 B_4N 的结构是稳定的,而且 E_{ad} 仍然可以抵抗形成团簇,但这是很困难的,因为 Li 的多层不太可能在双层、多层或块体 B_4N 体系中形成。否则会导致非常严重的体积膨胀效应,而这在应用过程中是要避免的。图 8.7 是吸附在单层 B_4N 衬底上的 8 个 Li 原子的差分电荷密度图。由于褶皱效应,靠近 Li 原子的 B 原子周围的电荷净增加,B 的电负性比 Li 高。Hirshfeld 电荷分析表明,在每个 Li 到衬底之间有约 $0.20e$ 的转移,这表明它们之间仍有相当大的相互作用。

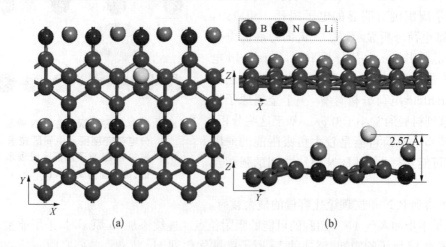

图 8.5　第 9 个 Li 原子的沉积将会形成第二层 Li 层的示意图

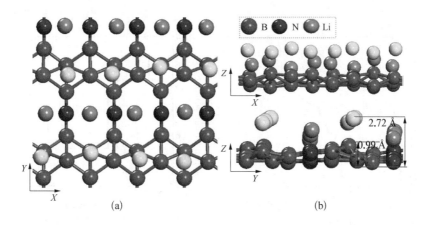

图 8.6　当第二层 Li 层形成时,共有 16 个 Li 原子吸附于衬底上的示意图

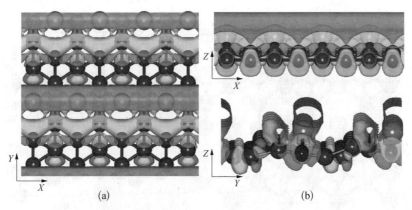

图 8.7　吸附在 B_4N 单层上的 8 个 Li 原子的差分电荷密度图。
等值面设置为 1.5×10^{-3} e/Å³

在实际应用中,比容量是负极材料的一个重要特性。对于独立式单层,可以认为双面吸附多层原子的计算模型提供了材料最大总容量的吸附。图 8.8 表明,$B_{32}N_8Li_x$ 中的吸附能随着 Li 原子数量的增加而降低。吸附能的降低归因于 Li 原子间的排斥作用,使得 Li 的吸附更加困难。当 B_4N 单层吸附 16 个 Li 原子时,衬底单侧形成两层 Li 原子,吸附能仍为负。因此,对于自由单层 B_4N,根据上述结果和公式(8.3),Li 原子完全吸附在两边后,其比容量达到 1 874.27 mA·h·g⁻¹。相应优化的吸附结构如图 8.9。如图 8.4 所示,当表面只吸附一层 Li 原子时,其比容量为 468.57 mA·h·g⁻¹。这一数值仍然大于商业化的石墨(372 mA·h·g⁻¹)和二氧化钛(200 mA·h·g⁻¹),以及大多数的单层材料,如磷烯(433 mA·h·g⁻¹)、锗烯(369 mA·h·g⁻¹)和锡烯(226 mA·h·g⁻¹)。根据公式(8.4)计算了随 Li 原子数变化的开路电压(OCV)值,结果如图 8.8(b)所示。图 8.11(a)为二维 B_4N 单层的双面吸附时,OCV 值随比容量的变化。值得注意的是,在实际应用中,第一次循环后,由于形成了固体电解质界面,电压曲线可能会进一步下降。低的 OCV 值意味着适合作为负极材料。单层 B_4N 增加 Li 原子的电压图与 Mo_2B_2 单层、2D N-graphdiyne 等其他二维材料相似。为了测试单层 B_4N 的结构在充电电池应用过程中是否会发生结构损伤或开裂,进行了 AIMD 模拟,在 350 K 温度下,每侧各两层 Li,共 5 ps。结果如图 8.10 所示,整体吸附构型保持良好。

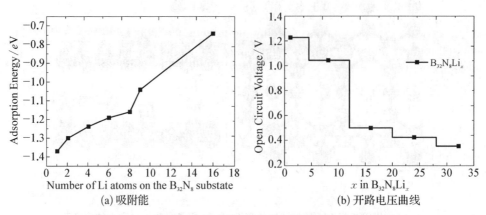

(a) 吸附能   (b) 开路电压曲线

图 8.8 $B_{32}N_8Li_x$ 与 Li 浓度 (x) 相关的吸附能和开路电压曲线

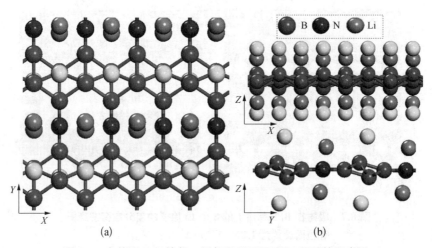

图 8.9   在单层 B_4N 的每一侧都吸附了两层 Li 原子的示意图

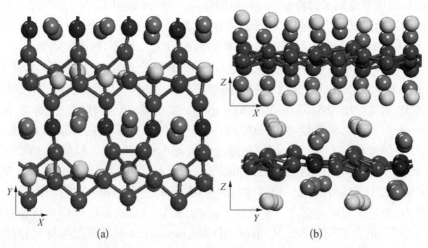

图 8.10   双层 Li 原子吸附于 B_4N 两侧,350 K 温度下持续 5 ps 的 AIMD 模拟测试结构

8.5　Li 在单层 B₄N 上的扩散

评价电池负极材料性能良好的另一个基本特征是离子扩散能力,这直接影响锂离子的迁移率。或者 Li 原子从一个稳定位置移动到另一个相邻稳定位置的势垒需与石墨表面的势垒相当(约 0.40eV)。势垒越小,充放电性能越好。采用 CI-NEB 方法求出最小能量路径,然后测量扩散能垒。图 8.11(b)说明了扩散能垒与单层 B₄N 表面相应的稳定位点之间的两种可能的路径(路径 1 和路径 2)。路径 1 是通过一个表面上的氮原子从一个 H₁ 位点到另一个 H₁ 位点设置的。Li 沿此路径扩散的能垒为 0.29eV。路径 2 通过硼的三角形区域从一个 H₁ 点开始到另一个 H₁ 点,对 Li 扩散具有较高的能垒为 0.69eV。通常,路径 1 是 Li 在单层 B₄N 表面扩散的首选路径,路径 1 的能垒比石墨表面的更低。Li 的最优扩散能垒与单层 BP(0.36eV)和单层 C₂N(0.23eV)相当。特别是 Li 在 B₄N 单层上的低扩散势垒比类似结构的 χ³-borophene(0.6eV)要小得多,这表明锂离子的充放电速度要快得多。根据公式(8.6),在 300 K 时,Li 在 B₄N 表面的跃迁率比 χ³-borophene 的快 1.6×10^5 倍,比石墨快 70 倍。此外,还探讨了 Li 通过单层 B₄N 传递的扩散特性。在图 8.11(b)中,沿着路径 3 所示,转移势垒为 1.05eV,而本征 h-BN 和石墨烯的转移势垒分别为 6.75eV 和 7.92eV。这表明 Li 可以通过单层 B₄N 进行扩散,且具有较高的渗透性。

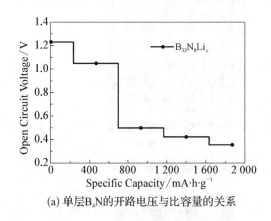

(a) 单层B₄N的开路电压与比容量的关系

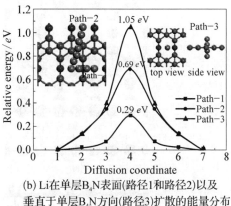

(b) Li在单层B₄N表面(路径1和路径2)以及垂直于单层B₄N方向(路径3)扩散的能量分布

图 8.11　(a) 单层 **B₄N** 的开路电压与比容量的关系。(b) Li 在单层 **B₄N** 表面(路径 1 和路径 2)以及垂直于单层 **B₄N** 方向(路径 3)扩散的能量分布。

8.6　双层 B₄N 及其体积膨胀效应和它的新型吸附结构

双层结构可以提供一个模型来预测当 Li 原子插入时,可能的体积膨胀上限。对于双层 B₄N,有四种可能的堆叠构型,包括 AA、AB₁、AB₂、AB₃,如图 8.12 所示。优化后的双层结构保持了良好的平面性。由式(8.7)可知,AA、AB₁、AB₂、AB₃ 的层间结合能分别为 -4.99eV、

$-5.76\,eV$、$-6.66\,eV$、$-6.24\,eV$,对应层间距离分别为 3.13 Å,3.08 Å,2.99 Å 和3.05 Å。结果表明,AB_2 堆叠是最稳定的堆叠方式。双层 B_4N 的层间距大于蓝磷烯和硼烯所形成的异质结的平衡层间距(2.75 Å)。蓝磷烯和硼烯异质结构已被报道为很有前景的锂离子电池的负极材料。双层 B_4N 的层间距小于最稳定的 AB 堆叠的石墨的层间距(3.35 Å)。

为了观察体积膨胀,在 AB_2 堆叠层之间插入了 Li 原子。图 8.13 展示了双层 B_4N 表面容纳 8 个 Li 原子后仅形成一个单层的优化后的扩展结构。从不同的角度来看,AB_2 的堆叠方式似乎很好,与图 8.12(c)所示的 AB_2 堆叠方式相比,沿着 y 负方向观察到轻微的层移动。有趣的是,从图 8.13(b)的侧视图来看,沿着 x 方向,可以看到一些 B 原子移出原来的平面,相互结合形成了图 8.13 中的栅栏,从而形成了腔道。连接的键长大约在1.74 Å,比单层 B_4N 平面的键长(1.81 Å)要小。单层厚度大约在 0.99 Å,比硼(0.91 Å)略大。图 8.2(b)中介绍了双层 B_4N 锂化的电子(局域密度)函数,其中连接键之间的电子分布密度表明成化学键。在优化后的扩展结构中,Li 原子仍有规律地分布在 H_1 位点上,但由于上层 Li 原子与 N 原子之间的排斥作用,Li 原子靠近下层,略远离上层。两层之间的层间距扩展到约 3.35 Å。根据 Li 原子在单层 B_4N 上的吸附结构,8 个 Li 原子是双层 B_4N 之间的最大载荷,这种膨胀可以被认为是材料可能体积膨胀的上限。与双层体系相比,膨胀率为 12%,与石墨(10%)和联苯(11%)相似,低于硅烯(25%)和 SiC_3(28%)。

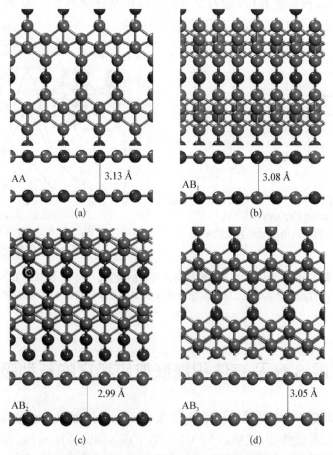

图 8.12 具有不同堆叠构型的双层 B_4N 的优化结构示意图

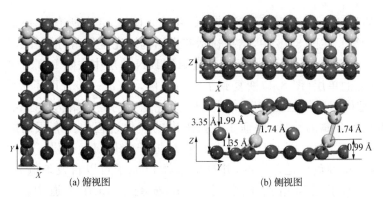

| (a) 俯视图 | (b) 侧视图 |

图 8.13　双层 B_4N 的锂化结构:(a) 俯视图,(b) 侧视图。B 原子移出原来的平面,彼此结合形成栅栏结构。

图 8.13 所示的带有腔道的双层结构可以认为是 Li 吸附过程中发生结构相变的结果。这里,以层状 AB_2 堆叠方式为初始结构,通过吸附不同数量 Li 原子进行结构优化,探索初始结构相变。每次结构优化只添加了一个 Li 原子,以此监测随着锂化量逐渐增加结构的变化。当吸附的 Li 原子数达到 4 时,上、下 B 原子开始相互连接。如果继续增加吸附的 Li 原子数量,则上层和下层之间连接的 B 原子更多,可以看到结构相变。原因可能是 B 和 B 原子之间有很强的成键作用。另一方面,B 是一个缺电子系统,Li 是一个核外多电子系统。Li 的多电子增强了上、下 B 原子之间的相互作用,从而诱发了结构相变。典型的转化结构如图 8.14 和 8.15 所示。

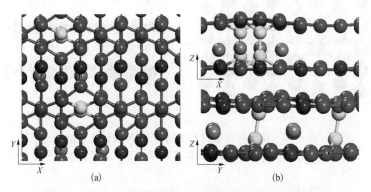

| (a) | (b) |

图 8.14　4 个 Li 原子吸附于双层 B_4N 上的优化结构。

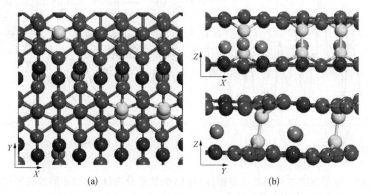

| (a) | (b) |

图 8.15　5 个 Li 原子吸附于双层 B_4N 上的优化结构

令人惊讶的是,这种结构是不可逆转的。移除了图 8.13 中所有的 Li 原子,然后再次进行结构优化计算。在图 8.16 中,结果显示腔道结构被完全保留,层间距离为 3.05 Å,非常接近层状 AB_2 堆叠的层间距离。而当从吸附的 B_4N 单层中去除 Li 原子进行计算时,优化结果显示,起皱的单层(图 8.4)恢复到了平面结构。这进一步证明了吸附过程中 Li 原子对图 8.13 中结构相变的触发作用。图 8.17 为优化后的腔道结构的态密度(DOS)。它仍然很好地保留了金属的特性,保证了在接下来的锂化过程中具有很高的电子导电性。基于优化的腔道双层结构(图 8.16),嵌入 8 个 Li 原子(图 8.13)提供了平均 -2.45 eV/Li的吸附能,确保了这种负载是稳定的,并且意味着 Li 原子可以自发地嵌入到腔道中。吸附能的增加可归因于层间相互作用。接下来,研究了 Li 在腔道中的扩散特性。图 8.17(b)显示了两种可能的扩散路径和相应的能垒,将路径 1 和路径 2 设置为与单层 B_4N表面上的相同路径。计算结果表明,沿着路径 2 的迁移能量势垒是 1.31 eV,这比单层 B_4N 表面的路径 2 要高得多,原因是之前 B—B 键形成栅栏,而 Li 沿路径 1 的扩散能垒为0.42 eV,略大于石墨上的扩散能垒。此外,为了研究腔道双层结构在最大载荷下是否稳定,在 350 K 下进行了 AIMD 计算。图 8.18 显示了5 ps后的演化结构。从图的不同角度来看,结构并没有随时间发生明显的变化,腔道双层结构保持稳定。

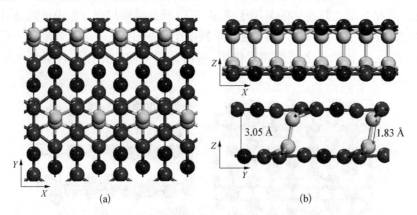

图 8.16　移除所有吸附 Li 原子的 B_4N 的优化后结构
示意图,黄色小球是连接上下层之间的 B 原子

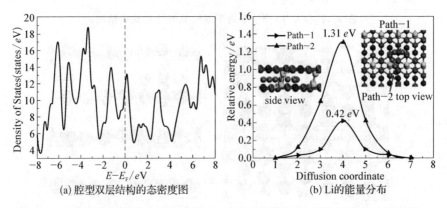

(a) 腔型双层结构的态密度图　　　　(b) Li的能量分布

图 8.17　腔型双层结构的态密度图(a)和 Li 的能量分布(b)通过不同的路径(路径 1和路径 2)在腔道中扩散

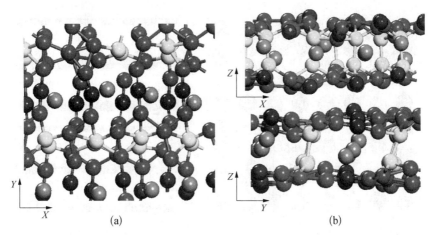

图 8.18　双层 B_4N 吸附饱和 Li 原子在 350 K 温度下持续 5 ps 的 AIMD 模拟结构

8.7　块体结构的 B_4N 及其体积膨胀效应

在实际应用中,层间结合能的叠加效应往往会导致层状块体形貌的形成。使用 AB_2 堆叠方式,继续增加 B_4N 层并进行了几何优化计算,允许晶格参数在所有三个方向上变化,优化后的块体 B_4N 如图 8.19,这有利于进一步深入地理解在 Li 插入时的体积膨胀和结构的稳定性。从侧视图中可以看出,块体结构的 B_4N 有明显的平层堆叠。优化后的 c 点阵常数为 5.98 Å,这意味着结构中的层间距离与双层材料的层间距离近似相等(2.99 Å)。为了确定在 Li 插层上的块体结构构型的演变,使块体 B_4N 测试最大负载,在每一层中都装载了 8 个 Li 原子,对应的超胞中共装载了 16 个 Li 原子,晶格参数设置成允许构型优化的变化,结果如图 8.20 所示。从俯视图来看,AB_2 堆叠保留得很好,所有 Li 原子都在 B_4N 层 H_1 位点的正上方。这里晶格常数 c 仍然是 5.98 Å,与块体 B_4N 相同。但是腔道结构形成了,就像双层 B_4N 的锂化一样。从图 8.20 的侧视图来看,连接的 B—B 键的键长大约在 1.84 Å,比锂化后的双层 B_4N 增大了 6%,并且单层的厚度约为 1.18 Å,比锂化后的双层 B_4N 厚度(0.99 Å)高出 19%。结果表明,Li 层在三维 B_4N 中由于更弯曲的腔道形成而释放了膨胀效应。锂化块体 B_4N 系统的强键性也由电子局域化函数解释,如图 8.2(c)所示。同时还发现,块体结构的相变机制与双层结构相似。

值得注意的是,本征和层状块体结构的 B_4N 的构型相变是由锂化作用引起的。从腔道结构中去除 16 个 Li 原子,并设置变化的单胞进行几何优化。图 8.21 显示腔道仍然存在块体结构中。优化后的腔道结构的晶格常数 c 为 5.35 Å,小于层状块体 B_4N 的晶格常数;且腔道体结构总能量比层状块体 B_4N 的低了 10.04 eV,显得更稳定。这表明层状块体 B_4N 在锂化作用下更倾向于形成一个体腔通道结构。以块体腔通道结构为参考,在块体超胞吸附 16 个 Li 原子后,膨胀率可达 12%。这已接近石墨的膨胀。吸附 16 个 Li 原子时,平均吸能是 -1.76 eV,这确保了 Li 原子可以自然地进入腔道。此外,还分析了单个 Li 在 B_4N 体腔通道中的扩散。考虑到路径 2 在双层 B_4N 中势垒较高,这里只研究路径 1。

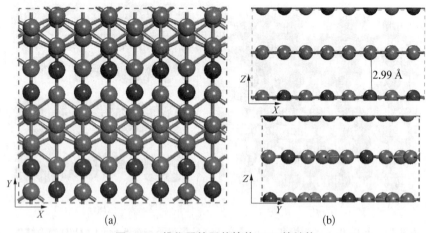

图 8.19　优化后的层状块体 B_4N 的结构

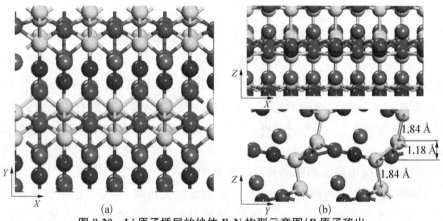

图 8.20　Li 原子插层的块体 B_4N 构型示意图(B 原子移出
原来的平面并相互结合)

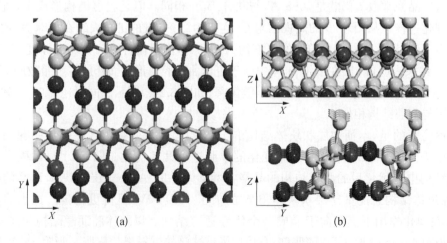

图 8.21　优化后的去除所有吸附的 Li 原子的块体 B_4N 结构

如图 8.22 所示,计算得到的能垒为 $0.33\ eV$,比石墨的能垒($0.40\ eV$)小。为了进一步关注满载块体 B₄N 的热稳定性,对图 8.20 中的结构在 350 K、5 ps 下进行 AIMD 计算。图 8.23 表明,结构变化不大。同时,根据公式(8.3),块体 B₄N 的空腔通道可以支撑 $468.57\ \mathrm{mA\cdot h\cdot g^{-1}}$ 的比容量。因此,块状 B₄N 仍然是一种应用前景较好的锂离子电池负极材料。

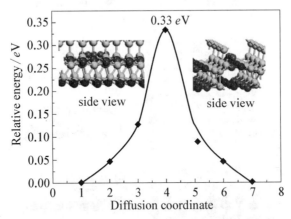

图 8.22　三维 B₄N 结构腔道中 Li 扩散的能量分布

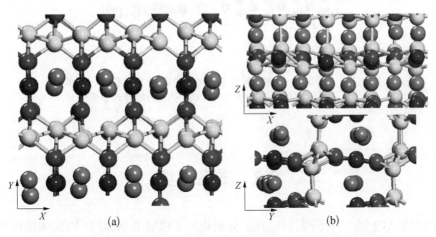

图 8.23　饱和吸附 Li 原子的块体 B₄N 构型在 350 K 温度下持续 5 ps 的 AIMD 测试

　　另一方面,锂化双层 B₄N 和块体 B₄N 未形成范德华层状结构。它们由 B—B 键连接形成层状,并形成 sp^3 杂化。为了研究 Li 原子的扩散运动,利用 AIMD 计算得到了 Li 原子在 300 K 和 400 K 时的运动轨迹。单个 Li 原子在 B₄N 单层上移动 5 ps,如图 8.24(a)所示。可以看出,Li 原子主要停留在 H₁ 位点上。这进一步证明了 H₁ 位点是一个稳定的位置。单个 Li 原子在双层 B₄N 上运动 5 ps 见图 8.24(b)。Li 原子可以在 B₄N 双层中连接的 B—B 键上移动,这在上述 CI-NEB 计算中得到了证实。在 300 K 和 400 K 的温度中持续 5 ps 的条件下,Li 原子在块体 B₄N 中的运动轨迹与双层 B₄N 中 Li 原子的运动轨迹相似。这些计算也证明了单层、双层和块体 B₄N 在 300 K 和 400 K 时是稳定的。

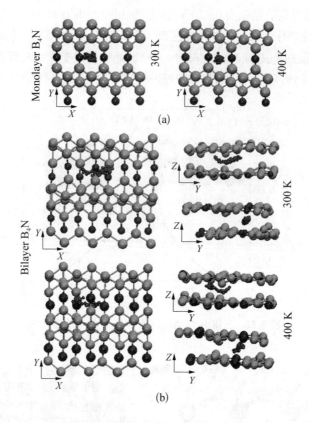

图 8.24　在 300 K 和 400 K 温度下的 AIMD 计算过程中,(a)单层和(b)双层 B_4N 上的单个 Li 原子运动轨迹示意图

8.8　本章小结

综上所述,基于第一性原理计算方法,分别研究了单层 B_4N、双层 B_4N 和块体 B_4N 的吸附结构、扩散性能、体积膨胀、热稳定性和锂离子存储属性。独特的中空位点(H_1)为 Li 离子提供了较大的自由移动空间和较强的吸附能力,使得单层、双层和块体 B_4N 具有较高的理论比容量和较好的速率能力。而在 Li 嵌入过程中,双层 B_4N 和块体 B_4N 由层状结构转变为不可逆的腔道结构。结构相变导致 sp^3 杂化,并且由于饱和锂化,双层 B_4N 和块体 B_4N 有较小的体积膨胀。AIMD 模拟也清楚地表明,锂化单层、双层和块体 B_4N 在 350 K 时具有良好的热稳定性。总体而言,从单层到块体 B_4N 的构型材料都是锂离子电池的新型理想负极材料。

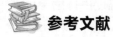 **参考文献**

［1］　F. X. Wu, J. Maier, Y. Yu. Guidelines and trends for next-generation rechargeable lithium and

lithium-ion batteries[J]. Chem. Soc. Rev, 2020, 49: 1569 – 1614.

[2]　T. Kim, W. T. Song, D. Y. Son, L. K. Ono, Y. B. Qi. Lithium-ion batteries: outlook on present, future, and hybridized technologies[J]. J. Mater. Chem. A, 2019, 7: 2942 – 2964.

[3]　L. Shi, T. S Zhao. Recent advances in inorganic 2D materials and their applications in lithium and sodium batteries[J]. J. Mater. Chem. A, 2017, 5: 3735 – 3758.

[4]　L.L. Lu, X. B. Han, J. Q. Li, J. F. Hu, M. G. Ouyang. A review on the key issues for lithium-ion battery management in electric vehicles[J]. J. Power Sources, 2013, 226: 272 – 288.

[5]　C. F. J. Francis, I. L. Kyratzis, A. S. Best. Lithium-Ion Battery Separators for Ionic-Liquid Electrolytes: A Review[J]. Adv. Mater, 2020, 32: 1904205.

[6]　H. L. Zhang, H. B. Zhao, M. A. Khan, W. W. Zou, J. Q. Xu, L. Zhang J. J. Zhang. Recent progress in advanced electrode materials, separators and electrolytes for lithium batteries[J]. J. Mater. Chem. A, 2018, 6: 20564 – 20620.

[7]　C. Z. Zhang, N. Mahmood, H. Yin, F. Liu, Y. L. Hou. Synthesis of Phosphorus-Doped Graphene and its Multifunctional Applications for Oxygen Reduction Reaction and Lithium Ion Batteries[J]. Adv. Mater, 2013, 25: 4932 – 4937.

[8]　X. X. Jiao, Y. Y. Liu, T. T. Li, C. F. Zhang, X. Y. Xu, O. O. Kapitanova, C. He, B. Li, S. Z. Xiong, J. G. Song. Crumpled Nitrogen-Doped Graphene-Wrapped Phosphorus Composite as a Promising Anode for Lithium-Ion Batteries, ACS Appl. Mater [J]. Interfaces, 2019, 11: 30858 –30864.

[9]　Y. Y. Hsieh, Y. B. Fang, J. Daum, S. N. Kanakaraj, G. Q. Zhang, S. Mishra, S. Gbordzoe, V. Shanov. Bio-inspired, nitrogen doped CNT-graphene hybrid with amphiphilic properties as a porous current collector for lithium-ion batteries[J]. Carbon, 2019, 145: 677 – 689.

[10]　J. B. Pang, R. G. Mendes, A. Bachmatiuk, L. Zhao, H. Q. Ta, T. Gemming, H. Liu, Z. F. Liu M. H. Rummeli. Applications of 2D MXenes in energy conversion and storage systems[J]. Chem. Soc. Rev, 2019, 48: 72 – 133.

[11]　T. Bo, P. F. Liu, J. R. Zhang, F. W. Wang, B. T. Wang. Tetragonal and trigonal Mo2B2 monolayers: Two new low-dimensional materials for Li-ion and Na-ion batteries[J]. Phys. Chem. Chem. Phys, 2019, 21: 5178 – 5188.

[12]　Y. D. Yu, Z. L. Guo, Q. Peng, J. Zhou Z.M. Sun. Novel Two-dimensional molybdenum carbides as high capacity anodes for lithium/sodium-ion batteries [J]. J. Mater. Chem. A, 2019, 7: 12145 –12153.

[13]　H. Huang, H. H. Wu, C. Chi, B. L. Huang, T. Y. Zhang. Ab initio investigations of orthogonal ScC₂ and ScN₂ monolayers as promising anode materials for sodium-ion batteries[J]. J. Mater. Chem. A, 2019, 7: 8897 – 8904.

[14]　C. F. Yang, Y. Li, Y. Chen, Q. D. Li, L. L. Wu, X. L. Cui. Lithium-Ion Batteries: Mechanochemical Synthesis of γ-Graphyne with Enhanced Lithium Storage Performance[J]. Small, 2019, 15: 1970044.

[15]　B. Z. Wu, X. Z. Jia, Y. L. Wang, J. X. Hu, E. L. Gao, Z. Liu. Superflexible C₆₈-graphyne as a promising anode material for lithium-ion batteries[J]. J. Mater. Chem. A, 2019, 7: 17357 – 17365.

[16]　M. Makaremi, B. Mortazavi, T. Rabczuk, G. A. Ozin, C. V. Singh. Theoretical Investigation: 2D N-Graphdiyne Nanosheets as Promising Anode Materials for Li/Na Rechargeable Storage Devices[J]. ACS Appl. Nano Mater, 2019, 2: 127 – 135.

[17]　H. J. Hwang, J. Koo, M. Park, N. Park, Y. Kwon, H. Lee. Multilayer Graphynes for Lithium Ion

Battery Anode[J]. J. Phys. Chem. C, 2013, 117: 6919 – 6923.

[18] D. Ferguson, D. J. Searles, M. Hankel. Biphenylene and Phagraphene as Lithium Ion Battery Anode Materials[J]. ACS Appl. Mater. Interfaces, 2017, 9: 20577 – 20584.

[19] T. Hussain, A. H. F. Niaei, D. J. Searles, M. Hankel. Three-Dimensional Silicon Carbide from Siligraphene as a High Capacity Lithium Ion Battery Anode Material[J]. J. Phys. Chem. C, 2019, 123: 27295 – 27304.

[20] B. Wang, Q. S. Wu, Y. H. Zhang, L. Ma, J. L. Wang. Auxetic B_4N Monolayer: A Promising 2D Material with in-Plane Negative Poisson's Ratio and Large Anisotropic Mechanics[J]. ACS Appl. Mater. Interfaces, 2019, 11: 33231 – 33237.

[21] X. M. Zhang, J. P. Hu, Y. C. Cheng, H. Y. Yang, Y. G. Yao, S. Y. Yang. Borophene as an extremely high capacity electrode material for Li-ion and Na-ion batteries[J]. Nanoscale, 2016, 8: 15340 – 15347.

[22] B. Mortazavi, A. Dianat, O. Rahaman, G. Cuniberti, T. Rabczuk. Borophene as an anode material for Ca, Mg, Na or Li ion storage: A first-principle study[J]. J. Power Sources, 2016, 329: 456 – 461.

[23] T. H. Huang, B. W. Tian, J. Y. Guo, H. B. Shu, Y. Wang, J. Dai. Semiconducting borophene as a promising anode material for Li-ion and Na-ion batteries[J]. Mat. Sci. Semicon. Proc. 2019, 89: 250 – 255.

[24] P. Ordejon, E. Artacho, J. M. Soler. Self-consistent order-N density-functional calculations for very large systems[J]. Phys. Rev. B: Condens. Matter Mater. Phys, 1996, 53: R10441.

[25] J. M. Soler, E. Artacho, J. D. Gale, A. Garcia, J. Junquera, P. Ordejon, D. Sanchez-Portal. The SIESTA method for ab initio order-N materials simulation[J]. J. Phys.: Condens. Matter, 2002, 14: 2745 – 2779.

[26] J. A. White, D. M. Bird. Implementation of gradient-corrected exchange-correlation potentials in Car-Parrinello total-energy calculations[J]. Phys. Rev. B: Condens. Matter Mater. Phys, 1994, 50: 4954 – 4957.

[27] J. P. Perdew, K. Burke, M. Ernzerhof. Generalized Gradient Approximation Made Simple[J]. Phys. Rev. Lett, 1996, 77: 3865 – 3868.

[28] Abinit's Fritz-Haber-Institute (FHI) pseudo database. https://departments. icmab. es/leem/ SIESTA_MATERIAL/Databases/Pseudopotentials/periodictable-gga-abinit.html

[29] E. Artacho, D. Sanchez-Portal, P. Ordejon, A. Garcia, J. M. Soler. Linear-scaling ab-initio calculations for large and complex systems[J]. Phys. Status Solidi B, 1999, 215: 809 – 817.

[30] E. Anglada, J. M. Soler, J. Junquera, E. Artacho. Systematic generation of finite-range atomic basis sets for linear-scaling calculations[J]. Phys. Rev. B: Condens. Matter Mater. Phys, 2002, 66: 205101.

[31] S. Grimme. Semiempirical GGA-Type Density Functional Constructed with a Long-Range Dispersion Correction[J]. J. Comput. Chem, 2006, 27: 1787 – 1799.

[32] M. Methfessel, A. T. Paxton. High-precision sampling for Brillouin-zone integration in metals[J]. Phys. Rev. B: Condens. Matter, 1989, 40: 3616 – 3621.

[33] G. Henkelman, B. P. Uberuaga, H. Jónsson. A climbing image nudged elastic band method for finding saddle points and minimum energy paths[J]. J. Chem. Phys, 2000, 113: 9901 – 9904.

[34] T. Yu, Z. Y. Zhao, L. L. Liu, S. T. Zhang, H. Y. Xu, G. C. Yang. TiC_3 Monolayer with High Specific Capacity for Sodium-Ion Batteries[J]. J. Am. Chem. Soc, 2018, 140: 5962 – 5968.

[35]　S. Mukherjee, L. Kavalsky, C. V. Singh. Ultrahigh Storage and Fast Diffusion of Na and K in Blue Phosphorene Anodes[J]. ACS Appl. Mater. Interfaces, 2018, 10: 8630 – 8639.

[36]　S. Ullah, P. A. Denis, F. Sato. First-principles study of the dual doped graphene: Towards the promising anode materials for Li/Na-ion batteries[J]. New J. Chem, 2018, 42: 10842 – 10851.

[37]　X. Y. Deng, X. F. Chen, Y. Huang, B. B. Xiao, H. Y. Du. Two-Dimensional GeP₃ as a High Capacity Anode Material for Non-Lithium-Ion Batteries [J]. J. Phys. Chem. C, 2019, 123: 4721 –4728.

[38]　S. Kumar, S. P. Kaur, T. J. D. Kumar. Hydrogen Trapping Efficiency of Li-Decorated Metal-Carbyne Framework: A First-Principles Study[J]. J. Phys. Chem. C, 2019, 123: 15046 – 15052.

[39]　S.Y. Qi, F. Li, J, R. Wang, Y. Y. Qu, Y. M. Yang, W. F. Li, M. W. Zhao. Prediction of a flexible anode material for Li/Na ion batteries: Phosphorous carbide monolayer (a-PC)[J]. Carbon, 2019: 141,444 – 450.

[40]　X. P. Chen, C. J. Tan, Q. Yang, R.S. Meng, Q. H. Liang, J. K. Jiang, X. Sun, D. Q. Yang, T. L. Ren. Effect of multilayer structure, stacking order and external electric field on the electrical properties of few-layer boron-phosphide[J]. Phys. Chem. Chem. Phys, 2016, 18: 16229 – 16236.

[41]　G. L. Zhu, X. J. Ye, C.S. Liu. Graphether: a two-dimensional oxocarbon as a direct wide-band-gap semiconductor with high mechanical and electrical performances [J]. Nanoscale, 2019, 11: 22482 –22492.

[42]　C. Y. Zhu, X. Qu, M. Zhang, J, Y. Wang, Q. Li, Y. Geng, Y. M. Ma, Z. M. Su. Planar NiC3 as a reversible anode material with high storage capacity for lithium-ion and sodium-ion Batteries[J]. J. Mater. Chem. A, 2019, 7: 13356 – 13363.

[43]　X. Sun, Z. Wang. Sodium adsorption and diffusion on monolayer black phosphorus with intrinsic defects[J]. Appl. Surf. Sci, 2018, 427: 189 – 197.

[44]　S. Huang, Y. Xie, C. Zhong, Y. Chen. Double Kagome Bands in a Two-Dimensional Phosphorus Carbide P_2C_3[J]. Phys. Chem. Lett, 2018, 9: 2751 – 2756.

[45]　H.R. Jiang, T.S. Zhao, M. Liu, M.C. Wu, X.H. Yan. Two-dimensional SiS as a potential anode material for lithium-based batteries: A first-principles study[J]. J. Power Sources, 2016: 391 – 399.

[46]　B. Xiao, Y. C. Li, X. F. Yu, J. B. Cheng. Penta-graphene: A Promising Anode Material as the Li/Na-Ion Battery with Both Extremely High Theoretical Capacity and Fast Charge/Discharge Rate[J]. ACS Appl. Mater. Interfaces, 2016, 8: 35342 – 35352.

[47]　H. R. Jiang, W. Shyy, M. Liu, L. Wei, M. C. Wu, T. S. Zhao. Boron phosphide monolayer as a potential anode material for alkali metal-based batteries[J]. J. Mater. Chem. A, 2017, 5: 672 – 679.

[48]　G. Henkelman, A. Arnaldsson, H. Jónsson. A fast and robust algorithm for Bader decomposition of charge density[J]. Comp. Mater. Sci, 2006, 36: 354 – 360.

[49]　H.F. Wang, Q. F. Li, Y. Gao, F. Miao, X. F. Zhou, X.G. Wan. Strain Effects on Borophene: Ideal Strength, Negative Poisson Ratio and Phonon Instability[J]. New J. Phys, 2016, 18: 073016.

[50]　J. M. Tarascon, M. Armand. Issues and Challenges Facing Rechargeable Lithium Batteries [J]. Nature, 2001, 414: 359 – 367.

[51]　Z. Yang, D. Choi, S. Kerisit, K. M. Rosso, D. Wang, J. Zhang, G. Graff, J. Liu. Nanostructures and Lithium Electrochemical Reactivity of Lithium Titanites and Titanium Oxides: A Review[J]. J. Power Sources, 2009, 192: 588 – 598.

[52]　S. Zhao, W. Kang, J. Xue. The Potential Application of Phosphorene as an Anode Material in Li-Ion Batteries[J]. J. Mater. Chem. A, 2014, 2: 19046 – 19052.

[53] B. Mortazavi, A. Dianat, G. Cuniberti, T. Rabczuk. Application of Silicene, Germanene and Stanene for Na or Li Ion Storage: A Theoretical Investigation[J]. Electrochim. Acta, 2016, 213: 865 - 870.

[54] H. Huang, H. H. Wu, C. Chi, J. M. Zhu, B. L, Huang. Out-of-plane ion transport makes nitrogenated holey graphite a promising high-rate anode for both Li and Na ion batteries[J]. Nanoscale, 2019,11: 18758 - 18768.

[55] H.Z. Tian, Z. W. Seh, K. Yan, Z. H. Fu, P. Tang, Y. Y. Lu, R. F. Zhang, D. Legut, Y. Cui, Q. F. Zhang. Theoretical Investigation of 2D Layered Materials as Protective Films for Lithium and Sodium Metal Anodes[J]. Adv. Energy Mater, 2017, 7: 1602528.

[56] Q. F. Li, J. C. Yang, L. Zhang. Theoretical Prediction of Blue Phosphorene/Borophene Heterostructure as a Promising Anode Material for Lithium-Ion Batteries[J]. J. Phys. Chem. C, 2018, 122: 18294 - 18303.

[57] Z. Liu, J. Z. Liu, Y. Cheng, Z. Li, L. Wang, Q. Zheng. Interlayer binding energy of graphite: A mesoscopic determination from deformation[J]. Phys. Rev. B: Condens. Matter Mater. Phys, 2012, 85: 205418.

[58] J. Liu, S. Wang, Q. Sun. All-carbon-based porous topological semimetal for Li-battery anode material[J]. Proc. Natl. Acad. Sci. U. S. A, 2017, 114: 651 - 656.

[59] J. Zhuang, X. Xu, G. Peleckis, W. Hao, S. X. Dou, Y. Du. Silicene: A promising anode for lithium-ion batteries[J]. Adv. Mater, 2017, 29: 1606716.

第 9 章　本征和缺陷 NiB_6 作为碱金属离子电池负极的性能研究

扫码可免费
观看本章资源

9.1　引　　言

可充电锂离子电池(LIB)以其高能量密度、高可逆容量、长循环寿命和环境友好等优势在日常生活中得到广泛的应用。然而,Li 元素地壳储量低以及制备成本高等因素阻碍了其进一步的应用发展。由于具有 Li 离子电池相似的储能机理、较为低廉的制备成本以及丰富的地壳储量,钠(Na)和钾(K)离子电池被预测是继 Li 离子电池之后的最可行的金属离子电池类型。现在商业化的 Li 离子负极材料石墨,由于其较低的理论比容量($372\,mA \cdot h \cdot g^{-1}$)和较差的倍率性能,难以满足人们对更高能量密度离子电池的需要。因此,寻找并设计具有高倍率性能、高理论比容量以及具有较好的循环使用性能的高密度、低成本的二次电池成了科研工作者的重点研究方向。

近年来,二维(2D)材料在许多领域得到了广泛的研究。由于其多样的结构形式、优异的力学性能和显著的电学特性,被预测是高性能碱金属离子电池负极材料的备选材料。例如,超高的比表面积和良好的电子性质能够带来更高的能量密度和更快的离子迁移能力。优异的机械性能可以缓解充放电过程中负极材料的体积变化。事实上,已有相当多的研究表明 2D 材料具有比当前商业化的石墨(Li 为 $372\,mA \cdot h \cdot g^{-1}$)更大的理论比容量,例如磷烯作为 Li 离子电池的理论比容量为 $389\,mA \cdot h \cdot g^{-1}$,硅烯作为 Li 离子电池的理论比容量为 $954\,mA \cdot h \cdot g^{-1}$,$MoS_2$ 作为 Na 离子电池的理论比容量为 $389\,mA \cdot h \cdot g^{-1}$,半导体硼烯作为 Li/Na 离子电池的理论比容量为 $1\,240\,mA \cdot h \cdot g^{-1}$,$Ti_3C_2$MXene 作为 K 离子电池的理论比容量为 $319.8\,mA \cdot h \cdot g^{-1}$ 等。同时,理论和实验研究都表明,缺陷是材料合成过程中不可避免的,对材料作为电池负极的性能起到十分重要的影响。例如,锂在含单空位缺陷的磷烯衬底上的吸附和扩散表明,缺陷可以将 Li 原子在衬底上的吸附能提升将近 $1.0\,eV$,同时将 Li 原子在衬底上的扩散势垒从 $0.65\,eV$ 降低到 $0.13\,eV$。人们从单空位缺陷在石墨烯以及 C_3N 等二维材料研究中也发现,单空位缺陷会造成金属离子扩散性能的降低。

狄拉克材料由于其良好的电化学性能,例如,弹道电荷传输和超高载流子迁移率等优良特性,被预测在纳米器件应用方面具有广阔的前景。最近,借助于第一性原理的高通量模拟计算,一种新型二维狄拉克材料 NiB_6 被预测能够稳定存在。NiB_6 单层具有优异的载流子迁移率($8.58 \times 10^5\,ms^{-1}$)、弹道电荷输运特性和较好的力学性能(杨氏模量高达 189 $N \cdot m^{-1}$),被预测在碱金属离子电池中可能具有良好的应用前景。根据上述研究成果,本章对碱金属原子在本征和缺陷 NiB_6 衬底上的吸附和扩散行为进行了系统研究。计算结

| 163 |

果表明,二维 NiB_6 单层是一种机械性能好、比容量高、导电性优良、易于碱金属原子扩散的负极材料。同时,对 NiB_6 衬底上可能存在的多种单空位缺陷以及其电子性质展开了研究,以分析缺陷对二维材料作为碱金属离子负极材料的各项性能的影响。

9.2 计算方法

结构优化和性能计算都是在考虑了自旋极化的基于第一性原理方法的 SIESTA 软件包中进行。电子交换关联势采用广义梯度近似(GGA)下的 Perde-Burke-Ernzerhof(PBE)泛函近似处理。系统的离子与价电子的相互作用采用 Kleinman-Bylander 的标准守恒赝势。价电子波函数用双 ζ 基组展开。采用了基于 Grimme D2 方法来修正计算原子间的范德华作用。经过测试,系统的截断能选用 280 Ry。同时,真空层厚度设置为 30 Å,以消除周期层之间的关联相互作用。电子弛豫精度设定为 10^{-5} eV,结构收敛以每个原子上的作用力小于 0.02 $eV/Å$为判据。采用 3×5×1(105 个原子)的超晶胞进行吸附及扩散性质研究。为平衡计算精度和效率,以 Monkhorst-Pack(MP)算法进行 5×3×1 的 k 点网格布里渊区抽样计算。采用共轭梯度优化方法对吸附构型进行优化。用正则系综和 Nosé 从头算法对结构进行热力学稳定性计算,每一步离子运动为 1.0 fs,共进行 5 000 fs。

碱金属原子在本征和缺陷 NiB_6 衬底上的吸附能可以根据下列公式计算:

$$E_{ad} = (E_{total} - E_{substrate} - nE_{alkali\ atoms})/n \tag{9.1}$$

式中 $E_{substrate}$ 和 E_{total} 分别代表衬底结构在吸附碱金属原子前后的总能量。$E_{alkali\ atoms}$ 是块体中每个 Li/Na/K 原子的化学势,n 代表吸附的碱金属原子数。一般情况下,吸附能的高低可以反映吸附原子和衬底结构之间的作用强弱。

负极材料的最大理论比容量可以通过下列公式进行计算:

$$C = xF/M \tag{9.2}$$

其中的 x、F 和 M 分别为衬底上吸附的最大碱金属原子的个数、法拉第常数(26802.10 mAh/mol)和衬底的相对分子质量。此外,开路电压(OCV)可以通过以下公式计算:

$$V(X_1, X_2) = \frac{E_{(Li/Na/K)X_1} - E_{(Li/Na/K)X_2} + (X_2 - X_1)E_{Li/Na/K}}{(X_2 - X_1)e} \tag{9.3}$$

其中的 $E_{(Li/Na/K)}$ 和 $E_{(Li/Na/K)}$ 分别代表 NiB_6 衬底在吸附 X_1 和 X_2 个碱金属原子时系统的总能;X_1 和 X_2 分别代表两种结构模型中吸附的 Li/Na/K 原子的总个数。$E_{Li/Na/K}$ 是块状结构中单个 Li/Na/K 原子的化学势能。

NiB_6 衬底的聚合能计算公式为:

$$E_c = \frac{mE_{Ni} + 6mE_B - E_{NiB_6}}{7m} \tag{9.4}$$

含有单个 Ni 缺陷的 NiB_6 衬底的聚合能计算公式为:

$$E_c = \frac{(m-1)E_{Ni} + 6mE_B - E_{NiB_6-V_{Ni}}}{7m-1} \tag{9.5}$$

含有单个 B 缺陷的 NiB$_6$ 衬底的聚合能计算公式是:

$$E_c = \frac{mE_{Ni} + (6m-1)E_B - E_{NiB_6-V_B}}{7m-1} \qquad (9.6)$$

其中 m 表示 NiB$_6$ 体系中的 Ni 原子个数,E_{Ni}/E_B 和 $E_{NiB_6-V_{Ni}}/E_{NiB_6-V_B}$ 分别代表孤立的 Ni/B 原子的化学势和 NiB$_6$-V$_{Ni}$/NiB$_6$-V$_B$ 衬底的总能量。E_c 值越高,意味着系统的结构稳定性越好。

含有缺陷的 NiB$_6$ 衬底的形成能计算公式如下所示:

$$E_f = E_{NiB_6-VNi/VB} + E_{Ni/B} - E_{NiB_6} \qquad (9.7)$$

其中 $E_{NiB_6-VC/VB}$,E_{NiB_6} 分别代表有无缺陷的 NiB$_6$ 衬底的总能量。$E_{Ni/B}$ 分别代表孤立的 Ni/B 原子的化学势。材料的形成能越低,证明材料的系统能量越低,在现实生活中越容易稳定存在。

9.3　NiB$_6$ 单胞结构优化

如图 9.1 所示,NiB$_6$ 衬底为平面结构,且每个 Ni 原子与六个 B 原子形成六配位键。Ni—B 键长约为 1.996~2.076 Å,优化后的晶格常数分别为 $a=2.956$ Å 和 $b=7.646$ Å。从图 9.1(b) 的能带结构来看,NiB$_6$ 含有双狄拉克锥,两个狄拉克锥分别位于对称点 X—S 线和 Y—G 之间。通过材料聚合能的计算可以看出 NiB$_6$(5.83 eV)具有比其他常见二维材料更大的聚合能,如黑磷烯(3.27 eV)和 P$_2$C$_3$(4.60 eV)。

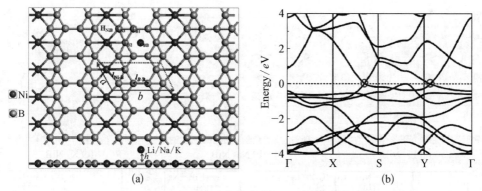

图 9.1　**NiB$_6$ 衬底的优化结构以及能带结构。单胞如图(a)中虚线所示;**
六个 Li/Na/K 可能的吸附位如图(a)中所示(所有图形可扫码看彩图)

9.4　碱金属原子在 NiB$_6$ 衬底上的吸附行为

为了验证碱金属原子在 NiB$_6$ 衬底上吸附行为,构建了一个 5×3×1 的 NiB$_6$ 超胞。根据结构对称性,NiB$_6$ 衬底上 Li/Na/K 原子有六个可能的吸附位如图 9.1(a)所示。研究碱金属原子在 NiB$_6$ 衬底上的吸附行为过程中,发现放置在 T$_{B1}$ 和 T$_{B2}$ 位的碱金属原子通常会优化

到更稳定的 H_{BB} 位,放置在 T_{Ni} 位上的碱金属原子则优化到次稳位 T_{B3}。三种碱金属原子在 NiB_6 衬底上最稳定的吸附位均为 H_{BB} 位,对应的吸附能分别为 $-1.82\ eV(Li)$、$-1.68\ eV$(Na)和 $-2.04\ eV(K)$。这比其他文献报道的碱金属原子在 2D 负极材料的吸附能绝对值大,如 Li 在 β_{12} 硼烯上吸附能为 $-1.77\ eV$、Na 在半导体硼烯吸附能为 $-1.41\ eV$ 和 K 在石墨烯上的吸附能为 $-1.05\ eV$。同时,当 Li、Na、K 原子吸附在最稳吸附位 H_{BB} 时,对应的吸附高度分别为 1.61、2.12、2.46 Å,这与它们的原子半径的大小规律(Li<Na<K)是一致的。碱金属原子在衬底上较大的吸附能有利于防止衬底上碱金属原子团簇的形成,从而提高电池比容量和循环性能。

负极材料的电导率是影响电池充放电过程中欧姆热的重要因素。这就要求选取的负极材料在充放电过程中有良好的电导性,以减少欧姆热的产生。为了研究吸附碱金属后的衬底的电导性质,分析了吸附碱金属原子与衬底的差分电荷密度和分态密度(PDOS)。图 9.2(a)—(c)是吸附碱金属的衬底结构的差分电荷密度图,其中深灰色区域表示电子耗散,浅灰色区域表示电子聚集。由 9.2(a)—(c)可以看出,在碱金属原子附近可以观察到明显的电子耗散;对应的碱金属原子与衬底之间存在着明显的电荷聚集。根据 Hirshfeld电荷分析计算的相应电荷转移量如表 9.1 所示。Li/Na/K 转移至衬底的电荷量分别为 $0.35/0.46/0.55\ e$,这个数值与其他用采用相同计算方法计算电荷转移量文献报道的数据相当。电荷的交换有利于提升衬底的电导性能,这种观点从吸附体系的 PDOS 也得到了证实。通过观察图 9.2(d)—(f)可以看出,碱原子态密度与衬底的态密度杂化主要发生在价带上,这就意味着两者间存在较强离子作用。由于碱原子吸附,整个系统的总 DOS 向深能级转移,这进一步证明电导率的提高。

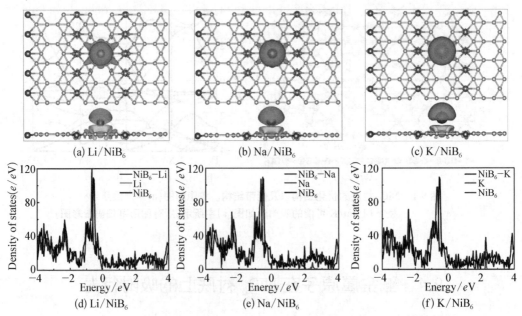

图 9.2　(a) Li/NiB_6,(b) Na/NiB_6,(c) K/NiB_6 系统的差分电荷密度图,图形通过 VESTA 软件绘制。(d) Li/NiB_6,(e) Na/NiB_6,(f) K/NiB_6 系统的分态密度。深灰色代表电荷耗散,浅灰色代表电荷聚集。等面值为 $0.001\ e/Å^3$,费米能级被设定为 0(扫码看彩图)

表 9.1　Li/Na/K 在 NiB₆ 衬底上的吸附能(E_{ad}),吸附高度(h)以及电荷转移量(ΔQ)

Name	$E_{ad}(eV)$	h (Å)	$\Delta Q(e)$
Li	−1.82	1.75	0.35
Na	−1.68	2.12	0.46
K	−2.04	2.46	0.55

9.5　理论比容量以及平均开路电压计算

比容量和开路电压是评价金属离子电池性能另外的重要参数。为满足高能量密度电池的需要,合适的负极备选材料应具有较高的理论比容量和适中的开路电压。比容量和开路电压的计算依赖于原子在衬底上的吸附数量。为了判定碱金属原子在 NiB₆上吸附数量的最大值,采取逐个添加原子的方式进行测试。同时监测碱金属原子的平均吸附能随吸附原子增加的变化趋势。在多个原子吸附的情况下,由于相邻原子之间的排斥作用,Li/Na/K 原子的平均吸附绝对值逐渐减小,如图 9.3(a)所示。当最稳位以及次稳位完全占据时,单侧 NiB₆ 衬底上最多能够吸附 45 个(两侧为 90 个)碱金属原子,对应的平均吸附能为−0.417/−0.346/−0.358 eV。这时吸附的碱金属原子在衬底上恰好是一层,典型的优化结构如图 9.3(a)中插图所示。继续添加碱金属原子,就会又生成第二层碱金属原子层。但这在离子电池实际应用中是很难实现的,因为负极材料一般都是多层组成,优化后的两层负极材料的间距限制了第二层碱金属层的形成。因此,根据比容量计算公式,Li/Na/K 在 NiB₆ 上的最大比容量均为 1 301.61 mA · h · g⁻¹,高于其他理论预测的二维材料电极,如硅烯作为 Li 离子电池的理论比容量为 954 mA · h · g⁻¹、半导体硼烯作为 Na 离子电池的理论比容量 1 240 mA · h · g⁻¹ 和 Ti₃C₂ MXene 作为 K 离子电池的理论比容量 319.8 mA · h · g⁻¹。通常来讲,金属离子电池正常工作温度在−40 ℃到 60 ℃范围内。采用 AIMD 方法对满载情况下的衬底在 400 K 弛豫5 ps 的热稳定性进行了研究。从图 9.4 可以看出:吸附碱金属原子的衬底在经历 400 K 的高温后依然保持了良好的稳定性。这意味着 NiB₆ 作为 Li/Na/K 离子电池负极材料可以满足预期的工作温度。此外,Li/Na/K 离子的 OCV 随吸附原子数的变化情况如图9.3(b)所示。综合分析图 9.3(b)可以看出:NiB₆ 作为 Li、Na 和 K 离子电池负极材料的平均开路电压分别为 0.96 V、0.71 V 和 0.69 V,均在所需的负极材料所应处于的阈值范围(0.10~1.00 V)内。高比容量、适中的开路电压以及较好的热力学稳定性为 NiB₆ 在高密度充电电池领域的应用提供了良好的竞争优势。

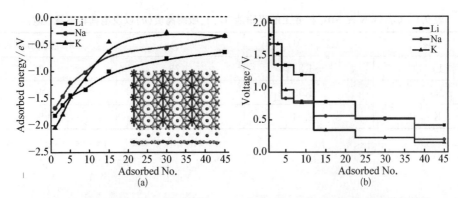

图 9.3　随着吸附 Li/Na/K 原子增加，对应的平均吸附能以及开路电压变化趋势。
45 个 Li/Na/K 原子在 NiB$_6$ 衬底单侧吸附的典型模型如内嵌图形所示

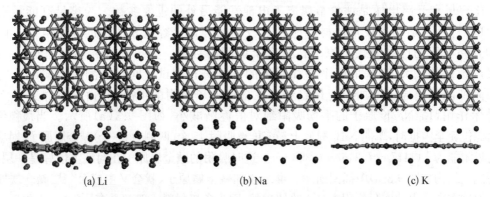

图 9.4　双侧吸附有 90 个 (a) Li，(b) Na，(c) K 的 NiB$_6$ 结构
在经历 400 K 温度 5 ps 后的结构模型

9.6　Li/Na/K 在 NiB$_6$ 衬底上扩散行为研究

　　离子电池中离子的迁移速率也是决定电池充放电速率的重要因素。而扩散势垒的计算对于评估新型电极材料的迁移速率是必不可少的。为了研究 Li/Na/K 原子在 NiB$_6$ 衬底上的扩散势垒，结合 NiB$_6$ 衬底的结构对称性，设计了几条碱金属原子在衬底上可能的扩散路径，并采用 CI-NEB 方法对碱金属原子在每条路径的扩散势垒进行了计算。如图9.5(a)所示，Li/Na/K 从一个最稳位（H$_{BB}$）向邻近的最稳位（H$_{BB}$）迁移有两条可能的扩散路径。根据计算结果，Li/Na/K 原子在两种不同扩散路径的扩散势垒分别如图 9.5(b)—(d)所示。从图 9.5(b)可以看出，Li 原子沿路径 1 扩散的扩散势垒为 0.43 eV，小于 Li 原子沿着路径 2 的扩散势垒（0.61 eV）。Na/K 原子在 NiB$_6$ 衬底上沿路径 1 的扩散势垒（分别为 0.23 eV 和 0.14 eV），同样小于它们沿路径 2 的扩散势垒（分别为 0.32 eV 和 0.22 eV）。研究结果表明，三种碱金属原子在 NiB$_6$ 衬底上的最佳扩散路径均为扩散势垒（Li/Na/K 为 0.43/0.23/0.14 eV）较低的路径 1，且扩散势垒均低于它们在其他许多 2D 负极材料上的扩散势垒，如 Li/Na 在 β$_{12}$ 硼衬底上的扩散势垒为 0.66/0.33 eV、Na 在 MoS$_2$ 衬底上的扩散势垒为 0.28 eV、Na/K 在

GeP$_3$ 衬底上的扩散势垒为 $0.27/0.287\,eV$。同时三种碱金属原子在 NiB$_6$ 衬底上的扩散势垒均处于金属原子在衬底表面扩散势垒的阈值范围($0.5\,eV$)。较低的扩散势垒预示着较快的充放电速率以及较好的倍率性能。

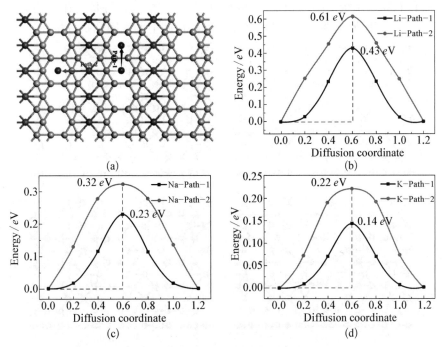

图 9.5　Li/Na/K 在 NiB$_6$ 衬底上的(a)扩散路径以及(c—d)对应的扩散势垒

9.7　含有点缺陷的 NiB$_6$ 衬底结构以及电子性质分析

与其他许多的 2D 负极材料相比,本征 NiB$_6$ 在 Li/Na/K 离子电池的存储以及扩散方面表现出了优越的性能。然而,在实验制备过程中,缺陷是不可避免的因素,甚至可能会严重地影响二维电极材料的电化学性能。因此,研究缺陷对负极材料电化学性能的影响也是一个重要的课题。接下来的研究中,对含有缺陷的 NiB$_6$ 衬底的结构和电子性质进行了详细的研究,并对碱金属原子在含有缺陷 NiB$_6$ 衬底上的吸附和扩散特性进行了探究,以分析缺陷对 NiB$_6$ 作为离子电池负极材料性能的影响。

仍然以 $5\times3\times1$ 的 NiB$_6$ 超胞为初始模型,去掉一个 Ni/B 原子来构建含有缺陷的 NiB$_6$ 衬底,考虑衬底结构的周期性和对称性。如图 9.6 所示,有三种 B 的单空位缺陷 NiB$_6$-V$_{B\alpha}$(NiB$_6$-V$_{B1}$,NiB$_6$-V$_{B2}$,NiB$_6$-V$_{B3}$)衬底和一种 Ni 的单空位(NiB$_6$-V$_{Ni}$)衬底。结构优化表明,四种含缺陷的 NiB$_6$ 衬底结构仍然保持着完整而稳定的平面结构。NiB$_6$-V$_{B1}$,NiB$_6$-V$_{B2}$,NiB$_6$-V$_{B3}$ 和 NiB$_6$-V$_{Ni}$ 的形成能和聚合能如表 9.2 所示。NiB$_6$-V$_{Ni}$ 的形成能($22.68\,eV$)远远高于 NiB$_6$-V$_{Bx}$ 的形成能($1.95\,eV$),这表明含 Ni 的单空位(NiB$_6$-V$_{Ni}$)衬底较难形成。此外,与 NiB$_6$-V$_{Ni}$ 相比,NiB$_6$-V$_{Bx}$ 还具有较高的聚合能(NiB$_6$-V$_{B1}$/NiB$_6$-V$_{B2}$ 为 $6.45\,eV$,NiB$_6$-V$_{B3}$ 为 $6.46\,eV$)。聚合能越大,结构的稳定性越高。与其他二维材料相比时,NiB$_6$-

V_{Bx} 衬底仍然具有较好的结构稳定性。图 9.7 展示了本征的和有缺陷的 NiB_6 衬底的 DOS 和 PDOS。由于缺陷的存在，Ni/B 元素对衬底在费米能级附近的 DOS 贡献降低。因此，导致总的态密度峰值在费米能级附近有所下降且总体有向右偏移的趋势。总态密度峰值的减少和峰的右移意味着系统的结构稳定性和电导因缺陷的引入而降低。在上述的基础上，进一步研究了 Li/Na/K 原子在含单个 B 空位的 NiB_6 衬底上的吸附和扩散特性。

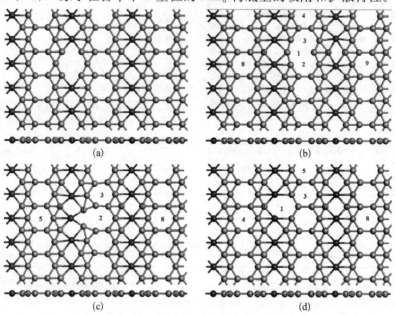

图 9.6 含有(a) V_{Ni}，(b) V_{B1}，(c) V_{B2} 和(d) V_{B3} 缺陷的 NiB_6 衬底的俯视及侧视图。数字标识了 Li/Na/K 在含有 V_{Ni}，V_{B1}，V_{B2} 和 V_{B3} 缺陷的 NiB_6 衬底上可能的吸附位。

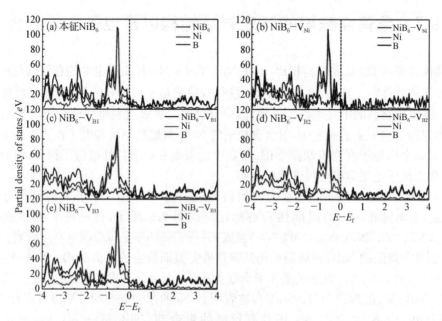

图 9.7 (a) 本征 NiB_6，(b) NiB_6-V_{Ni}，(c) NiB_6-V_{B1}，(d) NiB_6-V_{B2}，(e) NiB_6-V_{B3} 衬底的总态度和分态密度。费米能级设定为 0。（扫码看彩图）

表 9.2　**NiB₆-V_B1，NiB₆-V_B2，NiB₆-V_B3 和 NiB₆-V_Ni 衬底的聚合能(E_c)以及形成能(E_f)**

Defect type	$E_c (eV)$	$E_f (eV)$
NiB₆-V_Ni	5.53	22.68
NiB₆-V_B1	6.45	1.95
NiB₆-V_B2	6.45	1.95
NiB₆-V_B3	6.46	1.95

9.8　Li/Na/K 在含有 B 缺陷的 NiB₆ 衬底上吸附行为

接下来对碱金属原子在含缺陷 NiB₆ 衬底上的吸附行为进行了研究。Li/Na/K 在含有 V_{Ni}，V_{B1}，V_{B2} 以及 V_{B3} 缺陷的 NiB₆ 衬底上可能的吸附位如图 9.6 中数字标识所示。碱金属原子在衬底上的吸附能随距缺陷中心的远近变化的曲线如图 9.8 所示。通过对比本征 NiB₆ 和含缺陷 NiB₆ 衬底中 Li/Na/K 原子在同一位置的吸附能，看出缺陷可以增强 NiB₆ 对 Li/Na/K 吸附能力，并且距离缺陷位置越近，缺陷带来的影响越明显。例如，Li 在 NiB₆-V_B3 上 1 号吸附位的吸附能为 $-1.93\ eV$，低于 Li 在本征 NiB₆ 衬底上同一吸附位的吸附能 ($-1.42\ eV$)(绝对值变大了)。随着吸附原子远离缺陷位置，缺陷对衬底吸附碱金属原子的影响效果逐渐降低。出现这种现象的原因可以归结如下：第一，由于缺陷的引入，含缺陷的 NiB₆ 衬底在缺陷位置附近的不饱和悬键增多，这将有利于与 Li/Na/K 的 s 轨道电子形成离

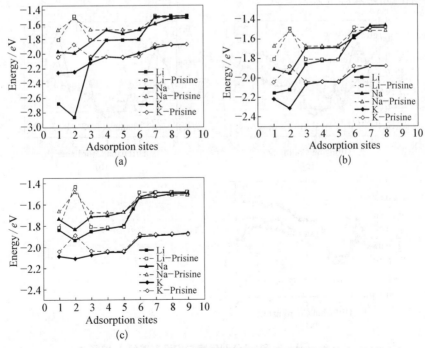

图 9.8　**吸附原子在缺陷衬底上不同吸附位置的吸附能曲线，(a)，(b)和(c)分别代表 NiB₆ 衬底上具有 V_{B1}，V_{B2} 和 V_{B3} 缺陷**

子键,进而提升碱金属原子在 NiB_6-V_{Bx} 衬底上的吸附作用;第二,随着吸附位置距缺陷位置距离增加,由缺陷引起的不饱和悬键逐渐减少,这解释了缺陷对吸附作用的影响随距离增加而减小的现象。大的吸附能有利于提升离子电池负极材料的储能以及稳定性,有利于抑制枝晶生长等。但过高的吸附能会引起陷阱效应,进而造成电池充放电速率降低。对此,接下来对碱金属原子在缺陷 NiB_6 衬底上的扩散特性进行了研究。

9.9 Li/Na/K 在含有 B 缺陷的 NiB_6 衬底上扩散行为

由于缺陷破坏了 NiB_6 衬底原有的结构对称性,因此,碱金属原子在含缺陷 NiB_6 衬底上的扩散路径就出现了多种情况。以缺陷为中心,对碱金属原子扩散穿过或靠近缺陷位置的几种路径情况进行研究。以 NiB_6-V_{B3} 衬底为例,碱金属原子在 NiB_6-V_{B3} 衬底上的扩散路径和对应的扩散势垒如图 9.6(d) 和图 9.9 所示。由图 9.9 可以看出:缺陷的存在对碱金属原子在 NiB_6-V_{B3} 衬底上的扩散行为造成陷阱效应。如:当 Li 原子沿路径 1 从 4 号吸附位扩散到 1 号吸附位时,对应的扩散势垒约为 $0.534eV$,远低于其反方向(4→1)的扩散势垒($0.774eV$)。同样的现象在 Li 原子沿着路径 2 从 4 号吸附位扩散到 2 号吸附位的过程中也有观察到。上述计算结果证实了缺陷位置在 Li/Na/K 原子扩散过程中的陷阱作用。而 Li/Na/K 原子在距离缺陷位置较远位置扩散时,对应的正、反方向的扩散势垒的差异明显降低,如图 9.9(c) 所示,沿路径 3,Li 原子按 5→3→6→7→8 的位置扩散,最大扩散势垒约为 $0.817eV$;沿其反方向(8→7→6→3→5)的最大扩散势垒约为 $0.808eV$,这意味着当远离缺陷位置时,缺陷的陷阱效应带大大减弱。

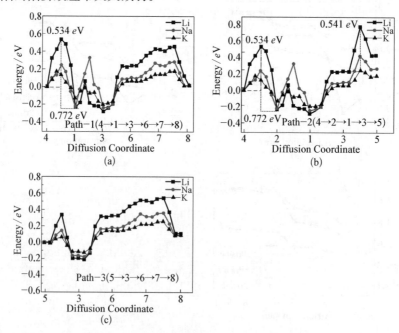

图 9.9 (a),(b)和(c)分别代表它们沿着路径 1,路径 2
和路径 3 的扩散势垒图

上述结果表明,缺陷的存在对碱金属原子在 NiB_6 表面的扩散造成陷阱效应,进而降低了碱金属原子在衬底上的扩散速率。同时,随着碱金属原子距缺陷位置距离的增加,缺陷带来的陷阱效应的影响逐渐降低。因此,合理减少材料制备过程中的缺陷形成对提升 2D 负极材料的性能具有重要意义。

9.10　本章小结

本文采用第一性原理方法对碱金属原子在本征和含缺陷 NiB_6 衬底上的吸附和扩散行为进行研究,结果表明,Li/Na/K 在 NiB_6 衬底上的理论比容量达 $1\,301.61\ mA \cdot h \cdot g^{-1}$,平均开路电压为 0.96/0.71/0.69 V,扩散势垒为 0.43/0.23/0.14 eV。较高的理论比容量、适中的开路电压和较低的扩散势垒等诸多优势为本征 NiB_6 在高能量密度、长寿命和超快充放电速率可充电电池应用领域提供了比较好的竞争力。

在制备 NiB_6 的过程中缺陷是不可避免的,研究表明 B 缺陷比 Ni 缺陷更有可能存在。进一步的分析发现,缺陷的存在会增加衬底对碱金属的吸附能力,且距离缺陷越近,效果越明显。然而,缺陷会对碱金属原子在衬底上的扩散起到陷阱作用,进而降低碱金属原子在衬底上的扩散性能。上述研究为 NiB_6 在碱金属离子电池中的应用和缺陷对 2D 材料性能的影响提供了参考。

 参考文献

［1］　J.M. Tarascon, M. Armand. Issues and challenges facing rechargeable lithium batteries[J]. Nature, 2001, 414: 359 - 367.

［2］　Y. Idota, T. Kubota, A. Matsufuji, Y. Maekawa, T. Miyasaka. Tin-based amorphous oxide: a high-capacity lithium-ion-storage material[J]. Science, 1997, 276: 1395 - 1397.

［3］　E. Yoo, J. Kim, E. Hosono, H. Zhou, T. Kudo, I. Honma. Large reversible Li storage of graphene nanosheet families for use in rechargeable lithium ion batteries[J]. Nano Lett, 2008, 8: 2277 - 2282.

［4］　W. Li, Y. Yang, G. Zhang, Y. W. Zhang. Ultrafast and directional diffusion of lithium in phosphorene for high-performance lithium-ion battery[J]. Nano Lett., 2015, 15: 1691 - 1697.

［5］　L. Wang, K. Zhang, H. Pan, L. Wang, D. Wang, W. Dai. 2D molybdenum nitride nanosheets as anode materials for improved lithium storage[J]. Nanoscale, 2018, 10: 18936 - 18941.

［6］　J.M. Tarascon. Is lithium the new gold?[J]. Nat. Chem, 2010, 2: 510.

［7］　E. Olsson, G. Chai, M. Dove, Q. Cai. Adsorption and migration of alkali metals (Li, Na, and K) on pristine and defective graphene surfaces[J]. Nanoscale, 2019, 11: 5274 - 5284.

［8］　T.H. Huang, B.W. Tian, J.Y. Guo, et al.. Semiconducting borophene as a promising anode material for Li-ion and Na-ion batteries[J]. Mater. Sci Semiconductor Process, 2019, 89: 250 - 255.

［9］　B.W. Tian, T.H. Huang, J.Y. Guo, H.B. Shu, Y. Wang, J. Dai. Gas adsorption on the pristine monolayer GeP_3: A first-principles calculation[J]. Vacuum, 2019, 164: 181 - 185.

［10］　X. Niu, Y. Yi, X. Bai, J. Zhang, Z. Zhou, L. Chu. Photocatalytic performance of fewlayer graphitic C_3N_4: Enhanced by interlayer coupling[J]. Nanoscale, 2019, 11: 4101 - 4107.

[11] X. Niu, Y. Yi, Y. Zhang, Q. Zheng, J. Zhao, J. Wang. Highly efficient photogenerated electron transfer at a black phosphorus/indium selenide heterostructure interface from ultrafast dynamics[J]. J. Mater. Chem. C, 2019, 7: 1864 – 1870.

[12] Vivekanand Shuklaa, Rafael B. Araujo. The curious case of two dimensional Si_2BN: A high-capacity battery anode material[J]. Nano Energy, 2017, 41: 251 – 260.

[13] G.C. Guo, R.Z. Wang, B.M. Ming, C. Wang, S.W. Luo, C. Lai, M. Zhang. Trap effects on vacancy defect of C_3N as anode material in Li-ion battery[J]. Appl. Surf. Sci, 2019, 475: 102 – 108.

[14] X. Deng, X. Chen, Y. Huang, B. Xiao, H. Du. Two-dimensional GeP_3 as a high capacity anode material for non-lithium-ion batteries[J]. J. Phys. Chem. C, 2019, 123: 4721 – 4728.

[15] O. Malyi, V.V. Kulish, T.L. Tan, S. Manzhos. A computational study of the insertion of Li, Na, and Mg atoms into Si(111) nanosheets[J]. Nano Energy, 2013, 2: 1149 – 1157.

[16] J.R. Dahn, T. Zheng, Y. H. Liu, J. S. Xue. Mechanisms for lithium insertion incarbonaceous materials[J]. Science, 1995, 270: 590 – 593.

[17] A. Sibari, A. Marjaoui, M. Lakhal, Z. Kerrami, A. Kara, M. Benaissa, A. Ennaoui, M. Hamedoun, A. Benyoussef, O. Mounkachi. Phosphorene as a promising anode material for (Li/Na/Mg)-ion batteries: A first-principle study[J]. Solar Energy Mater. Solar Cells, 2018, 180: 253 – 257.

[18] J. Hao, J. Zheng, F. Ling, Y. Chen, H. Jing, T. Zhou, L. Fang, M. Zhou. Strainengineered two-dimensional MoS_2 as anode material for performance enhancement of Li/Na-ion batteries [J]. Scientific Rep, 2018, 8: 2079.

[19] Dequan Er, Junwen Li, Michael Naguib, Yury Gogotsi, Vivek B. Shenoy. Ti_3C_2 MXene as a high capacity electrode material for metal (Li, Na, K, Ca) ion batteries[J]. ACS Appl. Mater. Interfaces, 2014, 14(6): 11173 – 11179, https://doi.org/10.1021/am501144q.

[20] T. Ang, B. Wang, H.F. Wang, Q. Zhang. Defect engineering toward atomic Co-Nx-C in hierarchical graphene for rechargeable flexible solid Zn-air batteries[J]. Adv. Mater. 2017, 29: 1703185.

[21] G.-C. Guo, X.L. Wei, D. Wang, Y. Luo, L.M. Liu. Pristine and defect-containing phosphorene as promising anode materials for rechargeable Li batteries [J]. J. Mater. Chem. A, 2015, 3: 11246 –11252.

[22] Emilia Olsson, Guoliang Chai, Martin Doveb, Qiong Cai. Adsorption and migration of alkali metals (Li, Na, and K) on pristine and defective graphene surfaces[J]. Nanoscale, 2019, 11: 5274 – 5284.

[23] X. Tang, W.G. Sun, Y. T. Gu, C. Lu, L.Z. Kou, C. F. Chen. CoB_6 monolayer: A robust two-dimensional ferromagnet[J]. Phys. Rev. B, 2019, 99: 045445.

[24] X. Tang, W. Sun, C. Lu, L. Kou, C. Chen. Atomically thin NiB_6 monolayer: A robust Dirac material[J]. Phys. Chem. Chem. Phys, 2019: 21: 617 – 622.

[25] J.M. Soler, E. Artacho, J.D. Gale, A. Garcia, J. Junquera, P. Ordejon, D. Sanchez- Portal. The SIESTA method for ab initio order-N materials simulation[J]. J. Phys.: Condens. Matter, 2002, 14: 2745 – 2779.

[26] J.A. White, D.M. Bird. Implementation of gradient-corrected exchange-correlation potentials in Car-Parrinello total-energy calculations[J]. Phys. Rev. B, 1994, 50: 4954 – 4957.

[27] Y. Zhang, W. Yang. Comment on "generalized gradient approximation made simple"[J]. Phys. Rev. B, 1994, 77: 3865 – 3868.

[28] N. Troullier, Martins Luriaas Jose. Efficient pseudopotentials for plane-wave calculations[J]. Phys. Rev. B, 1991, 43: 1993 – 2006.

[29] L. Kleinman, D. M. Bylander. Efficacious form for model pseudopotentials[J]. Phys. Rev. Lett.,

1982，48：1425 – 1428.

[30]　S. Grimme. Semiempirical GGA-type density functional constructed with a longrange dispersion correction[J]. J. Comput. Chem，2006，27：1787 – 1799.

[31]　H.J. Monkhorst，J.D. Pack. Special points for Brillouin-zone integrations[J]. Phys. Rev. B，1976，13：5188 – 5192.

[32]　J.W. Jiang，J. Leng，J. Li. Twin graphene：A novel two-dimensional semiconducting carbon allotrope [J]. Carbon，2017，118：370 – 375.

[33]　M. Methfessel，A.T. Paxton. High-precision sampling for Brillouin-zone integration in metals[J]. Phys. Rev. B，1989，40：3616 – 3621.

[34]　X. Sun，Z. Wang. Sodium adsorption and diffusion on monolayer black phosphorus with intrinsic defects[J]. Appl. Surf. Sci，2018，427：189 – 197.

[35]　Sili Huang，Yuee Xie，et al.. Double kagome bands in a two-dimensional phosphorus carbide P$_2$C$_3$[J]. J. Phys. Chem. Lett，2018，9：2751 – 2756.

[36]　Z. Zhang，Y. Yang，E.S. Penev，Evgeni S. Penev，Boris I. Yakobson. Elasticity，flexibility and ideal strength of borophenes[J]. Adv. Funct. Mater，2017，27：1605059.

[37]　S. Gong，Q. Wang. Boron-doped graphene as a promising anode material for potassium-ion batteries with a large capacity，high rate performance，and good cycling stability[J]. J. Phys. Chem. C，2017，121：24418 – 24424.

[38]　M. Makaremi，B. Mortazavi，C. V. Singh. 2D Hydrogenated graphene-like borophene as a high capacity anode material for improved Li/Na ion batteries：A first principles study[J]. Mater. Today Energy，2018，8：22 – 28.

[39]　N.K. Jena，R.B. Araujo，V. Shukla. Borophane as a bench-mate of graphene：A potential 2D material for anode of Li and Na-ion batteries[J]. ACS Appl. Mater. Interfaces，2017，9：16148 – 16158.

[40]　V. Shuklaa，R. Araujoa. The curious case of two dimensional Si$_2$BN：A high-capacity battery anode material[J]. Nano Energy，2017，41：251 – 260.

[41]　K. Momma，F. Izumi. VESTA 3 for three-dimensional visualization of crystal，volumetric and morphology data[J]. J. Appl. Crystallogr，2011，44：1272 – 1276.

[42]　H. Tanveer，H. Amir，D.J. Searles，M. Hankel. Three-dimensional silicon carbide from siligraphene as a high capacity lithium ion battery anode material [J]. J. Phys. Chem. C，2019，123：27295 – 27304.

[43]　G. Henkelman，B. P. Uberuaga，H. JoNsson. A climbing image nudged elastic band method for finding saddle points and minimum energy paths[J]. Chem. Phys，2000，113：9901.

[44]　H.R. Jiang，W. Shyy，M. Liu，Y.X. Ren，T.S. Zhao. Borophene and defective borophene as potential anchoring materials for lithium-ulfur batteries：A first-principles study[J]. J. Mater. Chem. A，2018，6：2107 – 2114.

第 10 章 掺杂对类石墨烯 C_3N 作为碱金属离子电池负极的性能影响研究

☞扫码可免费
观看本章资源

10.1 引 言

过去的几十年人们已经见证了大比容量、长寿命和低价可充电储能设备的盛行。其中最突出的代表就是目前商业化应用最广的锂离子电池。锂离子电池广泛应用于各个领域,如智能手机、笔记本电脑和电动汽车等。然而,锂储存量较少、分布不均匀和提炼成本较高等因素严重地制约了其在未来储能领域的进一步应用。钠(Na)和钾(K)离子电池与锂离子电池具有相似的储能机理,而钠(Na)和钾(K)在地球上储量更丰富,提炼成本更低廉。石墨是当前商业化应用最广的锂离子电池负极材料。然而石墨的比容量小,扩散势垒较大,这使得石墨很难满足日益增长的大容量储能需求。对于钠和钾离子电池,石墨因为比容量很低而不能成为理想的负极材料。因此,寻找并设计合适的碱金属离子负极材料已成为未来发展高存储、低成本二次电池的关键问题。

近年来,二维材料以其超高的比表面积、优异的力学以及电学性能引起了人们的广泛关注。这些优异的性能将赋予2D材料更高的能量密度。此外,2D材料良好的力学性能可以缓解由于充放电过程引起的负极材料的体积变化。现阶段对于二维材料作为负极材料性能改善的主要措施为掺杂、缺陷、表面修饰等手段。特别替位掺杂是提高基于 2D 材料的离子电池负极材料性能的最有效方法之一。例如,掺硼 12.5% 的石墨烯的比容量可以提升到 $546\ mA \cdot h \cdot g^{-1}$,这远大于本征石墨烯的比容量。

最近,研究人员成功制备出了一种具有与石墨烯结构相似的二维材料(C_3N)。由于具有优异的电导性($1.41 \times 10^3\ Scm^{-1}$)、合适的禁带宽度($0.39\ eV$)以及优异的力学和热力学性能(杨氏模量高达 364.33 N/m,在 600 K 保持稳定),C_3N 单层在气敏传感器、碱性离子电池、氧还原反应、金属和非金属原子吸附等领域得到了广泛的研究。然而,掺杂对 C_3N 单层作为负极材料性能的影响尚未见报道。在本文工作中,我们采用第一性原理计算方法,分析了掺杂对 C_3N 作为碱金属离子电池负极材料的性能影响,并且对材料的结构优化、吸附能、电学性质、扩散能垒、比容量和热力学稳定性等都进行了详尽的分析。

10.2　计算方法

所有模型体系的计算都是采用 SIESTA 软件包。计算选用的电子交换关联势是广义梯度近似(GGA)下的 Perde-Burke-Ernzerhof(PBE)泛函近似。计算都打开了自旋极化参数。离子与价电子的相互作用采用 Kleinman-Bylander 的标准范数守恒赝势。波函数用双 ζ 基组展开。用 Grimme D2 方法修正了原子之间的范德华相互作用。经过测试,截断能设定为 280 Ry。同时,采用 20 Å 的真空厚度来消除周期层之间的关联相互作用。电子弛豫精度设定为 10^{-5} eV,每个原子的作用力应小于 0.02 $eV/Å$。采用 3×3×1 超胞(72 个原子)进行掺杂几何结构优化和扩散计算。为了平衡计算精度和计算效率,以 Monkhorst-Pack(MP)算法进行 6×6×1 的 k 点网格布里渊区抽样计算。采用共轭梯度优化方法对吸附构型进行结构优化。采用正则系综进行从头分子动力学热力学稳定性计算,每一步离子运动的步长为 1.0 fs,总共时长为 5 ps。

B 掺杂 C_3N 的形成能可以根据下面公式进行计算:

$$E_f = E_{doped-C_3N} + E_{C/N} - E_{C_3N} - E_B \tag{10.1}$$

其中,E_{C_3N} 和 $E_{doped-C_3N}$ 分别是掺杂之前和之后 C_3N 衬底的总能量。E_B 是单个 B 原子的化学势。$E_{C/N}$ 是衬底中被替换的孤立原子(C/N)的化学势。形成能的正负分别代表的是吸收或者放出能量。

而 B 掺杂 C_3N 的聚合能可以根据下面公式进行计算:

$$E_c = \frac{nE_C + mE_N + aE_B - E_{doped-C_3N}}{n+m+a} \tag{10.2}$$

其中,m、n 分别表示 B 掺杂 C_3N 中 C、N、B 的原子个数。E_C、E_N、E_B 和 $E_{doped-C_3N}$ 分别是孤立的 C 原子、孤立的 N 原子、孤立的 B 原子的化学势和掺杂 C_3N 的总能量。E_c 值越大,证明掺杂后的 C_3N 的结构稳定性越高。

碱金属原子在 B 掺杂 C_3N 衬底表面的吸附能可以按照下面公式计算:

$$E_{ad} = (E_{total} - E_{doped-C_3N} - xE_{alkai\ atoms})/x \tag{10.3}$$

其中 E_{total} 和 $E_{doped-C_3N}$ 分别为掺杂后 C_3N 衬底吸附之前和之后的总能量。$E_{alkai\ atoms}$ 代表孤立原子的能量,x 代表碱原子的数目。吸附能绝对值越高,说明原子与衬底之间的相互作用越强。

10.3　C_3N 单胞几何结构优化和能带结构计算

为了验证计算的准确性,首先对 C_3N 单胞进行结构优化和能带结构计算。如图 10.1(a)所示,C_3N 单层是具有两种六原子环(CC 环和 CN 环)的石墨烯状蜂窝结构。优化后的 C_3N 单胞晶格常数为 a=b=4.86 Å,C—C 和 C—N 键的键长为 1.40 Å。相同长度的 C—C

键和 C—N 键使 C_3N 具有与石墨烯类似的优异力学性能,这为在 C_3N 衬底上进行替代原子掺杂提供了比较好的条件。图 10.1(b) 是应用 PBE 方法计算得到的 C_3N 单胞的能带结构,结果表明它是一种禁带宽度为 $0.39\ eV$ 的间接带隙半导体。根据载流子有效质量 (m^*)、普朗克常数 (h)、能带本征值 (E) 和波矢 (K) 之间存在的关联方程 $m^* = h^2(\partial^2 E/\partial k^2)^{-1}$。可以看出,载流子有效质量与 E 的二阶导数成反比,即费米能级附近能带的斜率与载流子有效质量的绝对值成反比关系。然后,从图 10.1(b) 可以看出,C_3N 在费米能级附近的能带显示出一个很大的斜率,这表明 C_3N 的载流子有效质量很小。根据以前的研究报告,电导率 (σ) 和带隙 (E_g) 之间的关系可以用下面的公式表示:$\sigma \propto \exp((-E_g)/2kT)$。其中,$\sigma$ 是电导率,k 代表玻尔兹曼常数 $(k = 8.62 \times 10^{-5}\ eV/K)$,$T$ 是热力开尔文温度。代入数据信息,表明二维 C_3N 的导电性优于其他 2D 材料,如磷烯和 MoS_2。上述有关二维 C_3N 的几何结构优化和能带计算结果与文献报道的数据相吻合。

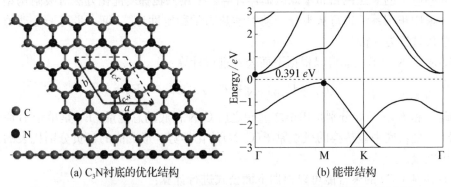

(a) C_3N 衬底的优化结构　　　　　(b) 能带结构

图 10.1　C_3N 衬底的优化结构(a)以及能带结构(b)。单胞如左图中虚线所示。

10.4　掺杂对 C_3N 衬底的影响

以 $3 \times 3 \times 1\ C_3N$ 超胞(包含 72 个原子)作为衬底,进行轻原子(Be、B、O、Si、P 和 S 等异质原子)替位掺杂结构优化计算,并讨论掺杂后对碱金属原子吸附的各种性质。

结果表明,Be、O、Si、P 和 S 五种原子掺杂或者在掺杂后吸附碱金属原子的过程中,C_3N 衬底会表现出较大的结构变形,如图 10.2 所示。而 B 原子掺杂之后的结构以及吸附结构仍然保持较好的稳定性。因此,后续主要研究 B 原子掺杂的情况。通过计算可知:单个 B 原子替位 C/N 原子衬底的结构 B_{1C}-$C_{53}N_{18}$ 和 B_{1N}-$C_{54}N_{17}$ 的形成能分别为 $0.06\ eV$ 和 $-2.78\ eV$。同时,为了验证掺杂衬底的稳定性,还对单个 B 原子掺杂 C_3N 衬底的聚合能进行了研究。结果表明:B_{1C}-$C_{53}N_{18}$ 衬底的聚合能为 $7.83\ eV$/原子,B_{1N}-$C_{54}N_{17}$ 衬底的结合能为 $7.87\ eV$/原子。与其他二维材料相比,B 原子掺杂后的 C_3N 聚合能较大,能够保持良好的结构稳定性。

B_{1C}-$C_{53}N_{18}$ 和 B_{1N}-$C_{54}N_{17}$ 优化后的结构以及态密度(DOS)如图 10.3 所示。如图 10.3(b) 和 (d) 所示,因为体系中缺电子元素 B 的引入,B_{1C}-$C_{53}N_{18}$ 呈现出金属性质,这与文献报道一致;然而与未掺杂前体系的能带结构相比,B_{1N}-$C_{54}N_{17}$ 的带隙呈现出变大的趋势($0.44\ eV$),这也就意味着单个 B 原子替位 N 原子之后 C_3N 衬底的电导率呈现出下降的趋势。为了探讨电导率下降的根本原因,对$C_{54}N_{18}$ 和 B_{1N}-$C_{54}N_{17}$ 的态密度(DOS)进行了分析。如图 10.4(a)—(b)所示,由于 B 元素的掺杂以及 N 原子比例的降低,N 元素在费米能级附近对于 B_{1N}-$C_{54}N_{17}$ 系统总态密度(TDOS)的贡献相对于未掺杂前稍有下降。而 B 元素的分态密度(PDOS)对 TDOS 的贡献主要位于远离费米能级的-4.5 eV 附近,如图 10.4(b)所示。因此,由于 PDOS 在费米能级附近的贡献减小,B_{1N}-$C_{54}N_{17}$ 的带隙略有增加。根据材料电导率与带隙的对应关系,带隙的增大将导致B_{1N}-$C_{54}N_{17}$ 系统的电导率降低。这与期望通过掺杂提升 C_3N 作为碱金属离子电池负极材料性能的初衷相违背,所以单个 B 原子替位掺杂 N 的效果不理想。

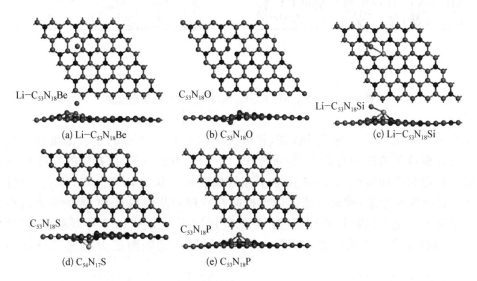

图 10.2　(a/b/c/d/e) Li-$C_{53}N_{18}$Be/$C_{53}N_{18}$O/Li-$C_{53}N_{18}$Si/$C_{54}N_{17}$S/$C_{53}N_{18}$P 衬底优化结构

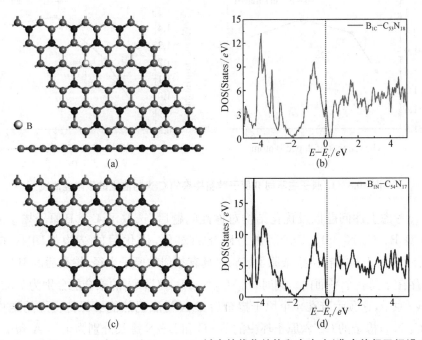

图 10.3　(a, b) B_{1C}-$C_{53}N_{18}$ 和(c, d) B_{1N}-$C_{54}N_{17}$ 衬底的优化结构和态密度(费米能级已经设定为 0)

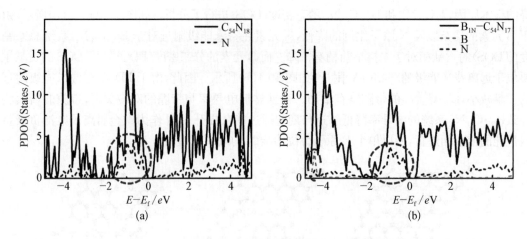

图 10.4 $C_{54}N_{18}$(a)，B_{1N}-$C_{54}N_{17}$衬底(b)的投影态密度

为了进一步提升 C_3N 衬底的性能，接着又尝试了对 C_3N 进行更高浓度掺杂情况的研究。在分析掺杂浓度的过程中，着重考虑以下四个方面：（1）掺杂后的二维 C_3N 应保持其结构稳定和平面特性；（2）掺杂原子在衬底表面应该是均匀分布，以免形成团簇；（3）出于制造成本考虑，掺杂的浓度应该控制在合理的范围内；（4）掺杂应该对材料作为碱金属离子电池负极材料的性能起到好的促进作用。由图 10.5 可以看出，当替位掺杂 B 原子的数量达到 4 的时候，衬底对于碱金属原子的吸附能力呈现出最好的吸附作用。

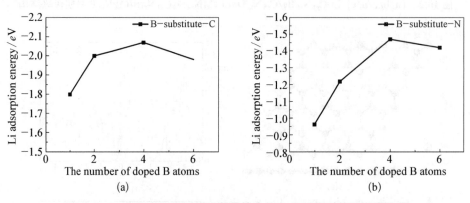

图 10.5   Li 原子在不同 B 原子数量掺杂的 C_3N 衬底上的吸附能曲线

在综合考虑上述问题以及优化结构对称性问题后，选取了 4 个 B 原子掺杂 C_3N 衬底的两种模型 B_{4C}-$C_{50}N_{18}$/B_{4N}-$C_{54}N_{14}$ 作为研究的对象，优化后的结构如图 10.6（a）和图 10.6（c）所示。由于与被替位掺杂原子(C/N)具有相似的原子半径，掺杂后的 B 原子与 C_3N 衬底刚好存在于同一个平面内。同时，B_{4C}-$C_{50}N_{18}$/B_{4N}-$C_{54}N_{14}$ 的聚合能分别为 7.82 eV/原子和 7.97 eV/原子，这预示着在 4 个原子掺杂后 C_3N 衬底仍然能够保持良好的结构稳定性。对于 B_{4C}-$C_{50}N_{18}$，掺杂的 CC 六原子环中的 B—C 和 B—N 键长分别为 1.46 Å 和 1.47 Å。对于 B_{4N}-$C_{54}N_{14}$，掺杂的 CC 六原子环中的所有 B—C 键长均为 1.49 Å。就结构性能角度来讲，

掺杂对于本征 C_3N 的结构的改变幅度较小。图 10.6(b) 和 10.6(d) 展示的是两个掺杂系统的 DOS,结果表明,B_{4C}-$C_{50}N_{18}$ 系统显出金属性质。同时,与 B_{1N}-$C_{54}N_{17}$ 系统相比,B_{4N}-$C_{54}N_{14}$ 的态密度呈现出向深能级偏移的趋势;由于 B 元素在费米能级附近的贡献增加,B_{4N}-$C_{54}N_{14}$ 系统的禁带宽度减小到 $0.301\ eV$。上述这些证据都充分表明四个 B 原子掺杂有利于提高 C_3N 衬底的电导率。图 10.7(a)—(b) 展示的是 B_{4C}-$C_{50}N_{18}$ 和 B_{4N}-$C_{54}N_{14}$ 的电荷密度,颜色从蓝色到红色,代表电子浓度从低到高。由图形可以看出,两个系统六元环空位的电荷密度远低于其他位置,这也就预示着碱金属原子的外层电子更容易转移到这些六元环的空位上去。同时,B 原子掺杂后的六元环的电荷密度明显低于未掺杂位置,这也表明 B 元素的掺杂对于碱金属原子的吸附呈现出较好的促进效果。

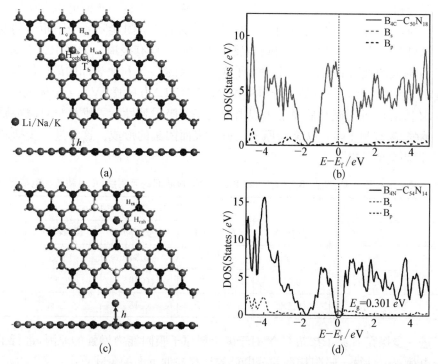

图 10.6 (a/b) B_{4C}-$C_{50}N_{18}$ 和 (c/d) B_{4N}-$C_{54}N_{14}$ 衬底的优化结构/态密度图(六个 Li/Na/K(紫色球)在 B_{4C}-$C_{50}N_{18}$ 和 B_{4N}-$C_{54}N_{14}$ 上可能的吸附位,费米能级被设定为 0)

图 10.7 (a) B_{4C}-$C_{50}N_{18}$ 和 (b) B_{4N}-$C_{54}N_{14}$ 的电荷密度图(等值线被设定为 $2×10^{-3}$ Bohr/$Å^3$)

10.5　B 掺杂的 C_3N 衬底上碱金属原子吸附行为

根据材料结构对称性,对碱金属原子在 B_{4C}-$C_{50}N_{18}$/B_{4N}-$C_{54}N_{14}$ 衬底上六个可能的吸附位进行了研究。如图 10.6(a)—(b)所示,Li、Na 和 K 原子在 B_{4C}-$C_{50}N_{18}$ 衬底上最稳定的吸附位均为 H_{ccb} 位,对应的吸附能分别为 $-2.07\ eV$、$-1.36\ eV$ 和 $-1.43\ eV$。位于 Tc 和 Tb 位上的碱金属原子全部优化到 H_{ccb} 位。碱金属原子的吸附行为与上述电荷密度的分析结果相吻合。而 Li、Na、K 原子在 B_{4N}-$C_{54}N_{14}$ 上吸附时,其最稳定的吸附位是 H_{CC} 位。Li、Na 和 K 的吸附能分别为 $-1.47\ eV$、$-0.82\ eV$ 和 $-1.04\ eV$。为了进一步研究碱金属原子在衬底上的吸附行为,计算了单个 Li 原子在 B_{4C}-$C_{50}N_{18}$ 衬底上的吸附能随着吸附距离的变化。类似的研究结果在二维 BP 衬底上吸附碱金属原子的研究也有报道。如表 10.1 所示,与在未掺杂的 C_3N 衬底的吸附能相比,碱金属原子在掺杂后的 C_3N 衬底表面的最优位吸附能的绝对值呈现出增大的趋势。与其他二维材料相比,Mo_2C(Li 为 $0.97\ eV$)、半导体硼烯(Na 为 $1.41\ eV$),B 掺杂 C_3N 对碱金属原子表现出比较好的吸附特性。二维材料对碱金属原子的吸附能力越强,越有利于阻止碱金属原子在衬底表面团簇的形成。这将进一步抑制枝晶的生长,从而提高电池性能。

表 10.1　碱金属原子与 $C_{54}N_{18}$,B_{4C}-$C_{50}N_{18}$ 和 B_{4N}-$C_{54}N_{14}$ 衬底间的吸附能(E_{ad})和转移电荷量(ΔQ)。

Atom	$C_{54}N_{18}$		B_{4C}-$C_{50}N_{18}$		B_{4N}-$C_{54}N_{14}$	
	$E_{ad}(eV)$	$\Delta Q(e)$	$E_{ad}(eV)$	$\Delta Q(e)$	$E_{ad}(eV)$	$\Delta Q(e)$
Li	-1.27	0.08	-2.07	0.34	-1.47	0.39
Na	-0.77	0.17	-1.367	0.36	-0.82	0.26
K	-0.87	0.18	-1.437	0.48	-1.04	0.41

为了进一步探究 B 原子掺杂 C_3N 对于碱金属原子吸附能力增强的原因,进行了吸附构型的差分电荷密度计算。吸附构型差分电荷的计算根据下面的公式算出:

$$\Delta Q = Q_{A\_substrte} - Q_{substrate} - Q_A \tag{10.4}$$

式中,$Q_{A\_substrte}$、$Q_{substrate}$ 衬底和 Q_A 分别代表的是吸附碱金属前后的 B_4 掺杂 C_3N 衬底和碱原子的电荷密度。图 10.8 展示了碱金属原子在 B_{4C}-$C_{50}N_{18}$ 和 B_{4N}-$C_{54}N_{14}$ 衬底上吸附的差分电荷密度图,其中浅灰色和深灰色区域分别表示电子集聚和耗散。如图 10.8 所示,当碱金属原子吸附在衬底上的最稳吸附位时,可以清楚地看到碱金属原子上方出现的电荷的耗散以及衬底与碱金属原子间的电荷聚集。由此可以看出,在碱金属原子吸附到衬底的过程中存在明显的电荷转移。同时转移的电荷量较明显地大于碱金属原子转移到未掺杂的 C_3N 衬底上的数量。如表 10.1 所示,Li、Na 和 K 碱金属原子向两种衬底(B_{4C}-$C_{50}N_{18}$)/(B_{4N}-$C_{54}N_{14}$)转移的电荷量分别为 $0.34\ e$/$0.39\ e$、$0.36\ e$/$0.26\ e$ 和 $0.48\ e$/$0.41\ e$。而 Li/Na/K 原子在本征 C_3N 单层上吸附的转移电荷分别为 $0.08\ e$/$0.170\ e$/$0.176\ e$。电荷转移从侧面反映了碱金属原子与 B_4 掺杂的 C_3N 之间的相互作用强于未掺杂的 C_3N 间的相互作用。

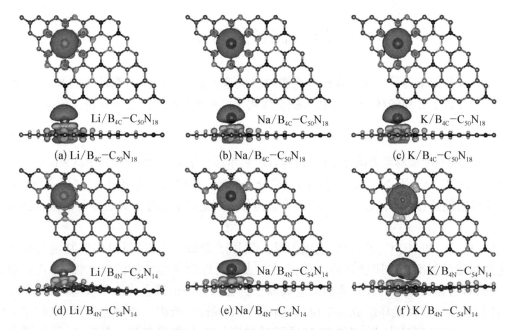

图 10.8　碱金属原子与 B_{4C}-$C_{50}N_{18}$/B_{4N}-$C_{54}N_{14}$ 衬底间的电荷密度图

(a) Li/B_{4C}-$C_{50}N_{18}$；(b) Na/B_{4C}-$C_{50}N_{18}$；(c) K/B_{4C}-$C_{50}N_{18}$；(d) Li/B_{4N}-$C_{54}N_{14}$；(e) Na/B_{4N}-$C_{54}N_{14}$；(f) K/B_{4N}-$C_{54}N_{14}$。深灰色代表电荷的耗散区，浅灰色代表电荷集聚。等面值为 $0.001\ e/Å^3$。

由于电池在充放电过程中会产生欧姆热，因此，合适的负极材料在充放电过程中应尽量保持金属性质。为了研究体系的导电性，对 B_4 掺杂 C_3N 衬底在吸附碱金属原子前后的 PDOS 变化进行了分析，如图 10.9 所示。碱金属原子态密度与衬底的杂化主要发生在两个体系的导带上，表明碱原子与 B_4 掺杂的 C_3N 衬底之间存在较强的相互作用。通过对比 B_{4N}-$C_{54}N_{14}$ 衬底的 PDOS 在吸附碱金属原子前后的变化可以看出，吸附碱金属原子后体系的 PDOS 向深层次移动，导致衬底的性质由半导体向金属转变。杂化引起的重叠态向深能级转移，表明 B_4 掺杂的 C_3N 对于碱金属原子有更好的吸附能力和吸附后的系统具有较好的电导性。

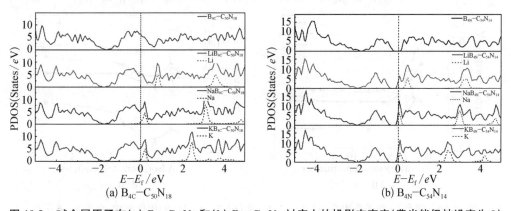

图 10.9　碱金属原子在 (a) B_{4C}-$C_{50}N_{18}$ 和 (b) B_{4N}-$C_{54}N_{14}$ 衬底上的投影态密度 (费米能级被设定为 0)

10.6 比容量的计算

比容量是衡量离子电池电极材料性能的最关键因素之一。在前期计算的基础上,通过下列公式计算了 B 原子掺杂 C_3N 作为碱金属离子电池负极材料的最大理论比容量:

$$C = yF/M \tag{10.5}$$

y 表示负极材料上能够吸附碱原子的最大数,F 表示法拉第常数($26\ 802.10\ \text{mA} \cdot \text{h} \cdot \text{mol}^{-1}$),$M$ 表示 $B_4C\text{-}C_{50}N_{18}/B_4N\text{-}C_{54}N_{14}$ 衬底的化学分子质量。根据以往的报道,将碱原子与衬底间的平均吸附能是否大于碱金属原子间的聚合能作为判定碱金属原子是否在衬底表面团聚的标准。

$B_{4C}\text{-}C_{50}N_{18}$ 和 $B_{4N}\text{-}C_{54}N_{14}$ 衬底上吸附碱金属原子的最大个数,可以作为判定材料离子电池比容量的标准。参照已有的文献报道方法以及综合考虑结构的对称性,先占据最稳位,然后再占据次稳位的方式添加碱金属原子。在只有一个碱金属原子吸附时,碱金属原子吸附在最稳位(六元环组成的空位)。由图 10.10 所示,吸附 4 个碱金属原子时,平均吸附能的绝对值达到最大,这可能与 B 原子对衬底的掺杂作用有关。与 C/N 原子相比,B 原子作为缺电子原子。因此,B 原子的掺杂作用破坏了本征 C_3N 衬底的电子平衡体系,体系的总能量呈现出降低的趋势。随着 Li 原子的吸附,衬底结构的电荷密度逐渐达到平衡。当衬底结构吸附的碱金属原子达到 4 个时,系统的能量回到最低。此后,吸附曲线恢复到正常状态。

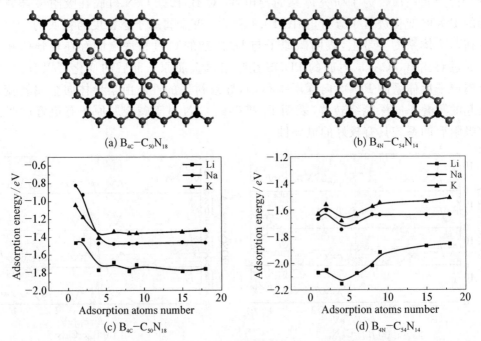

(a) $B_{4C}\text{-}C_{50}N_{18}$ (b) $B_{4N}\text{-}C_{54}N_{14}$

(c) $B_{4C}\text{-}C_{50}N_{18}$ (d) $B_{4N}\text{-}C_{54}N_{14}$

图 10.10 四个 **Li** 原子吸附在(a) $B_{4C}\text{-}C_{50}N_{18}$ 和(b) $B_{4N}\text{-}C_{54}N_{14}$ 的优化结构;多个 **Li** 原子在(c) $B_{4C}\text{-}C_{50}N_{18}$ 和(d) $B_{4N}\text{-}C_{54}N_{14}$ 衬底上的平均吸附能曲线

在探究多个碱金属原子吸附的过程中,经过多次验证,发现先将最稳位占据,然后次稳位按照隔一个占据一个的方式放置,碱金属原子吸附体系的总能量保持最低。按照上述方式,B_{4C}-$C_{50}N_{18}$ 和 B_{4N}-$C_{54}N_{14}$ 超胞衬底表面单侧可以吸附 18 个碱金属原子。在 B_{4C}-$C_{50}N_{18}$ 和 B_{4N}-$C_{54}N_{14}$ 衬底上,Li、Na 和 K 原子的平均吸附能分别为($-1.85\ eV/-1.76\ eV$)、($-1.63\ eV/-1.46\ eV$)和($-1.51\ eV/-1.32\ eV$),这仍略高于碱金属原子的聚合能:Li($-1.63\ eV$)、Na($-1.11\ eV$)和 K($-0.93\ eV$)。衬底结构吸附 18 个碱金属原子的典型优化结构如图 10.11 所示。而且,碱金属原子在 B_4 掺杂的 C_3N 衬底上的平均吸附高度低于它们在未掺杂前 C_3N 表面吸附的高度:如 Li 在 B_{4C}-$C_{50}N_{18}$ 和 B_{4N}-$C_{54}N_{14}$ 上的平均吸附高度分别为 $2.58/2.56$ Å,这低于多层碱金属原子在本征 C_3N 衬底上的平均吸附高度。平均吸附高度也远低于碱金属原子在其他 2D 负极材料表面的吸附高度。根据文献,Li 原子在二维 GeP_3 衬底表面吸附可达到三层,吸附高度达到 4.916 Å。因此,碱金属原子在衬底表面是否能够被吸附,不能完全按照吸附高度来判定。这是因为多个碱金属原子在衬底表面的吸附作用来自两个方面:一个是来源于衬底对于它的吸附;另一个是来自其他碱金属原子与它的相互作用。由于碱金属原子间的相互作用与块体碱金属原子的相互作用不同,所以文献大多数通过平均吸附能来判定材料是否能够稳定地吸附碱金属原子且不发生团聚。在此基础上,计算得到 B_{4C}-$C_{50}N_{18}$ 和 B_{4N}-$C_{54}N_{14}$ 作为碱金属离子电池阳极材料的理论比容量分别为 $1\,077.83$ mA·h·g^{-1} 和 $1\,087.55$ mA·h·g^{-1},高于本征 C_3N 作为碱金属离子电池负极材料的理论比容量。因此,可认为 B 原子掺杂可以提升 C_3N 作为碱金属负极材料的存储能力。

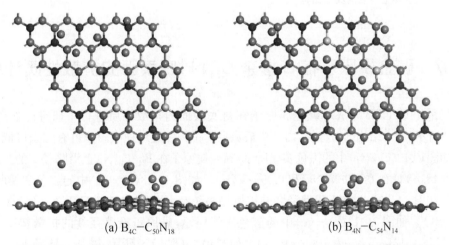

(a) B_{4C}-$C_{50}N_{18}$　　　　　　　(b) B_{4N}-$C_{54}N_{14}$

图 10.11　18 个碱金属在 B_{4C}-$C_{50}N_{18}$(a)/B_{4N}-$C_{54}N_{14}$(b) 衬底单面吸附的典型结构。

本征的 C_3N 衬底在 600 K 可以保持良好的热力学结构稳定。采用 AIMD 方法计算了 B4 掺杂之后的 C_3N 衬底在 600 K 的热力学稳定性,如图 10.12(a)—(b)所示,结构稳定性较好。一般来讲,碱金属离子电池适宜的工作温度为 -40℃到 60℃之间。通过 AIMD 方法,研究了 400 K 时吸附碱金属原子后的衬底的热力学稳定性。典型结构如图 9.12(c)—(d)所示。与 0K 状态下的结构相比,吸附构型出现较小的结构形变。计算结果也表明,B4 掺杂 C_3N 的负极材料能经受较高的工作温度。

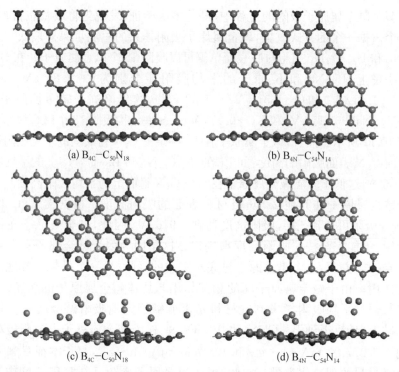

(a) $B_{4C}-C_{50}N_{18}$

(b) $B_{4N}-C_{54}N_{14}$

(c) $B_{4C}-C_{50}N_{18}$

(d) $B_{4N}-C_{54}N_{14}$

图 10.12 (a) B_{4C}-$C_{50}N_{18}$/(b) B_{4N}-$C_{54}N_{14}$ 处于 600 K 弛豫 5 ps 后的结构模型；(c) B_{4C}-$C_{50}N_{18}$/(d) B_{4N}-$C_{54}N_{14}$ 衬底单面吸附 18 个碱金属原子后处于 400 K 经过5 ps弛豫后的典型结构

10.7 碱金属原子在 B 掺杂 C_3N 衬底表面的扩散性质计算

这里采用 CI-NEB 方法对碱金属原子在衬底表面的扩散性质进行了研究。如图 10.13 (a)—(b)所示，考虑结构的对称性，由一个最稳吸附位到邻近最稳吸附位可有三条可能的扩散路径。如图10.13(c)—(e)中的黑色实线所示，碱金属原子在 B_{4C}-$C_{50}N_{18}$ 上沿路径 1 的扩散势垒分别为 $0.481eV$(Li)、$0.139eV$(Na) 和 $0.090eV$(K)。如图 10.13(c)—(e)中的红色实线所示，碱金属原子在 B_{4C}-$C_{50}N_{18}$ 衬底上沿路径 2 的扩散势垒稍高，分别为 $0.537eV$(Li)、$0.155eV$(Na) 和 $0.127eV$(K)。如图 10.13(c)—(e)中的蓝色实线所示，碱原子沿路径 3 的扩散势垒分别为 $0.517eV$(Li)、$0.121eV$(Na) 和 $0.062eV$(K)。如图10.13(f)—(h)所示，碱金属原子 Li/Na/K 在 B_{4N}-$C_{54}N_{14}$ 衬底上的沿路径 1 扩散势垒分别为$0.305eV$、$0.049eV$ 和$0.049eV$，这与沿路径 2 的扩散势垒 $0.332eV$(Li)、$0.050eV$(Na) 和$0.055eV$(K)和沿路径 3 的扩散势垒 $0.049eV$(Li)、$0.049eV$(Na) 和 $0.042eV$(K)相差不大。上述研究结果表明，碱金属原子在 B_4 掺杂的 C_3N 衬底上的扩散势垒比在未掺杂的 C_3N 衬底上的扩散势垒略有增加(Li:$0.27eV$,Na:$0.03eV$ 和 Li:$0.27eV$,Na:$0.03eV$ 和 Li:$0.27eV$,Na:0.03 eV,K:$0.07eV$)，但仍然低于碱金属原子在其他 2D 材料上的扩散势垒，如：硅烯(Li:$0.57eV$)、磷烯(Li:$0.76eV$)、MoN_2(Na:$0.56eV$)、半导体硼烯(Na:$0.21eV$)和 B 掺杂石墨烯(K:$0.16eV$)等。同时，三种碱金属原子在 B_{4C}-$C_{50}N_{18}$/B_{4N}-$C_{54}N_{14}$ 衬底

上的扩散势垒均低于金属离子在衬底表面迁移的阈值（$0.5eV$），这也就预示着碱金属原子在 B4 掺杂的 C_3N 衬底表面仍然具有良好的扩散性质。

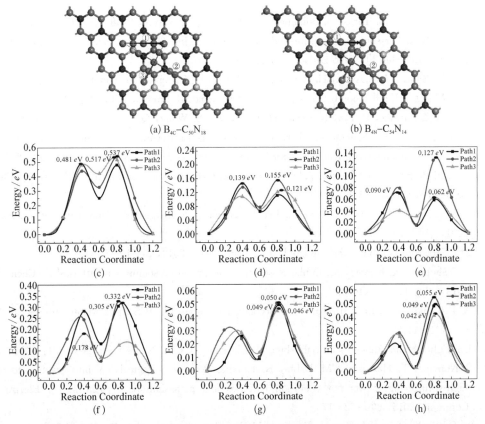

图 10.13　碱金属原子在（a）B_{4C}-$C_{50}N_{18}$ 和（b）B_{4N}-$C_{54}N_{14}$ 衬底表面的扩散路径；（c）/（f），（d）/（g）和（e）/（h）分别代表碱金属原子沿着路径 1（黑色实线），路径 2（红色实线）和路径 3（蓝色实线）的扩散势垒

10.8　本章小结

　　本文采用第一性原理方法对 B 原子掺杂 C_3N 衬底作为碱金属离子电池负极材料的性能进行了系统的研究。结果表明，掺杂的 B 原子引起的电子亏损有利于促进碱原子向 B_{4C}-$C_{50}N_{18}$/B_{4N}-$C_{54}N_{14}$ 衬底的电荷转移，进而提升了 B_{4C}-$C_{50}N_{18}$/B_{4N}-$C_{54}N_{14}$ 衬底对于碱原子的吸附能力。这有利于阻止金属原子团聚，从而抑制枝晶的生长。由于掺杂效应，碱金属原子在衬底上的比容量提高到 $1\,077.83\ \text{mA}\cdot\text{h}\cdot\text{g}^{-1}$/$1\,087.55\ \text{mA}\cdot\text{h}\cdot\text{g}^{-1}$（$B_{4C}$-$C_{50}N_{18}$/$B_{4N}$-$C_{54}N_{14}$）。AIMD 计算结果表明，吸附碱金属后的衬底在经历 400 K 高温 5 ps 弛豫后仍然可以保持较好的结构稳定性，这预示着衬底能在较高的温度下仍然能够保持结构的稳定性。同时，因为 B 原子的掺杂作用，碱金属原子在 B_{4C}-$C_{50}N_{18}$/B_{4N}-$C_{54}N_{14}$ 衬底上的扩散势垒比在未掺杂的 C_3N 衬底上的扩散势垒略有增加，但仍然处于金属离子电池所要求的阈值范围内。综合上述优点，可认为 B 掺杂可以有效地提升 C_3N 作为碱金属离子电池负极材料的性能。

📚 参考文献

[1] M. Armand, J.-M. Tarascon. Building better batteries[J]. Nature, 2008, 451: 652 - 657.

[2] E. Lee, K.A. Persson. Li absorption and intercalation in single layer graphene and few layer graphene by first principles[J]. Nano Lett, 2012, 12: 4624 - 4628.

[3] H. Kose Karaal, A.O. Aydin, H. Akbulut. The effect of LiBF4 concentration on the discharge and stability of LiMn$_2$O$_4$ half cell Li ion batteries[J]. Mater. Sci. Semicond. Process, 2015, 38: 397 -403.

[4] D. Liu, Z. Shadike, R. Lin, K. Qian, H. Li, K. Li, S. Wang, Q. Yu, M. Liu, S. Ganapathy, X. Qin, Q. Yang, M. Wagemaker, F. Kang, X. Yang, B. Li. Review of recent development of in situ/operando characterization techniques for lithium battery research[J]. Adv. Mater, 2019: 1806620.

[5] Scrosati Bruno, Jürgen Garche. Advances in Battery Technologies for Electric Vehicles[J]. Elscvier Science, 2015: 517 - 526.

[6] J.M. Tarascon, M. Armand. Issues and challenges facing rechargeable lithium batteries[J]. Nature, 2001, 414: 359 - 367.

[7] J.M. Tarascon. Is lithium the new gold? [J]. Nat. Chem, 2010, 2: 510 - 510.

[8] N. Yabuuchi, K. Kubota, M. Dahbi. Research development on sodium-ion batteries[J]. Chem. Rev, 2014, 114: 11636 - 11682.

[9] A. Eftekhari, Z. Jian, X. Ji. Potassium secondary batteries[J]. ACS Appl. Mater. Interfaces, 2017, 9: 4404 - 4419.

[10] J.S. Fulton. Some thoughts on publishing clinical data[J]. Clin. Nurse Spec, 2007, 21: 227 - 228.

[11] S. Komaba, T. Hasegawa, M. Dahbi, K. Kubota. Potassium intercalation into graphite to realize high-voltage/high-power potassium-ion batteries and potassium-ion capacitors [J]. Electrochem. Commun, 2015, 60: 172 - 175.

[12] X. Deng, X. Chen, Y. Huang, B. Xiao, H. Du. Two-dimensional GeP3 as a high capacity anode material for non-lithium-ion batteries[J]. J. Phys. Chem. C, 2019, 123: 4721 - 4728.

[13] O. Malyi, V.V. Kulish, T.L. Tan, S. Manzhos. A computational study of the insertion of Li, Na, and Mg atoms into Si(111) nanosheets[J]. Nano Energy, 2013, 2: 1149 - 1157.

[14] T. Huang, B. Tian, J. Guo, H. Shu, Y. Wang, J. Dai. Semiconducting borophene as a promising anode material for Li-ion and Na-ion batteries[J]. Mater. Sci. Semicond. Process, 2019, 89: 250 -255.

[15] A. Sibari, A. Marjaoui, M. Lakhal, Z. Kerrami, A. Kara, M. Benaissa, A. Ennaoui, M. Hamedoun, A. Benyoussef, O. Mounkachi. Phosphorene as a promising anode material for (Li/Na/Mg)-ion batteries: A first-principle study[J]. Sol. Energy Mater. Sol. Cells, 2018, 180: 253 - 257.

[16] X. Sun, Z. Wang, et al.. Sodium adsorption and diffusion on monolayer black phosphorus with intrinsic defects[J]. Appl. Surf. Sci, 2018, 427: 189 - 197.

[17] J. Hao, J. Zheng, F. Ling, Y. Chen, H. Jing, T. Zhou, L. Fang, M. Zhou. Strain-engineered two-dimensional MoS$_2$ as anode material for performance enhancement of Li/Na-ion batteries[J]. Sci. Rep, 2018, 8.

[18] E. Yang, H. Ji, Y. Jung. Two-dimensional transition metal dichalcogenide monolayers as promising sodium ion battery anodes[J]. J. Phys. Chem. C, 2015, 119: 26374 - 26380.

[19] D. Çkı, C. Sevik, O. Gülseren, F.N. Peeters. Mo$_2$C as a high capacity anode material: A first-principles study[J]. J. Mater. Chem, 2016, 4: 26374 - 26380.

[20] J.D. Li, M. Er, Naguib. Ti$_3$C$_2$ MXene as a high capacity electrode material for metal (Li, Na, K,

Ca) ion batteries[J]. ACS Appl. Mater. Interfaces, 2014, 6: 11173 - 11179.

[21] S. Ullah, PA. Denis F. Sato. Beryllium doped graphene as an efficient anode material for lithium-ion batteries with significantly huge capacity: A DFT study[J]. Applied Materials Today, 2017, 9: 333 -340.

[22] S. Gong, Q. Wang. Boron-doped graphene as a promising anode material for potassium-ion batteries with a large capacity, high rate performance, and good cycling stability[J]. J. Phys. Chem. C, 2017, 121: 24418 - 24424.

[23] M. Makaremi, B. Mortazavi, C. V. Singh. 2D Hydrogenated graphene-like borophene as a high capacity anode material for improved Li/Na ion batteries: A first principles study[J]. Materials Today Energy, 2018, 8: 22 - 28.

[24] M. Nasrollahpour, M. Vafaee, M.R. Hosseini. Ab initio study of sodium diffusion and adsorption on boron-doped graphyne as promising anode material in sodium-ion batteries[J]. Phys. Chem. Chem. Phys, 2018, 20: 29889 - 29895.

[25] J. Mahmood, E.K. Lee, M. Jung. Two-dimensional polyaniline (C\r, 3\r, N) from carbonized organic single crystals in solid state[J]. Proc. Natl. Acad. Sci, 2016, 113: 7414 - 7419.

[26] G.-C. Guo, R.-Z. Wang, B.-M. Ming, C. Wang, S.-W. Luo, C. Lai, M. Zhang. Trap effects on vacancy defect of C_3N as anode material in Li-ion battery[J]. Appl. Surf. Sci, 2019, 475: 102 - 108.

[27] P. Bhauriyal, A. Mahata, B. Pathak. Graphene-like carbon-nitride monolayer: A potential anode material for Na- and K-ion batteries[J]. J. Phys. Chem. C, 2018, 122: 2481 - 2489.

[28] M. Pashangpour, A. A. Peyghan. Adsorption of carbon monoxide on the pristine, B-and Al-doped C_3N nanosheets[J]. J. Mol. Model, 2015, 21.

[29] D. Ma, J. Zhang, Y. Tang, Z. Fu, Z. Yang, Z. Lu. Repairing single and double atomic vacancies in a C_3N monolayer with CO or NO molecules: A first-principles study[J]. Phys. Chem. Chem. Phys, 2018, 20: 13517 - 13527.

[30] Q. Liu, B. Xiao, J. Cheng, Y. Li, Q. Li, W. Li, X. Xu, X. Yu. Carbon excess C_3N: A potential candidate as Li-ion battery material[J]. ACS Appl. Mater. Interfaces, 2018, 10: 37135 - 37141.

[31] B. He, J. Shen, D. Ma, Z. Lu, Z. Yang. Boron-doped C_3N monolayer as a promising metal-free oxygen reduction reaction catalyst: A theoretical insight[J]. J. Phys. Chem. C, 2018, 122: 20312 -20322.

[32] D. Wang, Y. Bao, T. Wu, S. Gan, D. Han, L. Niu. First-principles study of the role of strain and hydrogenation on C_3N[J]. Carbon, 2018, 134: 22 - 28.

[33] M. Makaremi, B. Mortazavi, C. V. Singh. Adsorption of metallic, metalloidic, and nonmetallic adatoms on two-dimensional C_3N[J]. J. Phys. Chem. C, 2017, 121: 18575 - 18583.

[34] J.M. Soler, E. Artacho, J.D. Gale, A. Garcia, J. Junquera, P. Ordejon, D. Sanchez- Portal. The SIESTA method for ab initio order-N materials simulation[J]. J. Phys. Condens. Matter, 2002, 14: 2745 - 2779.

[35] J.A. White, D.M. Bird. Implementation of gradient-corrected exchange-correlation potentials in Car-Parrinello total-energy calculations[J]. Phys. Rev. B, 1994, 50: 4954 - 4957.

[36] Y. Zhang, W. Yang. Comment on "Generalized gradient approximation made simple"[J]. Phy. Rev. B., 1994, 77: 3865 - 3868.

[37] N. Troullier. Martins Luriaas Jose. Efficient pseudopotentials for plane-wave calculations[J]. Phys. Rev. B, 1991, 43: 1993 - 2006.

[38] L. Kleinman, D. M. Bylander. Efficacious form for model pseudopotentials[J]. Phys. Rev. Lett., 1982, 48: 1425 - 1428.

[39] S. Grimme. Semiempirical GGA-type density functional constructed with a long-range dispersion correction[J]. J. Comput. Chem, 2006, 27: 1787 - 1799.

第 11 章 SiC_2/C_3B 异质结作为锂离子电池负极材料的性能研究

11.1 引　言

　　将不同的 2D 材料通过范德华作用力叠加组成 vdW 异质结,可以集成单层材料的优点,从而达到性能优化的目的。理论研究预测了一种新颖的 2D 类石墨烯结构碳基纳米材料——六方二碳化硅(g-SiC_2)。SiC_2 可以被看作是每个石墨烯单胞中有两个硅原子(Si)掺杂替换了碳原子(C)。准二维 SiC_2 薄片在实验中已被成功合成,SiC_2 复合材料结合了硅材料的优异化学性质和石墨碳材料的高力学稳定性以及良好的导电性等优点,在电化学催化、光学以及储能材料中是一种极具应用前景的材料。在早期的研究中,人们用碳取代技术成功地合成了与 SiC_2 结构相似的碳硼复合纳米材料——g-C_3B。研究发现,二维 SiC_2 和 C_3B 单层具有相同的平面六边形结构和数值大小接近的晶格常数,这样的条件使得后续实验中实现该异质结的制备合成是非常有可能的。同时,基于 C_3B 单层构成的异质结材料应用于离子电池负极材料的研究也有相关的报道。受这些材料已有进展的启发,这里提出构建二维 SiC_2/C_3B 异质结材料,并利用第一性原理计算方法研究该异质结作为锂离子电池负极材料的可行性。本文还系统地研究了 SiC_2/C_3B 异质结衬底材料的结构稳定性和电子特性,分析了锂原子在异质结衬底材料上的吸附和扩散行为,最终得到了 SiC_2/C_3B 作为锂离子电池负极材料时的存储容量、开路电压和扩散势垒等性能参数。

11.2 计算细节

　　本工作采用基于 DFT 的第一性原理计算软件包 SIESTA,对二维 C_3B、SiC_2 以及组合构成的 SiC_2/C_3B 异质结材料的电子结构、吸附特性、扩散性质等性能进行了系统的研究。SIESTA 软件使用双 zeta 极化轨道函数(DZP)作为基组的程序包来进行,并且经过测试后将基组的截止能量设置为 280 Ry。计算基于 GGA 下的 Perdew-Burke-Ernzerhof(PBE)泛函对电子交换相关性进行了表征,采用 Grimme D2 方法来处理系统中各个原子以及锂原子与 2D 材料之间的弱相互作用。对于所有的几何结构,真空层厚度设置为 25 Å,用来避免周期性结构中相邻层之间的相互作用。为了进行几何优化,所有的单胞均采用 $11 \times 11 \times 1$ 的 Monkhorst Pack 网格对布里渊区进行 k 点采样。为了保证有足够的空间区域来模拟演示锂离子在衬底上的吸附和扩散过程,计算采用了拥有 56 个原子的 SiC$_2$/C$_3$B 异质结的 2×2×1 超胞结构进行计算,其对应的 k 点网格设置为 5×5×1。为了得到较好的结构优化和系统收敛,使用共轭梯度算法将能量和力的收敛阈值分别设置为 10^{-5} eV 和 0.02 eV/Å。为了验证 SiC$_2$/C$_3$B 异质结材料的动态稳定性,在线性响应的密度泛函微扰理论的框架下还计算了 SiC$_2$/C$_3$B 的声子谱。为了检验材料的热力学稳定性,采用从头算分子动力学(AIMD)模拟了系统在不同温度下的结构和能量变化情况。利用过渡态计算 CI-NEB 方法来寻找相邻两个吸附位点间迁移的扩散能垒和最小能量路径。此外,基于 Hirshfeld 电荷分析对吸附系统定量计算了电荷转移。

11.3　SiC$_2$/C$_3$B 异质结衬底材料的结构稳定性和电学特性

在研究 SiC$_2$/C$_3$B 异质结材料的结构特性之前,首先对单层的二维 SiC$_2$ 和 C$_3$B 进行了验证性计算。分别对单层结构优化计算后,得到 SiC$_2$ 和 C$_3$B 单胞的晶格参数分别为 5.03 Å 和 5.18 Å,这与已有报道的研究结果是一致的。并且,可以得知 C$_3$B 和 SiC$_2$ 的晶格失配率约为 3%,如此小的失配率有利于实验制备高质量的异质结材料。基于 SiC$_2$ 和 C$_3$B 单层结构材料的良好匹配度以及实验合成的可能性,接下来通过在垂直方向上堆叠 SiC$_2$ 和 C$_3$B 的方式来构建组成 SiC$_2$/C$_3$B 异质结衬底材料。SiC$_2$/C$_3$B 异质结优化后的几何结构如图 11.1(a)所示。可以看到,优化后的 SiC$_2$ 和 C$_3$B 单层均保持了原本的平面六边形结构,并且通过计算得到 SiC$_2$/C$_3$B 异质结的晶格常数为 5.11 Å,平衡层间距离为 3.16 Å。这样大小的层间距离可以保证锂离子在异质结层间有足够的嵌入和脱出空间。

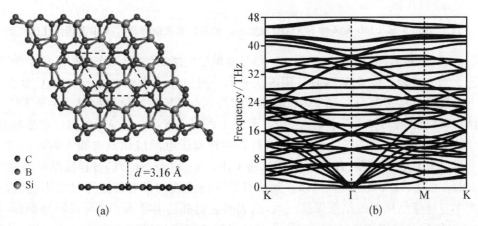

图 11.1　SiC$_2$/C$_3$B 异质结优化后的结构模型以及 SiC$_2$/C$_3$B 异质结的声子谱结构图(扫码可看所有彩图)

作为承载锂离子的衬底材料,首先要保证材料其本身的结构稳定性。因此,通过以下公式来计算异质结材料的结合能(E_b):

$$E_b = E_{\mathrm{SiC_2/C_3B}} - E_{\mathrm{SiC_2}} - E_{\mathrm{C_3B}} \tag{11.1}$$

其中,$E_{\mathrm{SiC_2/C_3B}}$,$E_{\mathrm{SiC_2}}$ 和 $E_{\mathrm{C_3B}}$ 分别代表了 SiC$_2$/C$_3$B 异质结单胞的总能量以及孤立的 SiC$_2$ 和

C_3B 单胞的能量。计算得到 SiC_2/C_3B 异质结的结合能为 $-0.80\ eV$，E_b 的负值说明 SiC_2 与 C_3B 之间的结合过程是放热的，意味着 SiC_2/C_3B 异质结的形成在能量上是稳定的，并且 E_b 的数值比已有报道的石墨烯/C_3B 异质结的结合能（$-0.54\ eV$）负得更多，但与硅烯/BN（$-0.72\ eV$）和 SeSnS/石墨烯（$-0.78\ eV$）的结合能相当，这表明 SiC_2/C_3B 的合成在理论上是可行的。此外，还计算并绘制了 SiC_2/C_3B 异质结的声子谱（如图 11.1(b)）。可以看到声子谱图在零频率以下没有波形，即没有虚频，意味着 SiC_2/C_3B 异质结的动态稳定性。此外，将 SiC_2/C_3B 异质结 3×3×1 的超胞在 800 K 和 1 200 K 的温度下进行持续 5 ps 的 AIMD 模拟，时间步长为 1 fs。模拟过程中的能量变化和模拟后的最终结构如图 11.2 所示。可以看到，在不同的温度条件下，SiC_2/C_3B 异质结的能量波动都是很小的，并且 SiC_2/C_3B 异质结在 1 200 K 高温下仍能保持完整结构，5 ps 后仅发生轻微变形，进一步说明了 SiC_2/C_3B 异质结具有良好的热力学稳定性。

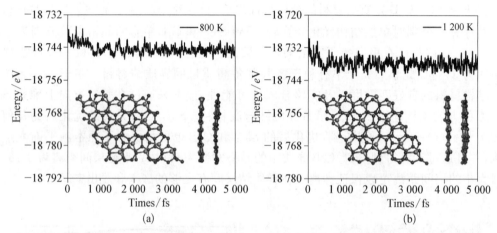

图 11.2　800 K 和 1 200 K 条件下 AIMD 模拟 5 ps 的总能量波动和 SiC_2/C_3B 异质结优化构型

图 11.3(a) 和图(b) 分别描绘了 SiC_2 和 C_3B 单层的能带结构。对于图 11.3 中的图形，费米能级均已被调整设置为 0，并且用虚线表示。通过计算得到二维 SiC_2 和 C_3B 在 PBE 水平上分别是直接带隙为 $0.53\ eV$ 和间接带隙为 $0.69\ eV$ 的半导体材料。对于 SiC_2/C_3B 异质结材料，如图 11.3(c) 所示，它在 PBE 水平上表现为带隙 $0.15\ eV$ 的间接带隙半导体，这么窄的带隙意味着基于 SiC_2/C_3B 负极材料的锂离子电池应用具有很大的可行性。为了进一步研究其电子性质，计算了本征二维 C_3B、SiC_2 以及 SiC_2/C_3B 异质结的态密度分布（DOS）。如图 11.3(d) 所示，可以看到所有的态密度线均没有跨越穿过费米能级，并且带隙大小与能带结构图的结果保持一致，这表明它们都是半导体。还可以明显看到，与本征的 SiC_2 和 C_3B 单层相比，SiC_2/C_3B 异质结的导带偏移到接近费米能级的位置，导致异质结拥有较小的带隙。这意味着组合后的 SiC_2/C_3B 异质结更有利于电子的跃迁，因此，可以预测其作为负极材料时会具有良好的导电性。

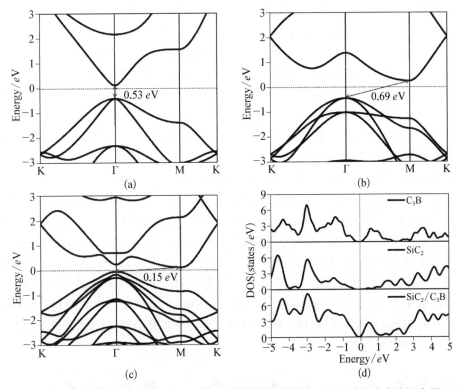

图 11.3　SiC_2、C_3B 单层和 SiC_2/C_3B 异质结的能带结构图以及它们的态密度组合图

11.4　单个锂离子在 SiC_2/C_3B 衬底上的吸附行为研究

在确保异质结衬底结构稳定的基础上,接下来研究了单个锂离子在 SiC_2/C_3B 异质结上的吸附行为。由于异质结材料的层状结构,因此,需要在 SiC_2 表面外侧(Li/SiC_2/C_3B 体系)、C_3B 表面外侧(SiC_2/C_3B/Li 体系)和异质结构层间(SiC_2/Li/C_3B 体系)通过比较所有可能位点的吸附能来确定锂离子的最稳吸附位。锂离子在异质结衬底上的平均吸附能 E_{ad} 定义为:

$$E_{ad} = \frac{E_{hetero+xLi} - E_{hetero} - xE_{Li}}{x} \tag{11.2}$$

其中,$E_{hetero+xLi}$ 和 E_{hetero} 分别代表 SiC_2/C_3B 异质结在有锂离子吸附和没有锂离子吸附时对应的总能量;E_{Li} 为对应块状金属晶体中一个 Li 原子的平均能量,x 为吸附 Li 离子的数量;E_{ad} 的负值对应于一个放热吸附过程,它可以自行发生。为了对比,还计算了在本征的 SiC_2 和 C_3B 单层材料上单个 Li 的吸附能。计算得到单个 Li 在孤立的 SiC_2 单层上最稳定的吸附位点是 C-Si 六元环上的中空位置,吸附能为 $-0.15\ eV$。而对于本征的 C_3B 单层,Li 吸附在 C—C 六元环上的中空位置是最稳的吸附位,对应的吸附能为 $-1.32\ eV$。

根据 SiC_2/C_3B 异质结材料的对称性和周期性，图 11.4 列出了不同体系所有可能的吸附位点。首先分析讨论 $Li/SiC_2/C_3B$ 体系和 $SiC_2/C_3B/Li$ 体系的 6 个不同吸附位点。对于在 SiC_2 外侧吸附 Li 的情况，发现 6 个预设位点的 Li 最终被优化到 C—Si 六元环的空心位置（图 11.4(a) 中 H_{SiC} 位）。此时对应的吸附能数值为 $-2.12\ eV$，比在本征 SiC_2 单层上的吸附强度要大得多。对于 $SiC_2/C_3B/Li$ 体系，Li 原子在优化后最终占据了两个稳定的吸附位点，一个是 C—C 六元环的中空位置（图 3.4b 中 H_{CC} 位点），另一个是 C—B 六元环的中空位置（图 11.4(b) 中 H_{CB} 位点）。表 11.1 列出了优化后的最稳吸附位点和相对应的吸附能数值。通过比较可知，在 C_3B 外侧的最稳位是 H_{CB} 位点，吸附能为 $-2.52\ eV$，与本征的 C_3B 单层相比，吸附能也有所增强。因为前面的优化结果显示 Li 普遍倾向于吸附在 SiC_2 或 C_3B 表面层六元环的中空位置，所以对 $SiC_2/Li/C_3B$ 体系预设了三个可能的吸附位点（$H_{SiC'}$、$H_{CC'}$ 和 $H_{CB'}$）。最终的结构优化结果显示，Li 原子被优化到 $H_{CC'}$ 位点和 $H_{CB'}$ 位点，对应的吸附能分别为 $-2.52\ eV$ 和 $-2.50\ eV$。由此可以推断出，锂离子在层间最稳定的吸附位点是 $H_{CC'}$ 位点。基于相同的吸附能计算公式，发现 SiC_2/C_3B 异质结层间单个 Li 原子的吸附能比黑磷烯/C_3B 的吸附能（$-1.51\ eV$）负得更多，但与 MoS_2/Ti_2CS_2 的吸附能值（$-2.41\ eV$）相当，表明 SiC_2/C_3B 异质结具有相对较强的吸附能。值得注意的是，三种吸附体系对单个 Li 原子的吸附能大小接近，这说明了 Li 在异质结两侧和层间的吸附强度相当。此外，较强的吸附能有利于防止锂离子的团聚，避免锂枝晶的产生，大大地提高了电池工作时的安全性能。

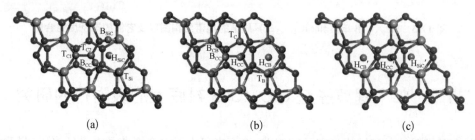

(a)　　　　　　　　　　(b)　　　　　　　　　　(c)

图 11.4　$Li/SiC_2/C_3B$ 体系、$SiC_2/C_3B/Li$ 体系和 $SiC_2/Li/C_3B$ 体系下 Li 可能存在的预设吸附位点

表 11.1　锂离子在 SiC_2/C_3B 异质结中不同位置上的吸附能以及对应的电荷转移量

体系	吸附位点	吸附能/eV	转移电荷量/e
$Li/SiC_2/C_3B$	H_{SiC}	-2.12	$+0.32$
$SiC_2/C_3B/Li$	H_{CB}	-2.52	$+0.40$
$SiC_2/C_3B/Li$	H_{CC}	-2.51	$+0.40$
$SiC_2/Li/C_3B$	$H_{CB'}$	-2.50	$+0.26$
$SiC_2/Li/C_3B$	$H_{CC'}$	-2.52	$+0.26$

为了更直观地展示吸附过程中 Li 与 SiC_2/C_3B 异质结的相互作用机理，用下面的公式来计算吸附体系的差分电荷密度：

$$\Delta\rho = \rho_{\text{hetero+Li}} - \rho_{\text{hetero}} - \rho_{\text{Li}} \tag{11.3}$$

其中 $\rho_{\text{hetero+Li}}$，ρ_{hetero} 和 ρ_{Li} 分别为吸附体系、SiC_2/C_3B 异质结和单个 Li 原子的电荷密度。吸附系统的电荷密度差如图 11.5 所示，其中深灰色区域代表电子的损失，浅灰色区域代表电子的积累，并将电荷等值面均设置为 $0.0015e/\text{Å}^3$。可以观察到，对于在 SiC_2（或 C_3B）外侧吸附的情况，电子主要是从 Li 转移到附近的 SiC_2（或 C_3B 层）。而对于 Li 在层间吸附的情况，Li 原子会将电子同时转移到 SiC_2 层和 C_3B 层。由 Hirshfeld 电荷分析得到的 Li 的电荷转移量详见表 11.1，表中"＋"表示失去电子。一般来说，利用 Hirshfeld 电荷分析得到的数值偏小，基本低于 $0.50e$。数据表明，Li 与 SiC_2/C_3B 异质结之间有明显的电荷转移，同时说明了 Li 离子与衬底材料之间存在较强的相互作用力。

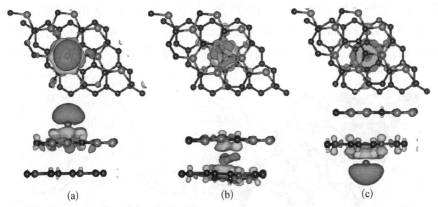

(a)　　　　　　　(b)　　　　　　　(c)

图 11.5　在 SiC_2 外侧、SiC_2/C_3B 异质结层间以及 C_3B 外侧吸附 Li 时的差分电荷密度图

同样，还分析了 $Li/SiC_2/C_3B$、$SiC_2/C_3B/Li$、$SiC_2/Li/C_3B$ 三种吸附体系的 DOS 分布。如图 11.6 所示，与未吸附的异质结衬底材料相比，单个 Li 原子吸附以后，无论是两侧还是层间的情况，能带均穿过了费米能级，表明吸附体系的电子性质已经由半导体转变为金属。由于 Li 与 SiC_2/C_3B 衬底之间的电荷转移，与未吸附的 SiC_2/C_3B 原始材料相比，吸附体系的 DOS 曲线整体向左偏移，说明体系的稳定性有所提高。并且可以观察到单个 Li 吸附后，在费米能级附近的 DOS 峰值明显增加，这意味着电子导电性增强。吸附过程中系统的稳定性和导电性能的提升对促进电子传输和进一步实现高倍率的锂离子电池起着重要的作用。

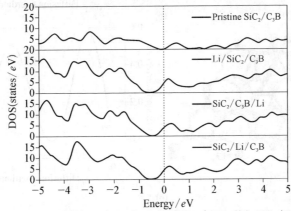

图 11.6　SiC_2/C_3B 异质结、$Li/SiC_2/C_3B$ 体系（Li 在 H_{SiC} 位）、$SiC_2/C_3B/Li$ 体系（Li 在 H_{CB} 位）和 $SiC_2/Li/C_3B$ 体系（Li 在 $H_{CC'}$ 位）的态密度图

11.5 单个锂离子在 SiC_2/C_3B 衬底上的扩散行为研究

化学反应通常伴随着热量的吸收与释放,而反应速率通常与反应需要克服的能量势垒直接相关,这里通过计算过渡态得到锂离子在衬底材料上扩散所对应的最小能量的路径以及相应的能垒数值。根据 SiC_2/C_3B 异质结的对称性,需要考虑在 SiC_2 和 C_3B 外侧以及 SiC_2/C_3B 层间最稳位吸附的 Li 离子的扩散行为。对于锂离子在 SiC_2 外侧的扩散,在两个相邻的 H_{SiC} 位点之间发现了两条非等效的路径。详细的扩散路径和相对应的能量势垒如图 11.7(a)所示,其中路径 I 和路径 II 的轨迹路线分别用蓝色小球和红色小球代替演示。计算得到 Path-I 的扩散势垒仅为 $0.19eV$,小于 Path-II 的扩散势垒($0.37eV$)。然而在 Path-I

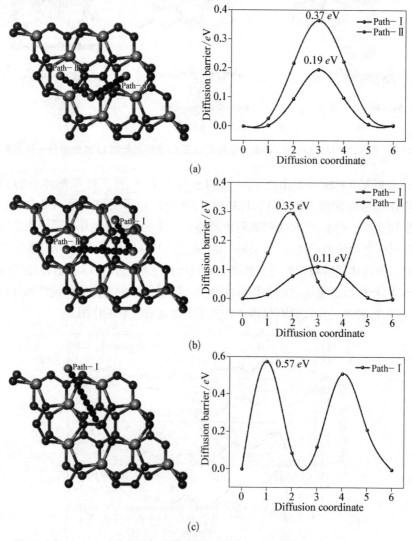

图 11.7 Li 离子在(a) SiC_2 外侧、(b) C_3B 外侧和(c) SiC_2/C_3B 异质结层间的扩散路径以及相对应的扩散能垒大小

路径上的 Li 离子仅通过 C—C 键扩散,不能完成在 SiC$_2$ 表面完整的扩散网络,也就是说,仅通过 Path-Ⅰ路线 Li 不能扩散出去。但是 Li 原子可以通过 Path-Ⅱ路径,克服 0.37 eV 的能垒扩散到 SiC$_2$ 外侧的所有位置。这个势垒值(0.37eV)虽然高于 Path-Ⅰ,但远低于二维 SiC$_2$ 单层上 Li 的扩散势垒(0.55eV)。这说明 SiC$_2$ 在与 C$_3$B 组合形成异质结后,Li 原子在 SiC$_2$ 表面拥有更快的迁移速率。图 11.7(b)展示了 Li 在 C$_3$B 表面扩散的情况,Li 在相邻的 H$_{CB}$ 位点之间迁移选择了两种不同的可能路径,计算得到 Path-Ⅰ和 Path-Ⅱ的扩散势垒分别为 0.11 eV 和 0.35 eV。类似地,发现 Path-Ⅰ只能完成 C$_3$B 表面 H$_{CB}$ 位点的扩散,而 Path-Ⅱ可以把所有能量稳定的位点(H$_{CB}$ 位点和 H$_{CC}$ 位点)的扩散都考虑到。因此,将 Path-Ⅱ认定为 C$_3$B 外侧 Li 扩散的最优迁移路径。此外,计算得到此时 Li 的扩散势垒与在本征 C$_3$B 单层上的相当,这表明组合后的 SiC$_2$/C$_3$B 异质结材料继承了本征 C$_3$B 单层的快速扩散速率。

对于 Li 离子在异质结层间的扩散情况,只考虑了一种具有代表性的路径。如图 11.7(c)所示,Li 离子从一个 H$_{CC'}$ 最稳位点经过 C—B 六元环迁移到下一个相邻的 H$_{CC'}$ 位点。并且计算得到,Li 离子在层间扩散时的能垒为 0.57eV,略高于在 SiC$_2$ 和 C$_3$B 两侧扩散时的能垒,这主要归因于 SiC$_2$ 层和 C$_3$B 层对层间的共同几何约束。尽管如此,0.57eV 大小的扩散势垒仍然与孤立 SiC$_2$ 单层上 Li 的能垒(0.55eV)和其他类似结构二维异质结材料上 Li 的扩散势垒相当,如硼烯/石墨烯(0.61eV)和 MoS$_2$/TiCO$_2$(0.57eV)。无论是在 SiC$_2$/C$_3$B 异质结衬底的两侧还是层间,Li 离子均表现出相对较低的扩散能垒。这表明 SiC$_2$/C$_3$B 异质结应用作为锂离子电池的负极材料时将具有快速的倍率性能。

11.6　SiC$_2$/C$_3$B 异质结作为锂离子电池负极材料的理论比容量和开路电压

除了考察负极材料的倍率性能外,存储容量理论值和开路电压变化也是评估新型材料是否可以作为锂离子电池实用负极材料的重要参数。为了进一步确定 SiC$_2$/C$_3$B 异质结的锂离子存储容量和开路电压(OCV),接下来研究了在 SiC$_2$/C$_3$B 异质结衬底上加载更多 Li 原子时的吸附行为。如前面所述,单个锂离子在 SiC$_2$/C$_3$B 两侧和层间的吸附能大小是比较接近的,代表拥有相近的吸附强度。为了研究多个 Li 离子在 SiC$_2$/C$_3$B 异质结衬底上的吸附行为,在实际操作中,将按照吸附能强度的具体大小顺序作为参考步骤(首先是层间,然后是 C$_3$B 的外侧,最后是 SiC$_2$ 的外侧)将 Li 原子逐层地嵌入。

首先需要在 2×2×1 的 SiC$_2$/C$_3$B 超胞结构层间的稳定位置逐个加入 Li 原子。当层间所有的 H$_{CC'}$ 位点和 H$_{CB}$ 位点都被占据时,共有 16 个 Li 原子吸附在层间。此时根据计算得到的平均吸附能约为 −1.18 eV,这样的吸附强度可以防止锂离子的团聚,从而保证系统良好的稳定性。如图 11.8(a)所示,此时可以观察到优化后的 Li 离子均匀地排列在一层。接着,在层间继续增加一个 Li 原子来检测层间的最大存储能力。计算的结果如图 11.9 所示,第 17 个 Li 原子会被优化到距离原来均匀排布的 Li 离子层稍远的位置,并且可以观察到衬底材料有明显的结构膨胀出现。这样的现象在电池工作过程中是不希望被看到的,会破坏电极的结构,从而导致安全性能变差。所以可以推断,在 SiC$_2$/C$_3$B 异质结的层间最多允许 16 个 Li 原子的吸附。

接着,在 C_3B 外侧的最稳位依次嵌入 Li 原子,最终形成了含有 16 个 Li 原子均匀排布的第二个 Li 离子层。类似地,继续在异质结 SiC_2 侧的最稳吸附位点依次逐个地嵌入锂原子,形成了有 12 个 Li 原子均匀排布的第三个 Li 离子层。在 SiC_2/C_3B 两侧和层间有 Li 吸附体系的几何构型如图 11.9 所示。

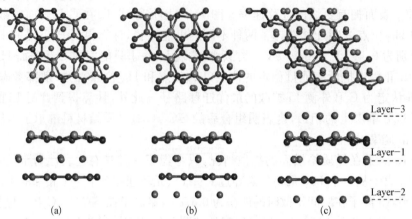

图 11.8　在 SiC_2/C_3B 异质结层间以及两侧锂化后的吸附构型

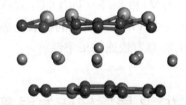

图 11.9　含有 17 个 Li 原子吸附的 SiC_2/C_3B 异质结的侧视图

此外,从第一个 Li 离子层到第三个 Li 离子层的形成,对应的 SiC_2/C_3B 异质结的层间距分别测量得到为 3.59 Å、3.55 Å 和 3.45 Å,且与之相对应的体积膨胀分别为 13.60%、12.30% 和 9%。可以看到,体积变化呈现一个下降的趋势。当 Li 吸附发生在 SiC_2/C_3B 层间时,插层的 Li 原子同时与两侧的 SiC_2 层和 C_3B 层产生相互作用,具有往两边拉伸的效果,所以膨胀率达到最大。但是随着 SiC_2/C_3B 异质结两侧形成更多的 Li 原子层后,吸附在两侧的 Li 原子与异质结存在协同相互作用,具有压缩异质结的效果,从而减缓了层间膨胀效应,导致层间距进一步变小。但在整个锂化过程中,SiC_2/C_3B 异质结的最大体积膨胀率为 13.60%,与已经报道过的 B_4N(12%)和亚联苯(10%)的体积变化相当,但远低于 MoS_2/C_3N(120%)和 MoS_2/VS_2(155%)的体积膨胀。同时,还计算绘制了吸附变化过程中吸附能大小随吸附 Li 离子数量增加的变化曲线。如图 11.10 所示,随着嵌入的 Li 原子数量的增加,平均吸附能的数值会逐渐增加,但却代表着吸附强度的逐

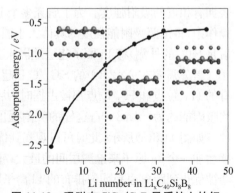

图 11.10　吸附在 SiC_2/C_3B 异质结上的锂离子的吸附能随吸附数量的变化关系图

渐减弱。这是因为,高浓度的 Li 不断嵌入时,Li 离子之间的相互排斥力会增强,而 Li 离子与异质结之间的相互吸引作用力不断减弱,最终导致了吸附能逐渐变弱的趋势。但是整个过程中平均吸附能的数值始终是负的,说明整个仿真过程中的 Li 吸附是有效的,而没有发生 Li 离子聚集的现象。较强的吸附能有利于防止枝晶的形成,从而保证电池工作循环过程时的安全性能。

表 11.2　第 n 层 Li 离子对应的平均吸附能

the n-th layer	Layer - 1	Layer - 2	Layer - 3
E_{ad}^n (eV)	-1.18	-0.67	-0.03

此外,根据以下公式计算了各个 Li 离子层的平均吸附能,作为评价 SiC$_2$/C$_3$B 异质结是否达到最大存储容量水平的另一个判据:

$$E_{ad}^n = \frac{E_{hetero+x_n} - E_{hetero+x_{n-1}} - (x_n - x_{n-1})E_{Li}}{x_n - x_{n-1}} \tag{11.4}$$

其中 n 表示 Li 离子层数,x_n 和 x_{n-1} 是第 n 层和第 $n-1$ 层中的 Li 原子个数。$E_{hetero+x_n}$,$E_{hetero+x_{n-1}}$ 和 E_{Li} 分别代表 SiC$_2$/C$_3$B 异质结衬底吸附了 x_n 和 x_{n-1} 个 Li 原子后的总能量以及块体锂晶体结构中单个 Li 原子的平均能量。在此定义的基础上,E_{ad}^n 结果为正的数值代表了此时 Li 离子会发生团聚,容易形成锂枝晶,对电池的安全性能是不利的。表 11.2 汇总了 E_{ad}^n 的计算结果,可以看到当形成第三层 Li 离子时,E_{ad}^3 的结果依然是负的,这说明系统仍处于能量稳定的吸附状态。然而此时的层吸附能数值($-0.03\ eV$)非常接近于零,说明 SiC$_2$/C$_3$B 异质结已经不再适合继续容纳更多的锂离子了。因此,可以推断出 $2 \times 2 \times 1$ 的 SiC$_2$/C$_3$B 异质结超胞的最大存储能力是嵌入 3 个 Li 离子层,此时饱和吸附体系记作 Li$_{44}$C$_{40}$B$_8$Si$_8$。此外,SiC$_2$/C$_3$B 异质结的理论比容量(C)可通过以下公式计算:

$$C = \frac{cxF}{M} \tag{11.5}$$

式中 c 为 Li 离子的电荷数,x 为吸附的 Li 原子个数,F 为法拉第常数,M 为 SiC$_2$/C$_3$B 异质结的分子质量。由公式计算得到 SiC$_2$/C$_3$B 异质结的理论比容量为 $1\,489.72\ \text{mA} \cdot \text{h} \cdot \text{g}^{-1}$,与 C$_3$B 单层和 SiC$_2$ 单层储锂的理论比容量相比有所增强,且远高于其他二维异质结材料的最大储锂容量,如 C$_3$N/Phosphorene($468.34\ \text{mA} \cdot \text{h} \cdot \text{g}^{-1}$)、黑磷烯/C$_3$B($479.50\ \text{mA} \cdot \text{h} \cdot \text{g}^{-1}$)和 C$_3$N/Graphene($1\,079\ \text{mA} \cdot \text{h} \cdot \text{g}^{-1}$)。

吸附过程中的开路电压变化可以由以下的表达式来确定:

$$OCV = -\frac{E_{hetero+y_{Li}} - E_{hetero+x_{Li}} - (y - x)E_{Li}}{(y - x)e} \tag{11.6}$$

式中,$E_{hetero+x_{Li}}$ 和 $E_{hetero+y_{Li}}$ 分别为 SiC$_2$/C$_3$B 异质结吸附了 x 和 y 个 Li 原子后的总能量,E_{Li} 为单个 Li 原子在块体中的平均能量。SiC$_2$/C$_3$B 异质结的 OCV 计算结果如图 11.11 所示,OCV 的数值随着理论比容量的增加而明显减小。同时,可以看到所有的 OCV 值均为正数,并且是在 $0.30 \sim 1.41\ \text{V}$ 的范围区间内。得到异质结的平均 OCV 大小为 $0.81\ \text{V}$,处于理想负极材料的电压范围内($0.10 \sim 1.00\ \text{V}$)。根据上述讨论分析,SiC$_2$/C$_3$B 异质结具有较高的储锂容量和适中的开路电压,表明其作为负极材料会有广阔的应用前景。

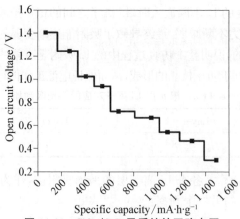

图 11.11　SiC$_2$/C$_3$B 异质结的开路电压
随理论比容量变化的关系图

　　锂离子电池实际工作的温度范围通常是在－40℃至60℃之间。因此,为了探究饱和吸附时异质结材料的热力学稳定性,对 Li$_{44}$C$_{40}$B$_8$Si$_8$ 饱和吸附系统在 350 K 的温度下进行了持续 10 ps 的 AIMD 模拟。从图 11.12(a)可以看出,模拟时间内总能量的波动幅度很小,并且模拟结束后全锂化的衬底结构仍然保持完整,没有出现旧键断裂和新键形成的现象,表明了此温度下饱和吸附系统的结构稳定性。在高温的情况下,由于原子会产生热运动,锂原子会不可避免地脱离原来的位置。再加上在 C$_3$B 外侧稳定吸附位点(H$_{CB}$位点和 H$_{CC}$位点)的不同,因此可以发现 AIMD 模拟以后 C$_3$B 表面的 Li 离子层由于热效应会分散为两层排列。为了研究加温以后脱离到最外层的 Li 离子是否依然有效地吸附在 C$_3$B 外侧,计算了随着单个 Li 距离 C$_3$B 层变远时相对应的吸附能变化情况。如图 11.12(b)所示,随着吸附距离的增加,衬底对 Li 的吸附作用力逐渐下降。当距离超过 7 Å 时,吸附能趋于 0 eV。虽然 C$_3$B 层外侧的 Li 由于热效应被分裂成两层,但最外层 Li 离子与衬底的距离(4.55 Å)仍是在极限吸附距离内,说明此时还存在着明显的相互作用力。另外,还注意到,在其他已报道的工作中 Li 在衬底材料上的吸附距离远大于本工作的极限吸附距离。一些材料在饱和吸附时的吸附距离甚至能达到 6 Å 左右。同时,在 AIMD 模拟后,可以看到所有的 Li 离子都分散地吸附在 SiC$_2$/C$_3$B 上,而不是聚集在一起,保证了锂离子电池工作的可逆性和安全性。

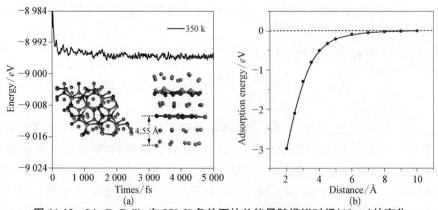

图 11.12　Li$_{44}$C$_{40}$B$_8$Si$_8$ 在 350 K 条件下的总能量随模拟时间(10 ps)的变化
以及吸附能随 Li 与 C$_3$B 层外表面距离的变化曲线图

另外,为了评价 SiC$_2$/C$_3$B 异质结的力学稳定性,还计算了 SiC$_2$/C$_3$B 异质结在均匀拉伸下无 Li 吸附和 Li 饱和吸附时的应变能(E_s)数值。E_s 是根据 SiC$_2$/C$_3$B 异质结的自由态和应变态之间的能量差计算得到的。根据 E_s 变化曲线,进一步求得其导数并把结果绘制在图 11.13 中。从图中可以看出,当应变分别超过 14%(无 Li 吸附)和 11%(饱和吸附)时,导数曲线达到最高点,然后开始下降。这表明了原始的 SiC$_2$/C$_3$B 异质结可以承受几乎 14% 的双轴拉伸应变。而在饱和吸附的状态下,SiC$_2$/C$_3$B 异质结能承受约 11% 的双轴拉伸应变。对比发现,饱和吸附状态的 SiC$_2$/C$_3$B 异质结的力学稳定性略有下降。在本小节前面提到,原始 SiC$_2$/C$_3$B 异质结的最大膨胀率为 13.60%,仍然是在 14% 的弹性范围内。全锂化以后 SiC$_2$/C$_3$B 的体积膨胀率仅为 9%,但根据应变分析得知饱和吸附后的 SiC$_2$/C$_3$B 异质结还可以继续承受 11% 的双轴拉伸应变,完全可以应对全锂化时的体积变化。综上所述,SiC$_2$/C$_3$B 异质结具有良好的力学稳定性,可以有效应对锂离子吸附/扩散过程中的衬底体积膨胀效应。

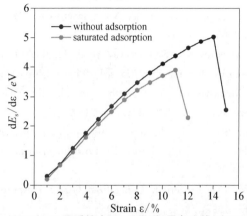

图 11.13　SiC$_2$/C$_3$B 异质结在无 Li 吸附(黑色实线)和 Li 饱和吸附(灰色实线)时应变能导数(E_s)的变化曲线

11.7　本章小结

利用第一性原理计算方法,研究并分析了新型 SiC$_2$/C$_3$B 范德华异质结的几何结构以及 SiC$_2$/C$_3$B 作为锂离子电池负极材料时的性能表现。结果表明,SiC$_2$/C$_3$B 异质结具有良好的结构稳定性。通过电子结构计算分析发现,SiC$_2$/C$_3$B 异质结在锂化过程中由半导体特性转变为金属,保证了系统良好的导电性能。与孤立的 SiC$_2$ 和 C$_3$B 单层相比,新型 SiC$_2$/C$_3$B 异质结存储锂离子的容量有所提高,理论比容量可达 1 489.72 mA·h·g^{-1}。通过双轴应变计算,SiC$_2$/C$_3$B 异质结优异的力学性能有利于应对嵌锂/脱锂动态过程所引起的体积变化,有效提高了其作为锂离子电池负极材料应用时的循环稳定性。此外,在 SiC$_2$/C$_3$B 层间和两侧均表现出较低的锂离子扩散势垒,可以保证锂离子电池的高倍率充放电性能。总的来说,这些优异的特征证实了 SiC$_2$/C$_3$B 异质结可以作为高容量锂离子电池的候选负极材料。本工作也为 SiC$_2$/C$_3$B 进一步的实验制备及应用提供了理论参考。

参考文献

［1］ L. Zhou, H. Dong, S. Tretiak. Recent Advances of Novel Ultrathin Two-Dimensional Silicon Carbides from a Theoretical Perspective［J］. Nanoscale, 2020, 12: 4269 – 4282.

［2］ L. J. Zhou, Y. F. Zhang, L. M. Wu. SiC_2 Siligraphene and Nanotubes: Novel Donor Materials in Excitonic Solar Cells［J］. Nano Letters, 2013, 13(11): 5431 – 5436.

［3］ S. Chabi, K. Kadel. Two-Dimensional Silicon Carbide: Emerging Direct Band Gap Semiconductor［J］. Nanomaterials, 2020, 10 (11): 2226.

［4］ S. Lin, S. Zhang, X. Li, et al. Quasi-Two-Dimensional SiC and SiC_2: Interaction of Silicon and Carbon at Atomic Thin Lattice Plane［J］. The Journal of Physical Chemistry C, 2015, 119(34): 19772 – 19779.

［5］ H. Wang, M. Wu, X. Lei, et al. Siligraphene as a promising anode material for lithium-ion batteries predicted from first-principles calculations［J］. Nano Energy, 2018, 49: 67 – 76.

［6］ H. Tanaka, Y. Kawamata, H. Simizu, et al. Novel macroscopic BC_3 honeycomb sheet［J］. Solid State Communications, 2005, 136(1): 22 – 25.

［7］ A. A. Kuzubov, A. S. Fedorov, N. S. Eliseeva, et al. High-capacity electrode material BC_3 for lithium batteries proposed by ab initio simulations［J］. Physical Review B, 2012, 85(19): 195415.

［8］ K. S. Novoselov, A. Mishchenko, A. Carvalho, et al. 2D Materials and van Der Waals Heterostructures［J］. Science, 2016, 353(6298): aac9439.

［9］ H. B. Shu, J. Y. Guo. Structural, electronic, and optical properties of C_3B and $C_3B_{0.5}N_{0.5}$ monolayers: A many-body study［J］. Physica E: Low-dimensional Systems and Nanostructures, 2022, 138: 115119.

［10］ J. P. Perdew, K. Burke, M. Ernzerhof. Generalized Gradient Approximation Made Simple［J］. Physical Review Letters, 1997, 78(7): 1396 – 1396.

［11］ H. J. Monkhorst, J. D. Pack. Special points for Brillouin-zone integrations［J］. Physical Review B, 1976, 13(12): 5188 – 5192.

［12］ S. Baroni, S. de Gironcoli, A. Dal Corso, et al. Phonons and related crystal properties from density-functional perturbation theory［J］. Reviews of Modern Physics, 2001, 73(2): 515 – 562.

［13］ M. E. Tuckerman, P. J. Ungar, T. von Rosenvinge, et al. Ab Initio Molecular Dynamics Simulations ［J］. The Journal of Physical Chemistry, 1996, 100(31): 12878 – 12887.

［14］ T. Wang, S. Zhang, L. Yin, et al. Silicene/boron nitride heterostructure for the design of highly efficient anode materials in lithium-ion battery［J］. Journal of Physics: Condensed Matter, 2020, 32 (35): 355502.

［15］ W. Zhang, J. Zhang, C. He, et al. Constructing Janus SnSSe and graphene heterostructures as promising anode materials for Li-ion batteries［J］. International Journal of Energy Research, 2021, 46: 267 – 277.

［16］ X. Yuan, Z. Chen, B. Huang, et al. Potential Applications of MoS_2/M_2CS_2 (M = Ti, V) Heterostructures as Anode Materials for Metal-Ion Batteries［J］. The Journal of Physical Chemistry C, 2021, 125(19): 10226 – 10234.

［17］ B. Tian, W. Du, L. Chen, et al. Probing pristine and defective NiB_6 monolayer as promising anode materials for Li/Na/K ion batteries［J］. Applied Surface Science, 2020, 527: 146580.

［18］　D. Adekoya, S. Zhang, M. Hankel. 1D/2D C$_3$N$_4$/Graphene Composite as a Preferred Anode Material for Lithium-Ion Batteries: Importance of Heterostructure Design via DFT Computation［J］. ACS Applied Materials & Interfaces, 2020, 12(23): 25875 – 25883.

［19］　S. Thomas, A. K. Madam, M. A. Zaeem. Stone-Wales Defect Induced Performance Improvement of BC$_3$ Monolayer for High-Capacity Lithium-Ion Rechargeable Battery Anode Applications［J］. The Journal of Physical Chemistry C, 2020, 124(11): 5910 – 5919.

［20］　J. Yu, M. Zhou, M. Yang, et al. High-Performance Borophene/Graphene Heterostructure Anode of Lithium-Ion Batteries Achieved via Controlled Interlayer Spacing［J］. ACS Applied Energy Materials, 2020, 3(12): 11699 – 11705.

［21］　J. Li, Q. Peng, J. Zhou, et al. MoS$_2$/Ti$_2$CT$_2$ (T = F, O) Heterostructures as Promising Flexible Anodes for Lithium/Sodium Ion Batteries［J］. The Journal of Physical Chemistry C, 2019, 123(18): 11493 – 11499.

［22］　L. Chen, M. Yang, F. Kong, et al. Penta-BCN monolayer with high specific capacity and mobility as a compelling anode material for rechargeable batteries［J］. Physical Chemistry Chemical Physics, 2021, 23(32): 17693 – 17702.

［23］　H. R. Jiang, W. Shyy, M. Liu, et al. Boron phosphide monolayer as a potential anode material for alkali metal-based batteries［J］. Journal of Materials Chemistry A, 2017, 5(2): 672 – 679.

［24］　L. Chen, W. Du, J. Guo, et al. Modelling of monolayer penta-PtN$_2$ as an anode material for Li/Na-ion storage［J］. Materials Chemistry and Physics, 2021, 262: 124312.

第 12 章 本征和掺杂二维 BP 作为钠硫电池锚定材料的应用研究

12.1 引 言

钠硫(Na-S)电池,其组成成分与工作原理和 Li-S 电池基本相似,而且由于地球上 Na 资源比 Li 资源更加丰富、理论能量密度高($\sim 1\,273$ Wh·kg^{-1})、制备成本更低等特点,在对能量密度要求不断提高的储能领域有广阔的应用前景,例如电网储能、调峰、风力发电储能等。尽管 Na-S 电池具备可观的优势,但由于金属 Na 比金属 Li 更加活泼,因此,由高阶钠多硫团簇(NaPSs)溶解引起的穿梭效应更加棘手。

研究人员提出,在正极中引入锚定材料是一种可行且有效的方法,它可以通过在 S 正极附近捕获高阶 NaPSs 避免其溶解,并促进最终还原产物 Na_2S 的催化分解。除了多孔碳和聚合物之外,一些典型的二维材料也在 Li-S 和 Na-S 锚定材料的研究中大放异彩,譬如硼烯、磷烯、锑烯、VS_2 和 MXene 等。此外,为了弥补二维材料自身的某些缺点,扩大它的应用范围,研究人员还采用一些可控的调控措施来改善二维材料的性能,如掺杂调控、缺陷调控和构建异质结等。

本文选择由 B、P 元素组成的二维材料硼磷烯(BP)作为 Na-S 电池的锚定材料,并进行替位掺杂实验,探究掺杂原子对本征 BP 吸附与催化性能的影响。不同于 h-BP 的半导体特性(带隙为 0.90 eV),BP 是一种狄拉克材料,具有很高的载流子迁移率、良好的电子导电性、优秀的机械稳定性和热稳定性。在工作初期,首先优化了本征和掺杂 BP 的结构,掺杂 BP 结构分别为 N 原子替换 P 原子(N_P-BP)和 C 原子替换 P 原子(C_P-BP)。接着优化了不同 NaPSs 在三种衬底上的吸附构型和计算了对应的吸附能。然后,将最稳吸附构型的吸附能与 NaPSs 和 DOL/DME 溶剂分子间的吸附能进行比较。细节上,分别通过 vdW 力、电子分态密度图、差分电荷密度图和电荷转移量来对衬底的锚定机制进行分析。最后,则是在本征和掺杂衬底上系统地研究了 S 还原反应以及 Na_2S 的催化分解过程。

12.2 计算方法

所有计算是在基于第一性原理计算方法的 SIESTA 软件中进行的。使用广义梯度近似(GGA)下的 Perde-Burke-Ernzerhof(PBE)泛函来计算电子交换关联势。采用了 Kleinman-Bylander 的标准范数守恒赝势的非局域形式来表示核心电子与价电子之间的相互作用,使用 double-ζ 基组来优化价电子波函数。截止能量设置为 280 Ry 以保证收敛的准确性。通过 Grimme D2 的方法计算 NaPSs 与衬底间的 vdW 力。沿 z 方向设置 30 Å 的真空层,目的是为了消除相邻层之间的相互作用。在优化过程中,粒子的能量和力的收敛标准分别为 10^{-5} eV 和 0.02 $eV/Å$。为了确保计算中的精度和效率,在布里渊区取了 $20 \times 10 \times 1$ 的 K 点网格和 Monkhorst-Pack (MP)算法进行本征 BP 单胞的优化计算。另外,我们还构建了一个 $5 \times 3 \times 1$ 的超胞(包含 60 个原子)用于后续掺杂结构和吸附构型的优化。在布里渊区中采用 $4 \times 4 \times 1$ 的 K 点网格和 MP 算法用于超胞的优化计算。最后,分别计算了 S 还原反应中的每一步的吉布斯自由能和 Na_2S 的催化分解能垒。

吸附构型的稳定性是通过吸附能来反映的,吸附能的计算公式如式(12.1)所示:

$$E_{ads} = E_{NaPSs} + E_{AM} - E_{NaPSs+AM} \qquad (12.1)$$

式中的 E_{NaPSs},E_{AM} 和 $E_{NaPSs+AM}$ 分别是优化后的孤立的 NaPSs,衬底和吸附构型的总能量。

掺杂结构的形成能计算公式如式(12.2)所示:

$$E_f = E_{doped-BP} + E_{B/P} - E_{BP} - E_{N/C/Al/O/Si/S} \qquad (12.2)$$

式中的 $E_{doped-BP}$ 和 E_{BP} 分别是优化后的掺杂 BP 和本征 BP 的总能量。$E_{B/P}$ 分别是被取代的 B 原子和 P 原子的能量,其中 E_B 是硼烯中每个 B 原子的能量,E_P 是黑磷烯中每个 P 原子的能量。$E_{N/C/Al/O/Si/S}$ 分别是掺杂原子的能量,其中 E_N 是 N_2 分子总能量的一半,E_C 是石墨烯中单个 C 原子的能量,E_{Al} 是金属 Al 中单个 Al 原子的能量,E_O 是 O_2 分子总能量的一半,E_{Si} 是晶体 Si 中单个 Si 原子的能量,E_S 是 S_8 分子中单个 S 原子的能量。根据公式的定义,形成能的正负值分别代表了掺杂结构形成过程中吸收或释放出的能量,形成能的值越小表示掺杂结构越稳定。

掺杂结构的内聚能计算公式如式(12.3)所示:

$$E_c = \frac{mE_B + nE_P + xE_{N/C/Al/O/Si/S} - E_{doped-BP}}{m + n + x} \qquad (12.3)$$

其中 m,n 和 x 分别代表了掺杂 BP 中 B,P 和 N/C/Al/O/Si/S 原子的个数,由于本工作中都是进行单原子替位掺杂,因此,x 的值恒为 1。E_B,E_P 和 $E_{N/C/Al/O/Si/S}$ 分别代表了单个 B 原子、单个 P 原子和单个 N/C/Al/O/Si/S 原子的能量。$E_{doped-BP}$ 是优化后掺杂 BP 的总能量。

差分电荷密度的计算公式如式(12.4)所示:

$$\Delta \rho = \rho_{NaPSs+AM} - \rho_{NaPSs} - \rho_{AM} \qquad (12.4)$$

式子中 $\rho_{NaPSs+AM}$,ρ_{NaPSs} 和 ρ_{AM} 分别代表了吸附系统,孤立的 NaPSs 和衬底的电荷密度。

在本征和掺杂 BP 上的 S 还原反应中每一步还原反应的反应式如下,式子中的 * 号代表衬底上的活性位点。

$$^*S_8 + 2Na^+ + 2e^- = {^*}Na_2S_8$$
$$^*Na_2S_8 = {^*}Na_2S_6 + \tfrac{1}{4}S_8$$
$$^*Na_2S_6 = {^*}Na_2S_4 + \tfrac{1}{4}S_8$$

$$^*\mathrm{Na_2S_4} =\ ^*\mathrm{Na_2S_2} + ¼\,\mathrm{S_8}$$

$$^*\mathrm{Na_2S_2} =\ ^*\mathrm{Na_2S} + ⅛\,\mathrm{S_8}$$

计算 Na-S 电池放电过程中 S 还原反应的每一步的吉布斯自由能（ΔG）的公式如（12.5）所示。

$$\Delta G = \Delta E + \Delta E_{\mathrm{ZPE}} - T\Delta S \tag{12.5}$$

式子中 ΔE 代表了优化后的吸附构型的总能量的差值，ΔE_{ZPE} 和 $T\Delta S$ 分别是在 298.15 K 的温度下通过频率计算得到的气相和吸附相的零点能量差值和熵差。因此，从上述的式子中可得 S 还原反应中每一步的吉布斯自由能的变化值，以 $\mathrm{Na_2S_2}$ 转化为 $\mathrm{Na_2S}$ 为例。

$$\Delta G_5 = (E_{^*\mathrm{Na_2S}} + E_{\mathrm{ZPE}(^*\mathrm{Na_2S})} - TS_{^*\mathrm{Na_2S}}) + \frac{1}{8}(E_{\mathrm{S_8}} + E_{\mathrm{ZPE}(\mathrm{S_8})} - TS_{\mathrm{S_8}})$$
$$- (E_{^*\mathrm{Na_2S_2}} + E_{\mathrm{ZPE}(^*\mathrm{Na_2S_2})} - TS_{^*\mathrm{Na_2S_2}}) \tag{12.6}$$

12.3　本征和掺杂 BP 的结构与稳定性

如图 12.1(a)所示，本征 BP 是一个平面结构，结构由 $\mathrm{B_4P_2}$ 和 $\mathrm{B_2P_4}$ 两种交替的六原子环组成。虚线框内是本征 BP 优化后的单胞结构，晶格常数分别为 $a = 3.23$ Å，$b = 5.61$ Å，其中 B—B 键、B—P 键、P—P 键的键长分别为 1.67 Å、1.85 Å 和 2.11 Å，优化后的数据与之前报道中的数据非常吻合。根据图 12.1(b)展示的能带结构，可以发现在 X 和 Γ 点间形成一个清晰的狄拉克锥，说明 BP 是一种二维狄拉克材料。此外，考虑到 Na-S 电池的实际最高工作温度在 70℃左右，因此，为了测试本征 BP 的热稳定性，对其结构进行了在 350 K 温度下持续 10 ps 的从头算分子动力学（AIMD）模拟。由图 12.2(a)可以发现 BP 的整体结构保持完整，从侧视图看，也仅有几个 B 原子和 P 原子的位置上下浮动，这表明本征 BP 在 350 K 温度下具有良好的热稳定性。同时为了验证本征 BP 的动力学稳定性，对其结构进行了声子谱计算，如图 12.2(b)所示，整个布里渊区中没有负频率的存在，说明其结构是动力学稳定的。

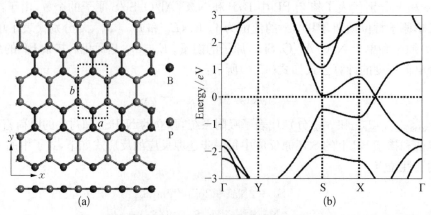

图 12.1　(a)—(b) 优化后的本征 BP 的结构和能带结构。a 图中虚线框内的是衬底的单胞结构（扫码可观看所有彩图）

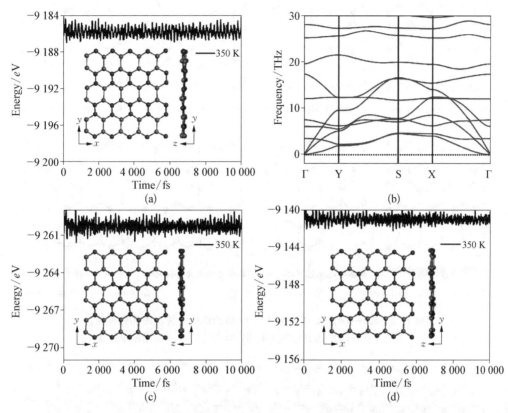

图 12.2　(a) 本征 BP 在 350 K 温度下持续 10 ps 的 AIMD 模拟,(b) 本征 BP 的声子谱,
(c)—(d) N_P/C_P-BP 在 350 K 温度下持续 10 ps 的 AIMD 模拟

为了研究轻量原子掺杂对本征 BP 性质的影响,构建了一个包含 30 个 B 原子和 30 个 P 原子的 $5 \times 3 \times 1$ 的超胞。元素周期表中 B 和 P 原子周围的元素,如 N、C、Al、O、S 和 Si 元素,都被用于初始的替位掺杂实验。如图 12.3 所示,Al、O、S、Si 四种原子的掺杂结构在优化过程中出现了较大的几何形变,并且对应结构的形成能均为正值,因此,后续就不再探讨这四种原子的结构。如图 12.4 所示,N 原子替位取代 P 原子(N_P-BP)、C 原子替位取代 P 原子(C_P-BP)、N 原子替位取代 B 原子(N_B-BP)和 C 原子替位取代 B 原子(C_B-BP),这四种掺杂结构仅在掺杂位点附近表现出轻微的结构变形。为了检验这四种掺杂结构的稳定性,我们根据公式 (12.2) 计算出了对应结构的形成能,分别是 $-0.65\ eV(N_P$-BP)、$-0.63\ eV(C_P$-BP)、$1.24\ eV(N_B$-BP) 和 $0.42\ eV(C_B$-BP)。另外,我们还对键长进行了测量,发现 N_P-BP 中的 B—N 键的键长为 1.55 Å,C_P-BP 中的键长为 1.59 Å。对 N_P-BP 和 C_P-BP 来说,N 和 C 原子价电子较多,并且 B 原子处于缺电子状态,因此容易与周围的 N,C 原子形成更强的共价键,最终形成相对稳定的结构。相反,对于 N_B-BP 和 C_B-BP 而言,N_B-BP 中的 N—P 键的键长为 1.88 Å,C_P-BP 中的 C—P 键的键长为 1.79 Å。不同于缺电子的 B 原子,P 原子也是价电子较多的原子,因此,与 N、C 原子间形成的共价键要长,最终导致结构不如 N_P-BP 和 C_P-BP 稳定。这也是 N_P-BP 和 C_P-BP 的形成能为负值,而 N_B-BP 和 C_B-BP 的形成能为正值的原因。

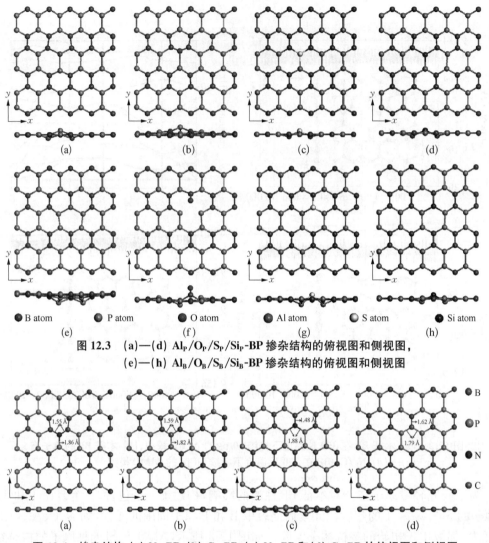

● B atom　　　● P atom　　　● O atom　　　● Al atom　　　○ S atom　　　● Si atom

(e)　　　　　　　(f)　　　　　　　(g)　　　　　　　(h)

图 12.3　(a)—(d) $Al_P/O_P/S_P/Si_P$-BP 掺杂结构的俯视图和侧视图，
(e)—(h) $Al_B/O_B/S_B/Si_B$-BP 掺杂结构的俯视图和侧视图

图 12.4　掺杂结构 (a) N_P-BP, (b) C_P-BP, (c) N_B-BP 和 (d) C_B-BP 的俯视图和侧视图

　　内聚能是评估二维材料在实验上合成可能性的重要参数。N_P-BP 和 C_P-BP 的内聚能分别是 4.87 eV/atom 和 4.86 eV/atom，均高于黑磷烯（3.27 eV/atom）和 P_2C_3（4.60 eV/atom）。与此同时，也考虑了 N_P-BP 和 C_P-BP 在 350 K 温度下的热稳定性。如图 12.2 (c)—(d) 所示，N_P/C_P-BP 结构的形变量可以忽略不计，说明了掺杂 BP 的结构也具有良好的热力学稳定性。另外，也将三种衬底的电子态密度图进行了比较，从图 12.5 可以发现，由于 N 或 C 原子的掺杂密度较低的原因，掺杂结构的整体电子态密度分布并没有较大的改变。与本征 BP 的电子态密度相

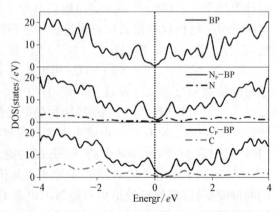

图 12.5　本征/N_P/C_P-BP 的电子态密度图的对比

比,N_P-BP 和 C_P-BP 的价带却相对于费米能级向右移动,最终使得费米能级穿过了价带,赋予了衬底的金属特性。因此,基于以上结果和讨论,N_P-BP 和 C_P-BP 具有良好的热力学稳定性和优越的电子导电性。

12.4　多硫化钠的优化结构

在放电过程中,从金属 Na 负极释放出的 Na^+ 将扩散至 S 正极处并进一步发生还原反应,最终导致各种典型中间体 Na_2S_n(n=1,2,4,6,8)的出现。优化后的 NaPSs 结构与相关参数在图 12.6 中展示。从结构图中可以发现,所有优化后的团簇都呈现出三维稳定的构型,这与其他研究中的结果一致。S_8 团簇呈现出 D_{4d} 对称性,测量出的最短 S—S 键的键长为 2.08 Å。高阶 Na_2S_n(n=4,6,8)具有 C_2 对称性,对应 Na_2S_4,Na_2S_6,Na_2S_8 的最短 Na-S 键的键长分别为 2.72 Å,2.76 Å 和 2.73 Å。但是 Na_2S_2 和 Na_2S 却是 C_{2v} 对称性,对应的最短 Na—S 键的键长分别为 2.59 Å 和 2.45 Å。经统计,高阶 NaPSs 中的 Na—S 键长明显比低阶 NaPSs 中的要长,而 S—S 键长却是相反的,说明高阶 NaPSs 比低阶 NaPSs 更容易电离。NaPSs 的性质与 LiPSs 相似,这归因于 Li^+ 与 Na^+ 相近的离子半径。

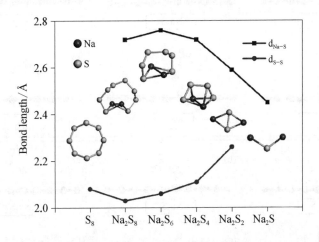

图 12.6　优化后的 Na_2S_n(n=1,2,4,6,8)的结构示意图和键长变化

12.5　NaPSs 在本征和掺杂 BP 上的吸附构型

吸附能是判断锚定材料能否有效抑制穿梭效应的重要参数。为了寻找最稳吸附构型,将 S_8 与 NaPSs 旋转不同角度,分别放置在本征/N_P/C_P-BP 衬底中可能的吸附位点上,经过优化,最稳吸附构型在图 12.7 中展示。与最稳吸附构型对应的吸附能和最小吸附高度见图 12.8。从 S_8 的吸附构型中发现,S_8 与三种衬底均保持着平行的吸附构型,且没有与衬底间形成任何共价键,因此,S_8 与本征/N_P/C_P-BP 三种衬底间的吸附高度值也较大,分别为 3.39 Å,

3.36 Å 和 3.43 Å。相同的吸附构型在 BNP_2、V_2NS_2 和 V_2CS_2 衬底中也能观察到。另外,S_8 在本征/N_P/C_P-BP 上对应的吸附能分别为 0.64 eV、0.67 eV 和 0.62 eV。如图 12.8 所示,S_8 在本征和掺杂 BP 上的吸附能明显小于其他团簇,于是可以总结出掺杂原子似乎对 S_8 的吸附行为并没有较大的影响,这主要是由于它与衬底间是以 vdW 物理作用为主导的吸附机制导致的。

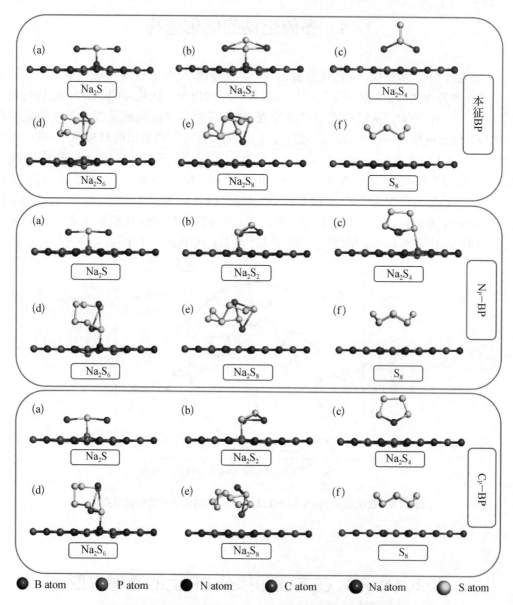

图 12.7　(a)—(e) Na_2S_n(n=1,2,4,6,8)和(f) S_8 分别吸附于本征/N_P/C_P-BP 衬底上的最稳吸附构型的侧视图

对于 Na_2S,Na_2S_2 和 Na_2S_4 团簇,它们均以站立式构型为主,即两个 Na 原子吸附于衬底上方并与衬底间形成共价键。对于 Na_2S_6 和 Na_2S_8 而言,它们则是以仰躺式构型为主,团簇中的一个 Na 原子被吸附于衬底上方,S 原子则更倾向于与衬底保持平行。如图 12.8(b)所示,从 Na_2S_8 到 Na_2S,在 N_P-BP 上的吸附能在 1.10~3.94 eV,在 C_P-BP 上的吸附能在 1.35 ~ 3.80eV,

而在本征 BP 上的吸附能却降低至 $1.14 \sim 3.49\ eV$,这说明掺杂原子对衬底的吸附性质有着显著的影响。而且从 S_8 到 Na_2S 与衬底间的最小吸附距离曲线呈现下降趋势,这表明衬底与 NaPSs 之间的相互作用随着钠化程度的加深而增强。此外,通过对比吸附能的变化就能发现,掺杂原子对低阶 NaPSs 的吸附行为影响较大,高阶 NaPSs 次之,对 S_8 的影响最小。本征/N_P/C_P-BP 衬底对 NaPSs 的吸附性能要优于 $C_2N(0.68 \sim 3.09\ eV)$ 和 $As_2S_3(1.52 \sim 3.26\ eV)$。

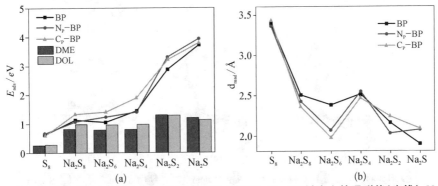

图 12.8　(a) S_8 和 Na_2S_n ($n = 1,2,4,6,8$) 吸附于本征/N_P/C_P-BP 衬底上的吸附能(实线),NaPSs 与溶剂分子 DOL 和 DME 的吸附能(直方图);(b) NaPSs 与本征/N_P/C_P-BP 衬底间的最小吸附距离(d_{mad})

Na-S 电池中常用的醚类电解质的主要成分包括 1,3-二氧戊环(DOL)和乙二醇二甲醚(DME)。为了抑制穿梭效应,应该尽可能地减少电解质中的高阶 NaPSs,这也就是引入锚定材料的主要目的。在研究完本征/N_P/C_P-BP 对 S_8 和 NaPSs 的吸附特性后,还优化了 DOL 和 DME 分子模型,以及 NaPSs 与 DOL/DME 的吸附构型,优化结果在图 12.9 和图 12.10 中展示。高阶 NaPSs 与 DOL 的吸附能在 $0.82 \sim 0.86\ eV$,对于 DME,该值在 $0.99 \sim 1.01\ eV$,这与其他报道中的数值一致。NaPSs 吸附于三种衬底上的吸附能明显高于 NaPSs 与 DOL/DME 间的吸附能。因此,在以本征/N_P/C_P-BP 作为 Na-S 电池锚定材料的前提下,可以很好地抑制高阶 NaPSs 的溶解。

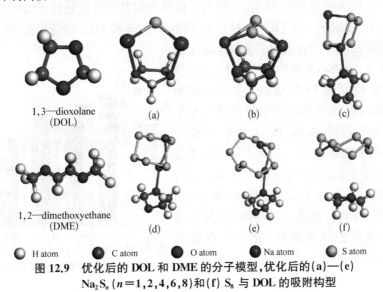

图 12.9　优化后的 DOL 和 DME 的分子模型,优化后的(a)—(e) Na_2S_n ($n=1,2,4,6,8$) 和(f) S_8 与 DOL 的吸附构型

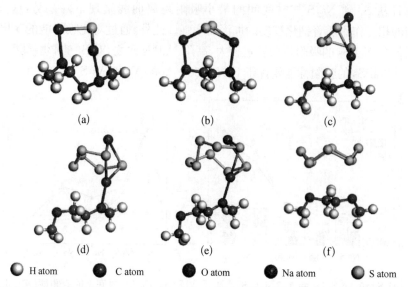

| ⚪ H atom | ⚫ C atom | 🔵 O atom | ⚫ Na atom | 🔘 S atom |

图 12.10　优化后的 (a)—(e) Na_2S_n ($n=1,2,4,6,8$) 和 (f) S_8 与 DME 的吸附构型

　　为了深入了解 NaPSs 在本征/N_P/C_P-BP 衬底上的吸附机制,考虑了在三种衬底上的每个团簇对应的 vdW 物理作用的相对贡献(R)。计算 R 值的公式如式(12.7)所示:

$$R = \frac{E_{ads}^{with\ vdW} - E_{ads}^{without\ vdw}}{E_{ads}^{with\ vdW}} \tag{12.7}$$

式子中 $E_{ads}^{with\ vdW}$ 和 $E_{ads}^{without\ vdw}$ 分别代表了具有和不具有 vdW 物理作用的吸附能。计算结果如图 12.11 所示,尽管 vdW 物理作用的贡献比例的趋势相似,但不同团簇在不同衬底上的吸附机制仍有不同。对于 S_8 团簇,S_8 与本征 BP 间的 vdW 物理作用的比例高达 93%,这意味着 vdW 物理作用主导了整个吸附过程。相比之下,吸附于 N_P/C_P-BP 衬底上的 S_8 的 vdW 物理作用的比例分别降低至 78% 和 80%,说明了化学作用对吸附机制的贡献略有增加。这样的吸附机制与 S_8 吸附于 $Mo_2TiC_2T_2$ 衬底上一致(T = S 和 O)。尽管如此,以 vdW 物理作用为主导的吸附机制并没有因为引入掺杂原子而发生改变。反观 NaPSs,其吸附机制是由 vdW 物理作用和化学作用共同组成的。从 Na_2S 到 Na_2S_8,对应的 vdW 物理作用的贡献比例在本征 BP 上的是 21%~71%,在 N_P-BP 上的是 19%~72%,在 C_P-BP 上的是 20%~72%。从这种变化的趋势可以得出结论,vdW 物理作用主导了高阶 NaPSs 的吸附机制,而化学吸附在低阶 NaPSs 中起到了更关键的作用。此外,vdW 物理作用所占的比例越低,吸附能就会越高,这一点在低阶 NaPSs 的吸附中尤为明显。

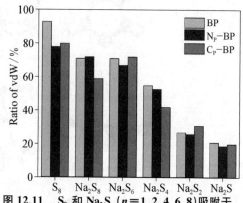

图 12.11　S_8 和 Na_2S_n ($n=1,2,4,6,8$) 吸附于本征/N_P/C_P-BP 衬底上的 vdW 作用的比例

12.6 NaPSs 与本征和掺杂 BP 间的电荷转移

为了定量分析 NaPSs 与本征/N_P/C_P-BP 衬底间的吸附机制,统计了两者之间的电荷转移量以及差分电荷密度图,结果见图 12.12。电荷转移量的正值表示电荷从 NaPSs 转移至

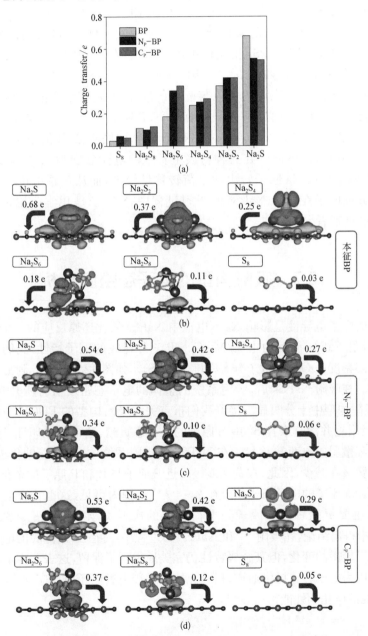

图 12.12 (a) 吸附于本征/N_P/C_P-BP 衬底上的 S_8 和 Na_2S_n ($n = 1,2,4,6,8$)的电荷转移量统计图 (b)—(d) 吸附于本征/N_P/C_P-BP 衬底上的 S_8 和 Na_2S_n ($n=1,2,4,6,8$)的差分电荷密度图。等值面设置为 $0.001\ e/Å^3$

衬底。深灰色区域代表电子耗散,浅灰色区域代表电子积累。如图 12.12 所示,S_8 与本征/N_P/C_P-BP 三种衬底间的电荷转移量十分微小,分别为 0.03e,0.06e 和 0.05e,说明了 S_8 与衬底间的吸附是由 vdW 物理作用主导的,这也与上述的吸附机制分析相吻合。同样地,在差分电荷密度图中,S_8 与衬底间也没有电子耗散的深灰色区域和电子积累的浅灰色区域,较弱的吸附能也证实了微小的电荷转移量,在 BNP_2,V_2NS_2 和 V_2CS_2 等其他二维材料中也观察到了相同的电荷转移情况。

Na_2S_8、Na_2S_6、Na_2S_4、Na_2S_2 和 Na_2S 在本征 BP 上的电荷转移量分别为 0.11e、0.18e、0.25e、0.37e 和 0.68e。随着钠化程度的加深,NaPSs 与衬底间的电荷转移量正逐步增加,表明本征 BP 与 NaPSs 相互作用正在增强,在 N_P-BP 和 C_P-BP 衬底上也能观察到类似的电荷转移趋势。如图 12.12(b)—(d)所示,在对应的 Na_2S_n(n=1,2,4,6,8)的吸附构型中,团簇与衬底间的黄色与蓝色区域面积也正逐渐增加,很好地对应了增加的转移电荷量。此外,我们还进一步计算了 NaPSs 中单个元素的电荷转移情况。以 Na_2S 吸附构型为例,由 Na 原子在本征/N_P/C_P-BP 衬底上贡献的电荷分别为 0.12e,0.08e 和 0.08e。但是,由 S 原子在三种衬底上贡献的电荷分别为 0.56e,0.46e 和 0.45e。由此可见,在吸附后,从 Na 原子转出的电荷转移量较少,而从 S 原子转出的电荷转移量很大,这也充分证明了在低阶 NaPSs 的吸附过程中,S 原子是化学吸附的主要贡献者,Na 原子是次要贡献者。

12.7 吸附构型的电子态密度分析

锚定材料的电子电导性是影响 Na-S 电池中 NaPSs 氧化还原反应的一个重要因素。因此,为了阐明吸附 NaPSs 前后的本征/N_P/C_P-BP 三种衬底的电子特性,我们计算了对应的吸附构型的总态密度(DOS)和电子分态密度(PDOS)。如图 12.13 所示,衬底的金属特性均被很好地保留。在吸附 NaPSs 后,吸附系统的整体的电子态密度值有所升高,这一点在高阶 NaPSs 的吸附构型中十分明显。接着我们重点关注吸附构型的 PDOS。在 S_8 的吸附构型中,费米能级附近并没有来自 S_8 中 S 原子的电子态贡献,这很好地印证了前文中所述的较弱的吸附能和微弱的电荷转移量。在 NaPSs 的吸附系统中,伴随着钠化进程的加深,团簇中 S 原子的数量在减少,因此,在费米能级附近 S 原子与 B 和 P 原子的杂化面积也逐渐减少。与之相反,Na 原子的电子态贡献仅在 2~4 eV 范围内可见,这也符合上文中对 S 原子是电荷转移的主要贡献者、Na 原子是电荷转移的次要贡献者的结论。总之,可以从对 PDOS 的分析中得出结论,在吸附 S_8 和 NaPSs 的过程中,尽管三种衬底的电子结构在费米能级附近发生了轻微的变化,但其金属特性仍完美地得到了保留,这表明本征/N_P/C_P-BP 作为锚定材料可以为电子转移提供通道,提升充放电过程中氧化还原反应动力学的速率,最终提高 Na-S 电池的电化学性能。

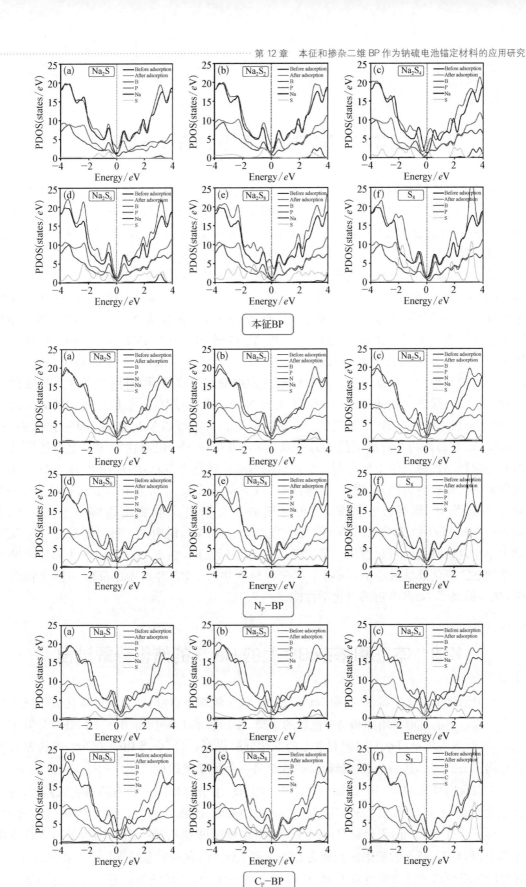

图 12.13　(a)—(e) Na$_2$S$_n$ (n=1,2,4,6,8)和(f) S$_8$ 分别吸附于本征/N$_P$/C$_P$-BP 的电子分态密度

12.8　本征和掺杂 BP 表面上的 S 还原反应

为了进一步阐明本征和掺杂 BP 在 Na-S 电池放电过程中对 S 还原反应的动力学的影响,计算了在没有催化剂的条件下,S_8 在三种衬底上逐步转化生成 Na_2S 中每一个中间步骤的吉布斯自由能(ΔG)的变化,图 12.14(a)描述了从 S_8 到 Na_2S 的 ΔG 的变化曲线图。从图中可以发现,由 S_8 还原为 Na_2S_8,Na_2S_8 还原为 Na_2S_6,这两个步骤在三种衬底上均是自发放热的,吉布斯自由能的变化值分别为 $\Delta G_1 = -5.91eV$(本征 BP),$-5.84eV$(N_P-BP)和$-6.14eV$(C_P-BP),$\Delta G_2 = -0.01eV$(本征 BP),$-0.23eV$(N_P-BP)和$-0.15eV$(C_P-BP),说明这两个步骤具有快速的反应动力学。然而从 Na_2S_6 转化为 Na_2S_4 的过程是吸热的,伴随的吉布斯自由能变化值为 $\Delta G_3 = 0.40eV$(本征 BP),$0.39eV$(N_P-BP)和$0.31eV$(C_P-BP),相对于后两步的吉布斯自由能变化值(ΔG_4 和 ΔG_5)来看,这一步的势垒最大,表示从 Na_2S_6 转化为 Na_2S_4 这一步是整个放电过程中的限速步骤,同时说明了这一步骤的反应动力学较为缓慢。在随后由 Na_2S_4 转化为 Na_2S_2 的过程中,由于是从液相到固相的转化,因此,对应的 ΔG_4 通常为正值,但是从图 12.14 中可以发现在 N_P-BP 上的 $\Delta G_4 = -0.42eV$,在另外两个衬底上的 $\Delta G_4 = 0.04eV$ 和 $0.10\ eV$,说明在 N_P-BP 上 S 还原反应的动力学影响在热力学上更有利。在最后的 Na_2S_2 转化为 Na_2S 的过程中,由于这个还原过程是从固相转变为固相,因此,在本征/N_P/C_P-BP 上的 ΔG_5 分别升至了 $0.17eV$、$0.16eV$ 和$0.22eV$。另外,值得注意的是,三种衬底的吉布斯自由能变化值均小于 $MoTiC_2S_2$($0.850eV$)、$MoTiC_2O_2$($1.236eV$)和$Ni@MoS_2$($0.607eV$),说明这三种衬底对 S 还原反应动力学均具有高效的催化性能。最后经过对比可以发现,在 N_P-BP 上的 S 还原反应的动力学的 ΔG 变化值是最小的,证明了在三种衬底中,N_P-BP 对 S 还原反应的催化特性更强,从而提高了 Na-S 电池的电化学性能。

12.9　本征和掺杂 BP 上的 Na_2S 的催化分解过程

在电池放电过程中,最终产物 Na_2S 是一个电子绝缘体,同时其过高的催化分解能垒可能会引起电池的过电位增加和倍率性能的下降。因此,本工作中,采用了 CI-NEB 计算方法来分析 Na_2S 在本征/N_P/C_P-BP 衬底上的催化分解机制。将 Na_2S 中一个 Na—S 键断开并使分离出来的 Na^+ 从一个最稳吸附位扩散至另一个最稳吸附位($Na_2S{\rightarrow}NaS+Na^++e^-$)。如图 12.14(b)所示,基于 BP 结构的对称性,经过优化,分离出的 Na^+ 有两条扩散路径,分别标记为 Path-Ⅰ和 Path-Ⅱ。从扩散路径的走势图来看,当孤立的 Na^+ 沿着 Path-Ⅰ扩散时,它不得不经过 B_4P_2 环,而沿着 Path-Ⅱ扩散时,必须经过 B_2P_4 环。计算结果显示 Na^+ 吸附于 B_4P_2 和 B_2P_4 环上的吸附能分别为$2.23eV$ 和 $2.05eV$,这也就意味着当 Na^+ 沿着 Path-Ⅰ扩散时需要更多的能量来克服 B_4P_2 环对 Na^+ 的吸附力,以帮助 Na^+ 迁移至目标位置。因此,正如预测的趋势,Path-Ⅰ和 Path-Ⅱ对应的催化分解能垒分别为 1.11 和 $0.27\ eV$,很明显

Path-Ⅰ的能垒大于 Path-Ⅱ的能垒,这说明分离出的 Na^+ 有极大的可能选择 Path-Ⅱ作为最优扩散路径。同样,也在 N_P-BP 和 C_P-BP 衬底上分别选择了两条 Na_2S 的催化分解路径,对应的能垒在图 12.14(c)—(d)中展示,在 N_P-BP 衬底上的 Path-Ⅰ′和 Path-Ⅱ′的能垒分别为 1.02 和 0.79eV,在 C_P-BP 衬底上的 Path-Ⅰ″和 Path-Ⅱ″的能垒分别为 1.11 和 1.02eV。因此,当 Na_2S 在掺杂 BP 上进行催化分解时,Path-Ⅱ′和 Path-Ⅱ″均是更好的扩散路径。最后,在三种衬底上的 Na_2S 催化分解能垒均小于 $Mo_2TiC_2S_2$(1.59eV)和 $Mo_2TiC_2O_2$(1.67eV),但高于 VS_2(0.53eV)。基于上述讨论和结果,本征/N_P/C_P-BP 可以降低 Na_2S 的催化分解能垒,最终提高 Na-S 电池的倍率性能。

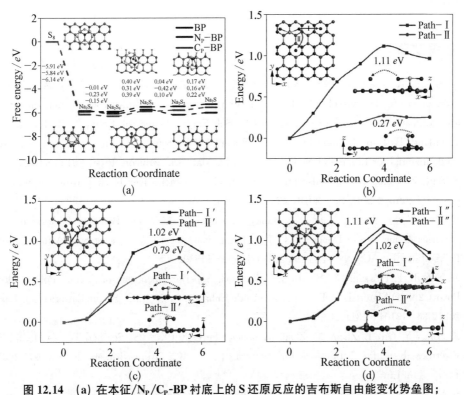

图 12.14　(a) 在本征/N_P/C_P-BP 衬底上的 S 还原反应的吉布斯自由能变化势垒图;

(b)—(d) Na_2S 的催化分解势垒(插图显示了分离出的 Na^+ 从最稳吸附位到另一个最稳吸附位的两条扩散路径)

12.10　本章小结

在本工作中,使用第一性原理计算方法分析了本征/N_P/C_P-BP 作为 Na-S 电池中锚定材料的吸附与催化特性。对 S_8 和 NaPSs 在三种衬底上的吸附能进行计算表明衬底对团簇具有中等强度的吸附能,并且高于高阶 NaPSs 与 DOL/DME 间的吸附能,这表明衬底可以有效地抑制穿梭效应。重要的是,在优化吸附构型的过程中,本征和掺杂 BP 都没有导致 NaPSs 结构变形,这也是提高电池循环寿命和改善电池容量衰减的前提条件。此外,还通过计算 vdW 物理作用所占比例、电荷转移量和差分电荷密度来分析本征和掺杂 BP 对 NaPSs 的吸附机制。结果表明 N_P/C_P-BP 对 NaPSs 表现出更强的化学相互作用,这一点尤其在 Na_2S_2 和 Na_2S 的吸附中十分明显。此外,PDOS 表明即使在吸附 NaPSs 后,衬底的金属特性也很好地被保留,这有利于提高吸附系统的电子电导率。与本征 BP 和 C_P-BP 相比,在 N_P-BP 衬底上的 S 还原反应中限速步骤的吉布斯自由能垒明显降低,这意味着在 N_P-BP 衬底上的 S 还原反应具有更快的动力学。最后,本征/N_P/C_P-BP 都具有较低的催化分解能垒,其中本征 BP 最为出色,减少了 Na_2S 的分解时间,从而提高了 S 的利用率,加速了电化学过程并提高了 Na-S 电池的倍率性能。因此,本征和掺杂 BP 均将成为 Na-S 电池中有前途的锚定材料。

 参考文献

[1] A. Sibari, A. Marjaoui, M. Lakhal, Z. Kerrami, A. Kara, M. Benaissa, A. Ennaoui, M. Hamedoun, A. Benyoussef, O. Mounkachi. Phosphorene as a promising anode material for (Li/Na/Mg)-ion batteries: A first-principle study[J]. Sol. Energy Mater Sol. Cells, 2018, 180: 253-257.

[2] T. Huang, B. Tian, J. Guo, H. Shu, Y. Wang, J. Dai. Semiconducting borophene as a promising anode material for Li-ion and Na-ion batteries[J]. Mat. Sci. Semicon. Proc, 2019, 89: 250-255.

[3] X. Sun, Z. Wang. Sodium adsorption and diffusion on monolayer black phosphorus with intrinsic defects[J]. Appl. Surf. Sci, 2018, 427: 189-197.

[4] W. Bao, C. Shuck, W. Zhang, X. Guo, Y. Gogotsi, G. Wang. Boosting Performance of Na-S Batteries Using Sulfur-Doped $Ti_3C_2T_x$ MXene Nanosheets with a Strong Affinity to Sodium Polysulfides[J]. ACS Nano, 2019, 2019: 11500-11509.

[5] M. Sajjad, T. Hussain, N. Singh, J.A. Larsson. Superior Anchoring of Sodium Polysulfides to the Polar C2N 2D Material: A Potential Electrode Enhancer in Sodium-Sulfur Batteries[J]. Langmuir, 2020, 36: 13104-13111.

[6] X. Song, Y. Qu, L. Zhao, M. Zhao. Monolayer Fe_3GeX_2 (X = S, Se, and Te) as Highly Efficient Electrocatalysts for Lithium-Sulfur Batteries [J]. ACS Appl. Mater. Interfaces, 2021, 13: 11845-11851.

[7] S. Mukherjee, L. Kavalsky, K. Chattopadhyay, C. V. Singh. Adsorption and diffusion of lithium polysulfides over blue phosphorene for Li-S batteries[J]. Nanoscale, 2018, 10: 21335-21352.

[8] Q. Fang, M. Fang, X. Liu, P. Yu, J.-C. Ren, S. Li, W. Liu. An asymmetric Ti_2CO/WS_2 heterostructure as a promising anchoring material for lithium-sulfur batteries[J]. J. Mater. Chem. A, 2020, 8: 13770.

[9] X. Yu, A. Manthiram. Na_2S-Carbon Nanotube Fabric Electrodes for Room-Temperature Sodium-Sulfur Batteries[J]. Chem. Eur. J, 2015, 21: 4233-4237.

[10] T.-T. Yu, P.-F. Gao, Y. Zhang, S.-L. Zhang. Boron-phosphide monolayer as a potential anchoring material for lithium-sulfur batteries: A first-principles study[J]. Appl. Surf. Sci, 2019, 486: 281-286.

[11] D. Liu, C. Zhang, G. Zhou, W. Lv, G. Ling, L. Zhi, Q.-H. Yang. Catalytic Effects in Lithium-Sulfur Batteries: Promoted Sulfur Transformation and Reduced Shuttle Effect[J]. Adv. Sci, 2018, 5: 1700270.

[12]　G. Zhou，H. Tian，Y. Jin，X. Tao，B. Liu，R. Zhang，Z.W. Seh，D. Zhuo，Y. Liu，J. Sun，J. Zhao，C. Zu，D.S. Wu，Q. Zhang，Y. Cui. Catalytic oxidation of Li_2S on the surface of metal sulfides for Li-S batteries[J]. PNAS，2017，114：840 – 845.

[13]　M. Zhang，W. Chen，L. Xue，Y. Jiao，T. Lei，J. Chu，J. Huang，C. Gong，C. Yan，Y. Yan，Y. Hu，X. Wang，J. Xiong. Adsorption-Catalysis Design in the Lithium-Sulfur Battery[J]. Adv. Energy Mater，2020，10：1903008.

[14]　S. Xin，Y.-X. Yin，Y.-G. Guo，L.-J. Wan. A High-Energy Room-Temperature Sodium-Sulfur Battery[J]. Adv. Mater，2014，26：1261 – 1265.

[15]　S. Wei，S. Xu，A. Agrawral，S. Choudhury，Y. Lu，Z. Tu，L. Ma，L.A. Archer. A stable room-temperature sodium-sulfur battery[J]. Nat. Commun，2016，7：11722.

[16]　D. Singh，S.K. Gupta，T. Hussain，Y. Sonvane，P.N. Gajjar，R. Ahuja. Antimonene Allotropes α- and β-Phases as Promising Anchoring Materials for Lithium-Sulfur Batteries[J]. Energy Fuels，2021，35：9001 – 9009.

[17]　Z. Shi，L. Wang，H. Xu，J. Wei，H. Yue，H. Dong，Y. Yin，S. Yang. A soluble single atom catalyst promotes lithium polysulfide conversion in lithium sulfur batteries[J]. Chem. Commun，2019，55：12056 – 12059.

[18]　Y. Tsao，H. Gong，S. Chen，G. Chen，Y. Liu，T.Z. Gao，Y. Cui，Z. Bao. A Nickel-Decorated Carbon Flower/Sulfur Cathode for Lean-Electrolyte Lithium-Sulfur Batteries[J]. Adv. Energy Mater，2021，11：2101449.

[19]　J. Du，J. Chen，G. Jiang. A potential anchoring material for lithium-sulfur batteries：Monolayer PtTe sheet[J]. Appl. Surf. Sci，2022，572：151378.

[20]　X. Liu，X. Shao，F. Li，M. Zhao. Anchoring effects of S-terminated Ti2C MXene for lithium-sulfur batteries：A first-principles study[J]. Appl. Surf. Sci，2018，455：522 – 526.

[21]　R. Carter，L. Oakes，A. Douglas，N. Muralidharan，A.P. Cohn，C.L. Pint. A Sugar-Derived Room-Temperature Sodium Sulfur Battery with Long Term Cycling Stability[J]. Nano Lett，2017，17：1863 – 1869.

[22]　A. Ghosh，S. Shukla，M. Monisha，A. Kumar，B. Lochab，S. Mitra. Sulfur Copolymer：A New Cathode Structure for Room-Temperature Sodium-Sulfur Batteries[J]. ACS Energy Lett，2017，2：2478 – 2485.

[23]　B.-W. Zhang，T. Sheng，Y.-D. Liu，Y.-X. Wang，L. Zhang，W.-H. Lai，L. Wang. J. Yang，Q.-F. Gu，S.-L. Chou，H.-K. Liu，S.-X. Dou. Atomic cobalt as an efficient electrocatalyst in sulfur cathodes for superior room-temperature sodium-sulfur batteries[J]. Nat. Commun，2018，9：4082.

[24]　Y. Qie，J. Liu，S. Wang，S. Gong，Q. Sun. C_3B monolayer as an anchoring material for lithium-sulfur batteries[J]. Carbon，2018，129：38 – 44.

[25]　S.P. Jand，Y. Chen，P. Kaghazchi. Comparative theoretical study of adsorption of lithium polysulfides (Li_2S_x) on pristine and defective graphene[J]. J. Power Sources，2016，308：166 – 171.

[26]　C.-L. Song，Z.-H. Li，M.-Z. Li，S. Huang，X.-J. Hong，L.-P. Si，M. Zhang，Y.-P. Cai. Iron Carbide Dispersed on Nitrogen-Doped Graphene-like Carbon Nanosheets for Fast Conversion of Polysulfides in Li-S Batteries[J]. ACS Appl. Nano Mater，2020，3：9686 – 9693.

[27]　H. Lin，D. Yang，N. Lou，A. Wang，S. Zhu，H. Li. Defect engineering of black phosphorene towards an enhanced polysulfide host and catalyst for lithium-sulfur batteries：A first principles study[J]. J. Appl. Phys，2019，125：094303.

[28]　H.H. Haseeb，Y. Li，S. Ayub，Q. Fang，L. Yu，K. Xu，F. Ma. Defective Phosphorene as a

Promising Anchoring Material for Lithium-Sulfur Batteries[J]. J. Phys. Chem. C, 2020, 124: 2739 – 2746.

[29] Q. Zhang, Y. Xiao, Y. Fu, C. Li, X. Zhang, J. Yan, J. Liu, Y. Wu. Theoretical prediction of B/Al-doped black phosphorus as potential cathode material in lithium-sulfur batteries[J]. Appl. Surf. Sci, 2020, 512: 145639.

[30] R. Jayan, M.M. Islam. Mechanistic Insights into Interactions of Polysulfides at VS2 Interfaces in Na-S Batteries: A DFT Study[J]. ACS Appl. Mater. Interfaces, 2021, 13: 35848 – 35855.

[31] R. Jayan, M.M. Islam. Single-Atom Catalysts for Improved Cathode Performance in Na-S Batteries: A Density Functional Theory (DFT) Study[J] J. Phys. Chem. C, 2021, 125: 4458 – 4467.

[32] Y. Zhang, J. Kang, F. Zheng, P.-F. Gao, S.-L. Zhang, L.-W. Wang. Borophosphene: A New Anisotropic Dirac Cone Monolayer with a High Fermi Velocity and a Unique Self-Doping Feature[J]. J. Phys. Chem. Lett, 2019, 10: 6656 – 6663.

[33] J.M. Soler, E. Artacho, J.D. Gale, A. García, J. Junquera, P. Ordejón, D. Sánchez-Portal. The SIESTA method forab initioorder-Nmaterials simulation[J]. J. Phys. Condens. Matter, 2002, 14: 2745 – 2779.

[34] J. White, D. Bird. Implementation of gradient-corrected exchange-correlation potentials in Car-Parrinello total-energy calculations[J]. Phys. Rev. B, 1994, 50: 4954 – 4957.

[35] Y. Zhang, W. Yang. Comment on "Generalized Gradient Approximation Made Simple"[J]. Phys. Rev. Lett, 1998, 80: 890 – 890.

[36] S. Grimme. Semiempirical GGA-type density functional constructed with a long-range dispersion correction[J]. J. Comput. Chem, 2006, 27: 1787 – 1799.

[37] H.J. Monkhorst, J.D. Pack. Special points for Brillouin-zone integrations[J]. Phys. Rev. B, 1976, 13: 5188 – 5192.

[38] B. Tian, W. Du, L. Chen, J. Guo, H. Shu, Y. Wang, J. Dai. Probing pristine and defective NiB_6 monolayer as promising anode materials for Li/Na/K ion batteries[J]. Appl. Surf. Sci, 2020, 527: 146580.

[39] G. Henkelman, B. P. Uberuaga, H. Jónsson. A climbing image nudged elastic band method for finding saddle points and minimum energy paths[J]. J. Chem. Phys, 2000, 113: 9901 – 9904.

[40] F. Kong, L. Chen, M. Yang, J. Guo, Y. Wang, H. Shu, J. Dai. Theoretical probing the anchoring properties of BNP_2 monolayer for lithium-sulfur batteries[J]. Appl. Surf. Sci, 2022, 594: 153393.

[41] L. Zhang, P. Liang, H. Shu, X. Man, F. Li, J. Huang, Q. Dong, D. Chao. Borophene as Efficient Sulfur Hosts for Lithium-Sulfur Batteries: Suppressing Shuttle Effect and Improving Conductivity [J]. J. Phys. Chem. C, 2017, 121: 15549 – 15555.

[42] B. Tian, T. Huang, J. Guo, H. Shu, Y. Wang, J. Dai. Performance effects of doping engineering on graphene-like C_3N as an anode material for alkali metal ion batteries[J]. Mat. Sci. Semicon. Proc, 2020, 109: 104946.

[43] B. He, J. Shen, D. Ma, Z. Lu, Z. Yang. Boron-Doped C_3N Monolayer as a Promising Metal-Free Oxygen Reduction Reaction Catalyst: A Theoretical Insight[J]. J. Phys. Chem. C, 2018, 122: 20312 – 20322.

[44] Q. Liu, B. Xiao, J. Cheng, Y. Li, Q. Li, W. Li, X. Xu, X. Yu. Carbon Excess C_3N: A Potential Candidate as Li-Ion Battery Material[J]. ACS Appl. Mater. Interfaces, 2018, 10: 37135 – 37141.

[45] S. Huang, Y. Xie, C. Zhong, Y. Chen. Double Kagome Bands in a Two-Dimensional Phosphorus Carbide P_2C_3[J]. J. Phys. Chem. Lett, 2018, 9: 2751 – 2756.

［46］ R. Jayan, M. M. Islam. Functionalized MXenes as effective polyselenide immobilizers for lithium-selenium batteries: A density functional theory (DFT) study［J］. Nanoscale, 2020, 12: 14087 -14095.

［47］ X. Lv, W. Wei, H. Yang, J. Li, B. Huang, Y. Dai, Group. IV Monochalcogenides MX (M＝Ge, Sn; X＝S, Se) as Chemical Anchors of Polysulfides for Lithium-Sulfur Batteries［J］. Chem. Eur, 2018, 24: 11193 - 11199.

［48］ K. Fan, Y. Ying, X. Luo, H. Huang. Nitride MXenes as sulfur hosts for thermodynamic and kinetic suppression of polysulfide shuttling: a computational study［J］. J. Mater. Chem. A, 2021, 9: 25391 -25398.

［49］ Y. Wang, J. Shen, L.-C. Xu, Z. Yang, R. Li, R. Liu, X. Li. Sulfur-functionalized vanadium carbide MXene (V$_2$CS$_2$) as a promising anchoring material for lithium-sulfur batteries［J］. Phys. Chem. Chem. Phys, 2019, 21: 18559 - 18568.

［50］ T. Kaewmaraya, T. Hussain, Z. Hu, R. Umer. Efficient Suppression of the Shuttle Effect in Na-S Batteries with an As$_2$S$_3$ Anchoring Monolayer［J］. Phys. Chem. Chem. Phys, 2020, 22: 27300.

［51］ M.S. Nahian, R. Jayan, T. Kaewmaraya, T. Hussain, M. M. Islam. Elucidating Synergistic Mechanisms of Adsorption and Electrocatalysis of Polysulfides on Double-Transition Metal MXenes for Na-S Batteries, ACS Appl［J］. Mater. Interfaces, 2022, 14: 10298 - 10307.

附录 1   常用的数据处理软件

☞ 扫码可免费
观看本章资源

1. VESTA 软件

VESTA 是一款数据可视化和晶体结构可形象化的作图软件。其全称是 Visualization for Electronic and STructural Analysis。作为一款功能强大的免费软件，其在学术、科学及教育等领域有着广泛的应用。在搜索网站上直接输入"VESTA"关键字符，很容易找到该软件官网，其下载链接为：

http://jp-minerals.org/vesta/en/download.html

Latest versions

 Windows

- <u>VESTA.zip</u> (ver. 3.5.8, built on Aug 11 2022, 14.3MB)
  For 32-bit version of Windows.

- <u>VESTA-win64.zip</u> (ver. 3.5.8, built on Aug 11 2022, 17.2MB)
  For 64-bit version of Windows.

 macOS

- <u>VESTA.dmg</u> (ver. 3.5.8, built on Aug 11 2022, 25.3MB)
  Requires OS X 10.9 or newer, Intel CPUs that are capable of 64 bit instruction sets.

 Linux x86_64

- <u>VESTA-gtk3.tar.bz2</u> (ver. 3.5.8, built on Aug 11 2022, 23.8MB)
- <u>vesta-3.5.8-1.x86_64.rpm</u> (built on Aug 11 2022, 40.9MB)
  Requires GTK 3.22 or newer.
  Distributions where VESTA is known to work:
    ○ Redhat Enterprise Linux 7 or later
    ○ Ubuntu 18.04 or later

附图 1.1   VESTA 下载页面的不同版本及其软件大小

由附图 1.1 可知软件可以在 Windows 系统、Mac 系统和 Linux 系统中使用，且软件非常轻巧,现今最新的 3.X 版本,最大也仅为 40 MB 多。软件安装过程也非常简单,只需下载解压即可使用,所有功能的操作也是相当方便快捷。

　　VESTA 软件的主要功能包含:建立晶体结构(导入晶体结构文件或手动建模),VESTA可以打开 47 种文件格式,常见的有 ∗.cif,∗.struct,∗.xyz,∗.vasp,∗.pdb,∗.cube,∗.mol,∗.den 等;查看晶体结构信息(查看原子坐标、原子距离、原子夹角、二面角和界面角);调整晶体结构(调整晶胞参数、降低晶体对称性、增加原子和调整原子位置、删除原子、构建超晶胞);美化晶体结构(修改总体外观,修改晶体结构显示方式,调整原子、键和多面体等显示特性,显示晶面);输出图片或数据,可以输出 30 多种图片格式,例如 ∗.cif,∗.xyz,∗.eps,∗.jpeg,∗.png,∗.rgb,∗.tiff,∗.pdf,∗.ps 等;获得晶体结构的理论 XRD 图谱;绘制电荷密度和电子局域函数密度图(ELF 图)等。

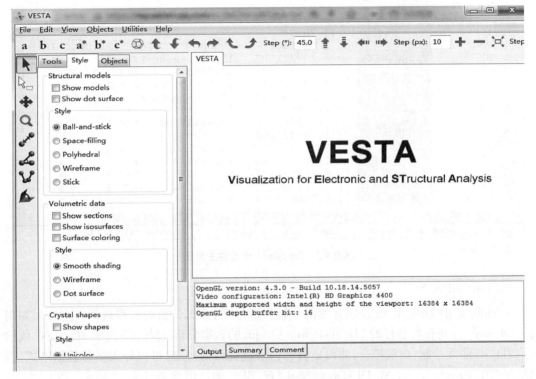

附图 1.2　VESTA 软件主界面

　　软件的功能十分强大,且免费使用,建议使用之后引用开发者发表的文献:K. Momma and F. Izumi, "VESTA 3 for three-dimensional visualization of crystal, volumetric and morphology data," *J. Appl. Crystallogr.*, 44, 1272–1276 (2011).

　　2. Notepad++软件

　　高性能计算中,各种计算软件计算任务的提交需要不同种类的输入格式文件;计算任务完成之后,往往也有很多的不同类型格式的文本文件产生,而要建立和打开这些类型的文件需要特定的软件。此时,Notepad++之类的文本编辑软件就可以用来实现上述功能。Notepad++是一款免费的开源文本编辑软件,支持 Windows 系统和支持中文版。它作为文本编辑软件,比 Windows 自带的记事本软件更强大。Windows 自带的记事本软件不利于打开大容量的文本文件,编辑功能也有限。而 Notepad＋＋不仅是一款轻量型的文本编辑软件,也很适合作为编程软件使用。支持 C,C＋＋,Java,C♯,XML,HTML,PHP,JS,Python,Javascript 和 Matlab 等多达 27 种语言。在搜索网站上直接输入"Notepad＋＋"关键字符,很容易找到该软件的下载地址。

该软件有个常用的文本编辑功能,就是可以进行列选择,按住"Alt"键,在主界面上移动鼠标就可以实现。如附图 1.3 中的阴影区域所示,就是列选择的结果。这对于要进行列删除或列插入是很方便的。

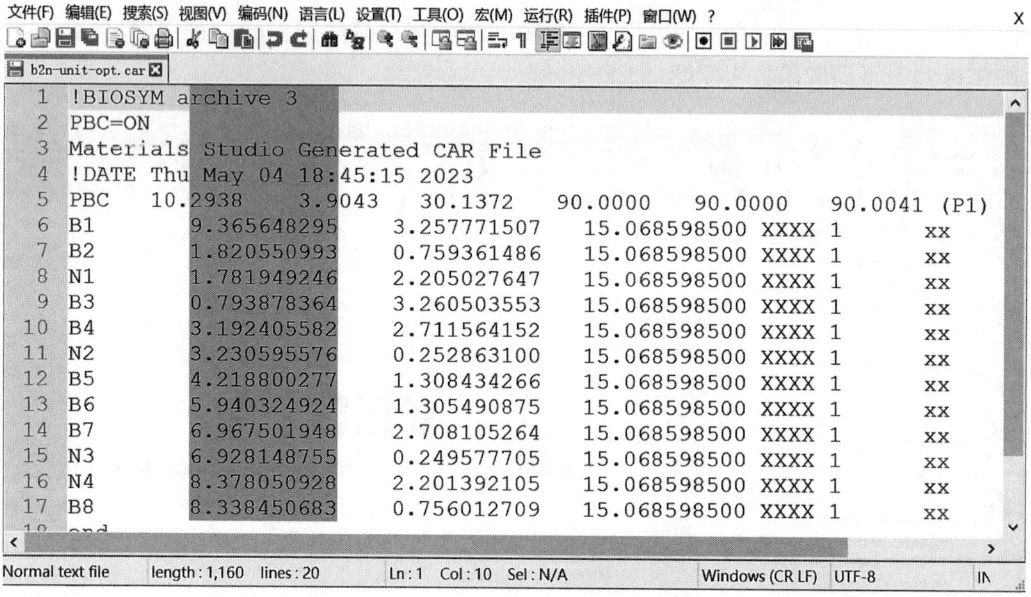

附图 1.3　Notepad＋＋软件主界面

3. OriginPro 软件

Origin 是由 OriginLab 公司开发的一款科学绘图、数据分析的收费软件。主界面如附图 1.4 所示,支持各种各样的 2D/3D 图形。Origin 的数据分析功能主要包括 2D/3D 曲线绘制、2D/3D 曲面绘制、曲线拟合、曲线插值和信号统计及处理等,可以导入多种数据格式,包括 ASCII、Excel、NI TDM、DIADem、NetCDF、SPC 等。图形输出格式包括 JPEG,GIF,EPS,TIFF 等。用户还可以通过 OriginPro 编辑和组合曲线或图层,也可以在插入图片时进行裁剪、旋转、翻转等基本操作,甚至可以将图片按照 XY 比例进行缩放。

4. 远程登录软件

高性能计算一般都是在服务器上运行任务,用户较多的都是使用个人机远程登录服务器进行访问。远程访问涉及文件的上传和下载,以及在服务器上进行任务的命令操作等。远程访问可以分为局域网访问和外网访问。现今两种访问较多的都是采用基于 SSH(Secure Shell,安全外壳)网络安全协议的软件进行功能操作。

局域网访问常用的文件传输免费软件有 WinSCP。它是一款 Windows 环境下使用 SSH 的开源图形化 SFTP 客户端,同时支持 SCP 协议。它的主要功能就是在本地与远程计算机间安全地复制文件(上传和下载),可以链接其他系统,比如 Linux 系统。与远程机连接时，需要远程机 IP 地址、登录账户和密码。登录连接成功之后，就可以实现把文件从远程机下载到本地，也可以把本地文件上传到远程机。如附图 1.5 所示，WinSCP 主界面的左边是用户个人机本地文件夹路径和目录，右边是连接成功的远程机的路径和目录，可以直接在这个主界面拖动文件实现上传和下载。

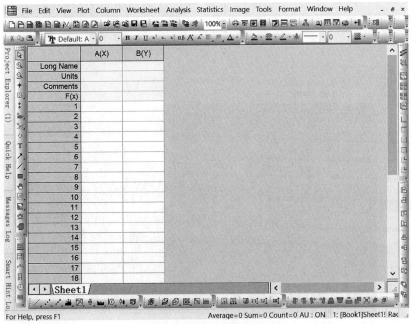

附图 1.4　Origin 软件主界面

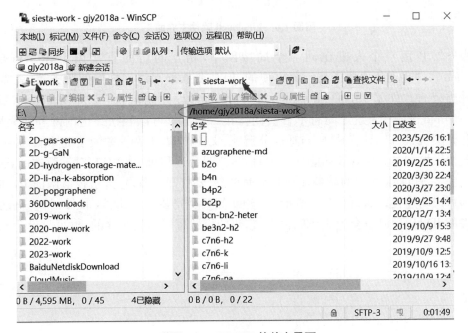

附图 1.5　WinSCP 软件主界面

局域网访问常用的服务器端任务命令操作免费软件有 FinalShell。它是一款免费的集 SSH 工具、服务器管理、远程桌面加速于一体的软件,同时支持 Windows,MacOS,Linux 操作系统。与远程机连接时,需要远程机 IP 地址、登录账户和密码。登录进入远程机之后,就可以进行任务的命令操作。可以在远程机的用户账户内进行文件的编辑、任务的提交和文件的处理等。如附图 1.6 FinalShell 主界面所示,连接成功之后,就可以在当前用户权限的目录下进行各种命令操作。FinalShell 界面还能显示当前远程机的运行相关信息。

附图 1.6　FinalShell 软件主界面

服务器和用户个人机在同一个局域网中,相互的访问直接用上述 WinSCP 和 FinalShell 软件实现各项功能是十分方便的,但是要从外网访问内网的服务器,就需要借用其他类型的软件了。ToDesk 就是一款跨网的远程控制软件,支持 Windows、Linux、Mac、Android 等操作系统之间跨平台协同操作。它不仅可以轻松穿透内网和防火墙,支持远程开关机、待机,具有录屏、自适应分辨率、文件传输、语音视频通信等功能,还可畅享屏幕超快操控和多文件管理功能。使用时,需要两台远程机器均安装对等版本的 ToDesk 软件。安装 ToDesk 之后的设备连接非常简单,只要打开设备,输入被控电脑的 ID 和访问密码即可成功连接。如附图 1.7 所示,每台设备只要安装了 ToDesk 软件,就会自动产生该设备的 ID 号,同时也会生成访问密码,密码的设置可以是临时性的,也可自设为永久性密码。

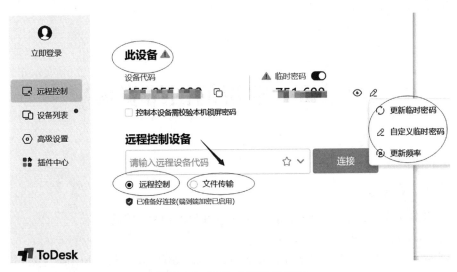

附图 1.7　ToDesk 软件主界面

附录 2 常用的网络资源

1. 晶体结构网站

① 晶体学开放数据库- Crystallography Open Database，COD，
http://www.crystallography.net/cod/

② 剑桥结构数据库- The Cambridge Structural Database，CSD，https://www.ccdc.cam.ac.uk/

无机晶体结构数据库- The Inorganic Crystal Structure Database，ICSD，http://www2.fiz-karlsruhe.de/icsd_home.html)

③ 美国矿物学家晶体结构数据库- American Mineralogist Crystal Structure Database，
http://rruff.geo.arizona.edu/AMS/amcsd.php

④ 美国国家标准局化合物数据库网站-
https://webbook.nist.gov/chemistry/

⑤ Materials Project 数据库-
https://materialsproject.org/

⑥ 材料基因工程数据库-
https://www.mgedata.cn/

⑦ Atomly 材料科学数据库-
https://atomly.net/#/matdata

⑧ 电化学储能材料高通量计算平台-
https://matgen.nscc-gz.cn/solidElectrolyte/

⑨ 开放量子材料数据库- the Open Quantum Materials Database，OQMD，
http://oqmd.org/

⑩ 材料云数据库- Materials Cloud，
https://www.materialscloud.org/discover/2dstructures/dashboard/ptable
二维材料百科数据库 2D Materials Encyclopedia，http://www.2dmatpedia.org
计算二维材料数据- Computational 2D Materials Database，C2DB
https://cmr.fysik.dtu.dk/c2db/c2db.html#c2db

2. 材料计算软件、方法学习网站

① VirtualBox 虚拟机网站
https://www.virtualbox.org/

② Ubuntu 网站

https://cn.ubuntu.com/

https://ubuntu.com/download/desktop

https://ubuntu.com/

③ SIESTA 网站

https://siesta-project.org/siesta/

https://gitlab.com/siesta-project/siesta

https://launchpad.net/siesta

https://www.simuneatomistics.com/

https://departments.icmab.es/leem/SIESTA_MATERIAL/Databases/Pseudopotentials/periodictable-gga-abinit.html　#psf 旧版赝势

https://www.simuneatomistics.com/siesta-pro/siesta-pseudos-and-basis-database/　#

http://www.pseudo-dojo.org/　#psml 新版赝势

④ Vaspkit 软件

https://vaspkit.com/index.html

⑤ 其他相关资源网站

https://www.materialscloud.org/work/tools/seekpath

https://www.vasp.at/　　　　　　　　　　　#VASP

https://www.abinit.org/　　　　　　　　　　#Abinit

https://www.quantum-espresso.org/　　　　　#Quantum Espresso

https://dftbplus.org/　　　　　　　　　　　#DFTB

http://www.dftb.org/　　　　　　　　　　　#DFTB

https://www.bigbrosci.com/　　　　　　　　#经典计算经验的经典网站

https://zhuanlan.zhihu.com/p/350398528　　#Materials Studio 学习参考网站

https://wiki.fysik.dtu.dk/ase/index.html　#Atomic Simulation Environment

https://blog.shishiruqi.com/　　　　　　　#经典计算经验学习网站

https://zhuanlan.zhihu.com/p/62573921　　#经典计算经验学习网站

http://check.tuniding.com/　　　　　　　　#图尼丁学术不端检测系统

https://www.grammarcheck.net/　　　　　　#英语写作语法检查

附录3 金属离子电池结构及其工作原理

附 3.1 金属离子电池的结构

全球变暖和"碳中和、碳达峰"的战略实施,绿色储能的研究和应用越来越受到人们的重视。金属离子电池按照工作介质,可分为锂离子电池(LIBs)、钠离子电池(SIBs)、钾离子电池(KIBs)、钙离子电池(CIBs)、镁离子电池(MIBs)和锂(钠)硫(Li/Na-S)电池等。金属离子电池是一种利用离子浓度差工作的储能器件,主要是通过金属离子在正负极之间的往返吸附和扩散来实现电池的充放电。金属离子电池主要是由正极材料、负极材料、隔膜、电解质以及集流体组成。下面,以目前商业化推广使用的锂离子电池为例,具体说明金属离子电池的结构及其工作原理,如附图 3.1 所示。

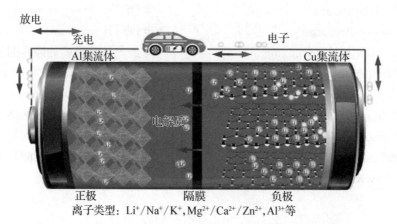

离子类型: $Li^+/Na^+/K^+$,$Mg^{2+}/Ca^{2+}/Zn^{2+}$,Al^{3+}等

附图 3.1 金属离子电池结构和工作原理示意图

附 3.2 金属离子电池的充、放电过程

锂离子电池充电时,锂离子在外电场作用下从正极材料的晶格中脱出,经过电解质后插入到负极材料的晶格中,使得负极富锂,正极贫锂,此时电子从正极经过外部回路到达负极与锂离子汇合。充电过程可当作电解池,此时正极也即阳极,电解是被动过程,汲取能量,和原电池互为逆反应,阳极失电子,发生氧化反应,阴极得电子,发生还原反应。放电时锂离子

从负极材料的晶格中脱出,经过电解质后插入到正极材料的晶格中,使得正极富锂,负极贫锂,此时电子从负极经过外部回路与锂离子在正极汇合。放电过程可当作原电池,正极也即阴极,原电池是自发过程,释放能量,正极得电子,发生还原反应,负极失电子,发生氧化反应,电子从负极到正极,电流从正极到负极。

离子电池工作时,主要是锂离子在电极材料和电解质中的迁移和嵌入/脱嵌过程。电子不能从内部流通,否则就正负极直接连通而短路了。电池内部隔膜的作用就是用来防止正极和负极的直接接触,避免电池发生短路现象,隔膜中的孔道主要负责传递离子,保证电池反应的循环进行。传统的隔膜主要是烯烃类的隔膜,如聚丙烯微孔膜、聚乙烯微孔膜等。对于隔膜的性能要求通常包含以下几个方面:

① 具有电子绝缘性,保证正负极的机械隔离;

② 有一定的孔隙率和孔径,保证低的电阻和高的离子电导率,对锂离子有很好的透过性;

③ 耐电解质腐蚀,电化学稳定性好;

④ 对电解质的浸润性好并具有足够的吸液保湿能力;

⑤ 具有足够的力学性能,包括穿刺强度、拉伸强度等;

⑥ 空间稳定性和平整性好;

⑦ 热稳定性能好。

锂离子在电池充电和放电时候,都是通过电池内部电解质传输。电解质应具有高的离子电导率,保证正负极之间的离子传输速率;还需具有高的热稳定性、化学及电化学稳定性,保证在电池工作条件下电解质不发生分解。另外,电解质还需对环境无毒无污染。根据电解质的形态特征,可以将电解质分为液体和固体两大类。电解质主要由有机溶剂、电解质盐和添加剂三种组分构成。其中溶剂主要有乙烯碳酸酯(EC)、二甲基碳酸酯(DMC)、乙基甲基碳酸酯(EMC)三类有机熔体及其混合物组成。电解质盐目前仍以六氟磷酸锂盐为主。添加剂主要有成膜、阻燃和过充保护等几类添加剂。可以用作电解质盐的材料有六氟磷酸锂、六氟砷酸锂、四氟硼酸锂、高氯酸锂和双草硼酸锂等多种锂盐。由于目前六氟磷酸锂的综合性能相对最好,因此,是现在的主流电解质盐。

附 3.3　金属离子电池的主要性能指标

锂离子电池具有能量密度高、转换效率高、循环寿命长、无记忆效应、无充放电延时、自放电率低、工作温度范围宽和环境友好等优点,因而成为电能的一个比较理想的载体,在各个领域得到广泛的应用。使用锂离子电池的时候,会关注一些技术指标,作为衡量其性能"优劣"的主要因素,这些主要参数指标包括:

① 容量。容量的单位一般为"mAh"(毫安时)或"Ah"(安时),在使用时又有额定容量和实际容量的区别。额定容量是指满充的锂离子电池在实验室条件下,以某一特定的放电倍率(C-rate)放电到截止电压时,所能够提供的总的电量。实际容量一般都不等于额定容量,它与温度、湿度、充放电倍率等直接相关。

② 能量密度。能量密度指的是单位体积或单位重量的电池,能够存储和释放的电量。

其单位有两种：Wh/kg,Wh/L,分别代表重量比能量和体积比能量。这里的电量,是上面提到的容量(Ah)与工作电压(V)的积分。在应用的时候,能量密度这个指标比容量更具有指导性意义。如果要使得电动汽车的单次行驶里程达到500千米(与传统燃油车相当),电池单体的能量密度必须达到300 Wh/kg以上。

③ 充放电倍率。充放电倍率是指电池在规定的时间内放出其额定容量时所需要的电流值,1 C在数值上等于电池额定容量,通常以字母C表示。如电池的标称额定容量为10 Ah,则10 A为1 C(1倍率),5 A则为0.5 C,100 A为10 C,以此类推。如电电池容量是1 000 mAh,1 C放电就是以1 000 mA放电,0.5 C放电就是以500 mA放电。

④ 电压。锂离子电池的电压,有开路电压、工作电压、充电截止电压、放电截止电压等。开路电压是指电池在非工作状态下即电路中无电流流过时,电池正负极之间的电势差。一般情况下,锂离子电池充满电后开路电压为4.1～4.2 V左右,放电后开路电压为3.0 V左右。通过对电池的开路电压的检测,可以判断电池的荷电状态。工作电压又称端电压,是指电池在工作状态下即电路中有电流流过时电池正负极之间的电势差。在电池放电工作状态下,当电流流过电池内部时,不需克服电池的内阻所造成阻力,故工作电压总是低于开路电压,充电时则与之相反。锂离子电池的放电工作电压在3.6 V左右。

⑤ 循化寿命。电池循环寿命是指电池容量下降到某一规定的值时,电池在某一充放电制度下所经历的充放电次数。锂离子电池国标规定,1 C条件下电池循环500次后容量保持率在60%以上。

⑥ 工作温度范围。由于锂离子电池内部化学材料的特性,锂离子电池有一个合理的工作温度范围(常见的数据在−40℃～60℃之间),如果超出了合理的范围使用,会对锂离子电池的性能造成较大的影响。

⑦ 内阻。锂离子电池的内阻是指电池在工作时,电流流过电池内部所受到的阻力,它包括欧姆内阻和极化内阻,极化内阻又包括电化学极化内阻和浓差极化内阻。

⑧ 自放电率。又称荷电保持能力,是指电池在开路状态下,电池所储存的电量在一定条件下的保持能力。自放电率主要受电池的制造工艺、材料、储存条件等因素的影响。通常以百分数表示：%/月。

附3.4　金属离子电池的正、负极材料

正极材料是锂离子电池的重要组成部分,在锂离子充放电过程中,不仅要提供正负极嵌锂化合物往复嵌入/脱嵌所需要的锂,而且还要承担着负极材料表面形成SEI(Solid Electrolyte Interphase)膜所需的锂。此外,正极材料在锂离子电池中占有较大比例(正负极材料的质量比为3∶1～4∶1),故正极材料的性能在很大程度上影响着电池的性能,并直接决定着电池的成本。锂离子电池对正极材料的要求包括：

① 具有较高的氧化还原电位,使电池输出电压高；

② 可利用活性物质高,容量高；

③ 充放电过程中,结构稳定,材料的锂离子脱嵌可逆,而且在嵌入过程中不因锂离子的加入而发生结构的本质改变；

④ 充放电过程中,氧化还原电位变化小;

⑤ 化学稳定性好,与电解质反应小;

⑥ 较高的电子和离子导电率,材料的锂离子嵌入/脱出速度快,大电流充放电性能好;

⑦ 价格便宜,对环境无污染。

现今,锂离子电池的正极材料主要有以下几种:含锂的过渡金属氧化物,如锂钴二氧化物($LiCoO_2$)、锂镍氧化物($LiNiO_2$)、锂铁磷氧化物($LiFePO_4$)和尖晶石型 $LiMn_2O_4$ 和层状 $LiMnO_2$ 等;含锂的导电聚合物,如聚乙炔、聚苯、聚吡咯、聚噻吩、活性聚硫化合物等。商业上使用比较多的是这些层状氧化物,在实际的充放电过程中,为了保持结构的稳定性,只能发生部分的锂离子嵌脱,因此,实际容量比材料的理论容量要小。具体数值如附表 3.1 所示。

附表 3.1　Ni、Co、Mn 正极材料性能对比

正极材料	$LiCoO_2$	$LiNiO_2$	$LiMnO_2$	$LiNi_{1-x-y}Co_xMn_yO_2$
理论比容量($mA \cdot h \cdot g^{-1}$)	274	274	286	278
实际比容量($mA \cdot h \cdot g^{-1}$)	140~150	150~200		150~220
循环性(次)	500~1 000	—	>500	800~2 000
合成难度	低	高	高	较高
制备成本	高	较高	低廉	较高
安全性	差	差	高	较高

负极材料主要影响锂离子电池的首次效率、循环性能等,是电池在充电过程中锂离子和电子的载体,起着能量的储存与释放的作用。在电池成本中,负极材料约占了 5%~15%,是锂离子电池的重要原材料之一。锂离子电池对负极材料的要求包括:

① 具有较低的氧化还原电位,接近金属锂的电位,使电池输出电压高;

② 嵌锂量大,容量高;

③ 充放电过程中,结构稳定;

④ 充放电过程中,氧化还原电位变化小;

⑤ 化学稳定性好,与电解质反应小;

⑥ 良好的表面结构,能形成良好的 SEI 膜;

⑦ 较高的电子和离子导电率,大电流充放电性能好;

⑧ 价格便宜,对环境无污染。

现今,锂离子电池的负极材料主要有以下几种:第一种是碳负极材料。目前已经实际用于锂离子电池的负极材料基本上都是碳素材料,如人工石墨、天然石墨、中间相碳微球、石油焦、碳纤维、热解树脂碳等。第二种是锡基负极材料。锡基负极材料可分为锡的氧化物和锡基复合氧化物。第三种是含锂过渡金属氮化物负极材料。第四种是合金类负极材料,包括硅基合金、锗基合金、铝基合金、锑基合金、镁基合金和其他合金。第五种是是纳米氧化物材料、纳米碳管和其他二维材料等。

附表 3.2　几种负极材料性能对比

正极材料	天然石墨	人工石墨	钛酸锂	硅基材料
理论比容量（mA·h·g^{-1}）	372	372	175	4 200
实际比容量（mA·h·g^{-1}）	360～370	340～360	165～170	450～600
首次放电电量与充电电量比值的最大值	92%～95%	90%～95%	99%	80%～90%
循环寿命（次）	<1 000	3 000	30 000	300～500
合成难度	技术成熟	技术成熟	不够成熟	不够成熟
安全性	一般	一般	较高	较低
优点	易制备、稳定性好、价格便宜		大功率放电、稳定性好	容量高
缺点	容量低	容量低	容量低	体积效应>300%

附 3.5　锂硫/钠硫电池结构及其工作原理

Li-S 电池的组成结构与 LIBs 类似，主要是由高比容的复合硫（活性物质 S、导电剂、黏结剂）作为正极（理论比容量 1 675 mA·h·g^{-1}）、金属 Li 作为负极（理论比容量 3 860 mA·h·g^{-1}），采用醚类和脂类液体作为电解液（也可采用固态电解质），中间一般采用多孔隔膜，其平均放电电压为 2.15 V，其结构如附图 3.2 所示。但 Li-S 电池的充放电机理与传统的 LIBs 的离子脱嵌机理不同，主要依靠的是复合硫正极与金属 Li 负极间复杂的氧化还原反应。室温下，正极中的活性物质 S 常以 S_8 环状分子形式存在。当电池放电时，金属 Li 负极被氧化生成 Li^+，溶解于电解质后，Li^+ 受到电势差的影响，穿过隔膜移动至正极附近，同时电子（e^-）通过外部电路到达正极，正极处的 S_8 断裂 S—S 键，与 Li^+ 和电子（e^-）发生反应，上述的放电过程如反应式（1）和（2）所示。

正极：

$$S_8 + 16Li^+ + 16e^- \underset{充电}{\overset{放电}{\rightleftharpoons}} 8Li_2S \tag{1}$$

负极：

$$Li \underset{充电}{\overset{放电}{\rightleftharpoons}} Li^+ + e^- \tag{2}$$

在此总反应过程中，会生成几种典型的易溶于电解质的高阶多硫化锂（Li_2S_n，$n=4,6,8$）。随着反应的进行，高阶多硫化锂会被进一步还原生成固体 Li_2S_n（$n=1,2$），因此，整个放电过程包含了复杂的固相→液相→固相→固相的相变反应，相应的分步反应公式如下。

从 S 单质生成 Li_2S_8 的固→液反应：

$$S_8 + 2Li^+ + 2e^- \longrightarrow Li_2S_8 \tag{3}$$

从 Li_2S_8 生成 Li_2S_6 的液→液反应：

$$3Li_2S_8 + 2Li^+ + 2e^- \longrightarrow 4Li_2S_6 \tag{4}$$

从 Li_2S_6 生成 Li_2S_4 的液→液反应：

$$2Li_2S_6 + 2Li^+ + 2e^- \longrightarrow 3Li_2S_4 \tag{5}$$

从 Li_2S_4 生成 Li_2S_2 的液→固反应：

$$Li_2S_4 + 2Li^+ + 2e^- \longrightarrow 2Li_2S_2 \tag{6}$$

从 Li_2S_2 生成 Li_2S 的固→固反应：

$$Li_2S_2 + 2Li^+ + 2e^- \longrightarrow 2Li_2S \tag{7}$$

上述的反应过程也在测量 Li-S 电池实际放电时的电压曲线中得到验证。如图 1.1（b）所示，当生成 Li_2S_8、Li_2S_6 和 Li_2S_4 时，由于这三种高阶多硫化锂均易溶于电解质，因此反应速率较快，出现了一个 2.3 V 左右的高放电平台。在进一步还原生成不溶的 Li_2S_2 和 Li_2S 的过程中，对应的放电平台约为 2.1 V。当电池充电时，Li_2S 则被直接氧化生成 S_8，最终形成一个完整的氧化还原反应。

目前 Li-S 电池的实际应用受到其较差的循环稳定性的限制。如附图 3.2 所示，硫极的放电涉及中间体多硫化物的形成，其在充—放电过程中容易溶解于电解质中，导致循环过程中活性材料的不可逆的损失。例如，放电过程的初始阶段中产生的高级多硫化物（Li_2S_n，$4 \leqslant n \leqslant 8$）可溶于电解质并朝向锂极移动，该过程中它们被还原为低级多硫化物，不溶的低级硫化物（即，Li_2S_2 和 Li_2S）的成核导致低容量和低库伦效率。此外，充放电过程中，正极产生的多硫化物（Li_2S_n）中间体溶解到电解液中，并穿过隔膜，向负极扩散，与负极的金属锂直接发生反应，最终造成了电池中有效物质的不可逆损失，还使得在电极上累积形成不可逆的 Li_2S 阻隔层，使得无法继续发生电化学反应，从而使得电池寿命衰减和库伦效率变低。因此，穿梭效应是目前锂硫电池亟须解决的问题。

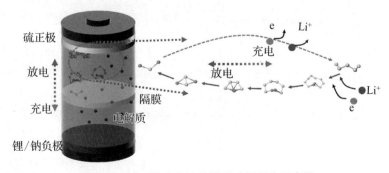

附图 3.2　锂/钠硫电池结构及硫极反应示意图

其他金属离子电池的结构和工作原理与锂系金属离子电池的是一致的。然而，满足锂系离子电池的正极、负极材料，难以满足其他金属离子电池的电极，主要原因在于不同金属离子的半径大小及离子活性不一样。现有的满足锂系离子电池的电极材料，电池容量也无法满足持续增长的市场需求。尽管锂离子电池技术较为成熟,也已大规模商业化使用,但必须面对的一个问题是地球上锂金属储量不多。因此,持续研究适合于其他离子电池的电极材料以及提高电池的使用寿命、库伦效率和稳定性等,仍然是当今研究者们关注的前沿课题。

 参考文献

［1］ Emilia Olsson, Jiale Yu, Haiyan Zhang, Hui-Ming Cheng, and Qiong Cai. Atomic-Scale Design of Anode Materials for Alkali Metal（Li/Na/K）-Ion Batteries: Progress and Perspectives［J］. Adv. Energy Mater. 2022, 12: 2200662.

［2］ Yanliang Liang, Hui Dong, Doron Aurbach , Yan Yao. Current status and future directions of multivalent metal-ion batteries［J］. Nature Energy, 2020, 5: 646－656.

［3］ https://www.energy.gov/eere/eere-battery-animation

［4］ 胡国荣,杜柯,彭忠东.锂离子电池正极材料:原理、性能与生产工艺［M］.北京:化学工业出版社,2017.

［5］ 王志远,王丹,郑润国.碱金属离子电池负极材料［M］.北京:化学工业出版社,2021.

［6］ http://www.juda.cn/news/42688.html

［7］ 肖广顺,朱继平,锂离子电池镍钴锰三元正极材料研究进展［J］.材料科学,2020,10:201－215.

［8］ 张强,黄佳琦.低维材料与锂硫电池［M］.北京:科学出版社,2022.

［9］ Xiang Long Huang, Yun Xiao Wang, Shu Lei Chou, Shi Xue Dou and Zhi Ming Wang. Materials engineering for adsorption and catalysis in room-temperature Na－S batteries［J］. Energy Environ. Sci., 2021, 14: 3757－3795.